U0315993

铌·科学与技术

中国－巴西铌科学与技术合作四十年（1979–2019）
国际研讨会文集

Niobium

Science & Technology

Proceedings of the International Symposium on the 40th Anniversary of
Niobium Science & Technology Cooperation — China and Brazil (1979-2019)
held in Beijing, China
December 2-3, 2019

北 京
冶 金 工 业 出 版 社
2022

图书在版编目（CIP）数据

铌：科学与技术／中信微合金化技术中心编著 . —北京：冶金工业
出版社，2022.10

ISBN 978-7-5024-9294-6

Ⅰ.①铌… Ⅱ.①中… Ⅲ.①铌合金—微合金化—技术—文集
Ⅳ.①TG146.4

中国版本图书馆 CIP 数据核字（2022）第 179251 号

铌·科学与技术

出版发行	冶金工业出版社	**电　话**	（010）64027926
地　址	北京市东城区嵩祝院北巷 39 号	**邮　编**	100009
网　址	www.mip1953.com	**电子信箱**	service@mip1953.com

责任编辑　于昕蕾　美术编辑　彭子赫　版式设计　郑小利
责任校对　王永欣　责任印制　李玉山
北京捷迅佳彩印刷有限公司印刷
2022 年 10 月第 1 版，2022 年 10 月第 1 次印刷
787mm×1092mm　1/16；18 印张；438 千字；278 页
定价 168.00 元

投稿电话　（010）64027932　投稿信箱　tougao@cnmip.com.cn
营销中心电话　（010）64044283
冶金工业出版社天猫旗舰店　yjgycbs.tmall.com
（本书如有印装质量问题，本社营销中心负责退换）

▶▶ 顾问委员会

- 主　任：翁宇庆
- 副主任：付俊岩
- 委　员：干　勇　张晓刚　赵　沛　田志凌　王国栋　毛新平
  张　跃　刘正东

  Jose Camargo　Pascoal Bordignon　Marcos Stuart

  David Matlock　Phil Kirkwood

▶▶ 编辑委员会

- 主　任：郭爱民
- 副主任：Ricardo Lima　付俊岩
- 主　编：刘中柱
- 副主编：Marcos Stuart　Rafael Mesquita
- 编　委：贺信莱　王祖滨　谢锡善　王晓香　雍岐龙　马鸣图
  翟启杰　王新江　姜尚清　刘　毅　刘复兴　张　宁
  霍春勇　褚东宁　易伦雄　尚成嘉　刘清友　吴开明
  黄一新　曹志强　李国忠　陆匠心　任子平　李建民
  朱国森　郑　磊　王　利　李书瑞　孙卫华　王　华

  John Speer　Mariana Oliveira　Rodrigo Amado

  Leonardo Silvestre　Robson Monteiro

大会主席：

王　炯（中信集团副董事长兼总经理）

大会副主席：

干　勇（中国金属学会理事长、中国工程院院士）

Eduardo Ribeiro（CBMM 公司总裁）

大会名誉主席：

Jose Camargo（CBMM 公司原总裁）

付俊岩（中信金属股份有限公司原董事长、中信微合金化技术中心
名誉主任）

大会主席团：

吴溪淳（中国钢铁工业协会名誉会长）

翁宇庆（钢铁研究总院名誉院长、中国工程院院士、中信微合金化
技术中心名誉主任）

何文波（中国钢铁工业协会党委书记兼常务副会长）

赵　沛（中国金属学会常务副理事长）

田志凌（中国钢研科技集团副总经理）

孙玉峰（中信金属集团副董事长兼总经理、中信微合金化技术中心
主任）

Ricardo Lima（CBMM 公司副总裁）

Pascoal Bordignon（CBMM 公司中国区原市场经理）

大会秘书长：

郭爱民（中信金属股份有限公司副总经理、中信微合金化技术中心
常务副主任）

Rafael Mesquita（CBMM 公司技术总监）

- **主办单位：**

  中国中信集团有限公司

  中国钢研科技集团有限公司

  中国金属学会

  巴西矿冶公司

- **支持单位：**

  中国钢铁工业协会

  中国宝武钢铁集团有限公司

  鞍钢集团有限公司

  太原钢铁（集团）有限公司

  首钢集团有限公司

- **承办单位：**

  中信金属集团有限公司

  中信微合金化技术中心

前　言

　　自从英国化学家查尔斯·哈契特在 1801 年发现铌以来，至 2019 年已经过去 218 年了。尽管历史很漫长，但是铌技术的快速发展主要来自于过去的 40 年里。巴西矿冶公司（CBMM）致力于在许多领域开发性能卓越的产品，在这些年里，铌已经被证明可以大大增加终端产品的价值，例如微合金钢、超合金、不锈钢、医疗植入体和超导体。

　　尽管铌在很多行业的应用已取得丰硕成果，但在使用铌来提供解决方案方面，仍有很多的工作需要去做，特别是在一些全新的领域。随着电气化发展，氧化铌开始显示其对电池的独特价值。铌作为纳米晶材料开始在滤波器噪声衰减电子系统和其他组件中显示出优势，在电动车充电设备和数据中心交换机上也展现出潜力。目前，铌的应用开发在铝业和先进的玻璃行业也取得很大进展，但是未来还有很多研究工作要做。

　　CBMM 和中国的伙伴于 40 年前开始进行合作，共同致力于铌的开发和应用，这种合作已经成为寻找工程解决方案的重要财富。铌的应用一直是应对全球快速增长的挑战和实现可持续发展的良好方案。它致力于环境友好，寻找绿色能源，始终遵循实现碳中和的发展路线。

　　在过去的 40 年里，CBMM 和中国的合作伙伴拥有一支强大的技术团队，共同开发实现铌的应用，这支团队与行业、研究型大学、机构和最终用户开展紧密合作。本次研讨会的目的是庆祝这些年公司在中国做出的努力，展示来自不同市场领域的最先进技术，帮助中国成为全球领导者之一，探讨未来社会最佳的增长方式。

CBMM 感谢中国的合作伙伴们与我们共同走过这段漫长的成功之旅，非常感谢这本论文集的出版，体现了铌的价值和贡献，体现了最佳的实践成果。CBMM 感谢为本次北京研讨会做出贡献的合作伙伴和作者们，是大家共同努力让本次研讨会如此有趣和意义非凡。

CBMM 的使命是推广扩大铌技术的使用，将自然资源转化为解决方案，以建立一个更美好的世界。CBMM 公司发展历程与铌加工和铌应用的发展密切相关，实现从矿山到最终用户的价值增长。

在 CBMM 开发的其他应用中，对铌技术的开发与公司可持续发展理念相一致，始终致力于节能环保、降低成本。CBMM 一直在铌的整个供应链中寻找改进的机会，特别关注其客户和社会需求。

CBMM 拥有强大的技术团队来开发铌的应用技术。公司与世界各地的企业、大学、研究机构和最终用户建立合作，开展多种合作项目，并寻找新的合作伙伴，不断改进材料，始终追求最佳性能的产品。

这次研讨会是一个很好的示范，充分展现了铌的优势，展望了使用铌开发不同材料和应用的广阔前景。

本文集编写过程得到了各位作者、顾问委员会、编辑委员会、CBMM 和中信微合金化技术中心团队的大力支持，特别是 Pascoal Bordignon、Marcos Stuart、Mariana Oliveira、张永青、张伟、路洪州、王文军、王厚昕等人的大力帮助，在此一并致谢。

Ricardo Lima
CBMM 公司副总裁
2019 年 12 月

目 录

全球铌科学技术的最新进展

Ricardo Lima

（巴西矿冶公司，巴西圣保罗，04538-133）

摘　要：本文展示了世界范围内铌技术发展的范例，这些技术一直以来由巴西矿冶公司（CBMM）发起并推动，总是致力于获得更好性能的产品。CBMM 一直以来将中国作为一个长期合作伙伴，在追求更好未来的过程中，共同克服挑战、开发解决方案。在此过程中，中国的铌技术在许多市场领域逐渐占据了领先地位，代表着目前世界上最强大的铌应用市场。40 年以前，铌技术在中国起源于微合金化技术和不锈钢，其后在管线钢、结构钢和汽车板等主要钢铁领域的发展都超过了预期。铌技术在钢铁材料之外的其他领域同样得到广泛应用，如高温合金、医用植入材料和超导体等。未来仍有足够的增长空间和许多应用领域有待探索，如电池、纳米晶、铝铸件和先进玻璃。这些

Ricardo Lima 先生

应用是非常重要的，特别是在全球电气化这一发展趋势下，发展经济需要实现健康环保，减少二氧化碳排放以实现碳中和。本文对每一个例子对碳中和的贡献进行了阐述。

关键词：铌；钢结构；不锈钢；管线；焊接；纳米晶；电池；太阳能电池板；燃料电池；智能窗户

1　引言

铌的应用在过去的 40 年里取得显著的进展，特别是在过去的 20 年里，它从钢铁材料开始，特别是从微合金化技术的概念开始，但现在它以其他一些产品而闻名，如高温合金、不锈钢、医用植入材料和超导体。图 1 显示了 1975~2018 年含铌材料在世界范围的增长。一开始，主要应用领域是管线钢，市场用量约为 5448 t/年。多年以后，含铌材料的市场用

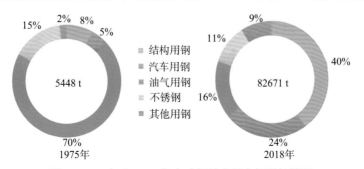

图 1　1975 年和 2018 年全球铌铁应用市场增长情况

量已增长到 82671 t/年，以结构钢为主。2019 年，全球用于钢微合金化的铌铁（FeNb）合金的市场用量约为 120000 t。

中国市场是铌铁消费显著增长的主要原因之一，尤其是在过去 20 年里。CBMM 的铌铁销量从 2000 年的 1000 t 增加到 2019 年的 33500 t，见图 2。

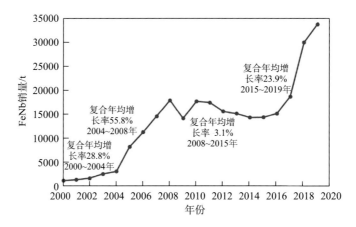

图 2　2000~2019 年 CBMM 在中国的铌铁（FeNb）销售情况

2　先驱者：铌管线钢的发展

在中国，使用 FeNb 的主要里程碑是西气东输Ⅰ线（2004 年）和Ⅱ线（2011 年）管线用钢。在这两条输送线路中使用了超过 14000 km 的含铌的管线钢，见图 3。中国采用 0.10%Nb 的 X80 管线钢的开发在全球处于领先地位，其强度和韧性优异，这对长距离输送用天然气管道的安全至关重要[1-7]。

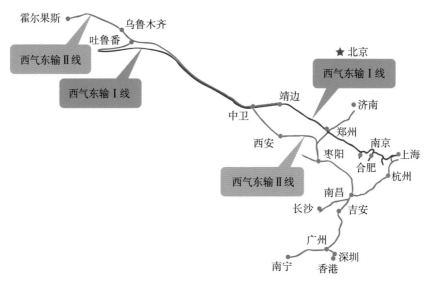

图 3　中国西气东输Ⅰ线和Ⅱ线管线示意图

中国油气领域成就的另一个重要例子是采用最先进的设备生产 X80 大壁厚（22 mm）螺旋焊管钢卷[3]。在此之前，22 mm 壁厚管线钢仅仅在中厚板产线上可以生产，而热轧钢卷的工艺路线大大提高了该钢种的生产率和竞争力。0.1%含量的铌有助于获得性能均匀和全壁厚的优良韧性。

另一个显著的成就是 CBMM 和中信金属与中国石油集团石油管工程技术研究院（TGRI）合作建立了国际焊接技术中心（IWTC）[8]，以研究管道环焊的最佳工艺技术，见图 4。IWTC 的任务是开发能够确保管道建设的高生产率、高质量和安全的焊接工艺和技术。

图 4　西安 IWTC 技术中心挂牌启动

3　结构钢

管线不论在世界上还是在中国都是铌最传统的应用领域，但铌在其他领域也广泛使用，如建筑结构钢。中国的基础设施建设增长强劲，这也是得益于铌微合金化钢的使用。当需要具有更高强度、更高韧性和可焊性的材料时[9-10]，这是满足快速加码需求的一个重要解决方案。铌微合金化钢意味着更高的强度和更好的韧性，为设计者提供了对多种结构进行轻量化设计的更多可能性，如图 5~图 7 所示。轻量化结构意味着对自然资源的需求更少，二氧化碳排放也更少，更有利于帮助中国实现碳中和路线。

图 5　中国国家体育馆鸟巢
（Q345 和 Q460 被大量应用，降低了结构重量）

图6　位于北京的中央电视台大楼
（Q420和Q460得到了大量的应用，
创新的设计减少了结构重量）

图7　中国尊
（采用Q345和Q390，HRB500钢筋也被使用，
这些高等级钢种的应用丰富了结构设计，
并减少了对自然资源的需求）

　　在建筑结构领域，铌的应用不仅在建筑结构本身不断增加，而且在建筑立面和内部也增长迅速，如图8中电梯面板的例子所示。该电梯使用铁素体不锈钢AISI 443，具有长寿命周期、无腐蚀、成本低等竞争力。相比而言，其他材料或奥氏体不锈钢则要昂贵很多。铁素体不锈钢的表观质量远远优于其他钢种，这使应用其的建筑可获得最佳成本效益[11]。

图8　含铌铁素体不锈钢AISI 443制作的电梯

4　汽车用钢

　　中国汽车工业的关键驱动因素也与铌紧密相连，使用高强度铌微合金化钢，实现减少排放和对环境的影响[12]。乘客的安全性也得到了提高，例如铌微合金化热成形钢和双相钢，见图9，铌提高了热成型钢的韧性，是保证横向碰撞时安全的关键。中国是第一个向国内外主机厂（OEM）供应铌热成形钢的国家，如美国的通用汽车。

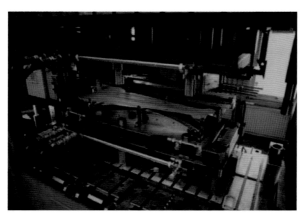

图 9　刚完成定形工艺的热成型钢

　　双相钢从 600 MPa 到 1000 MPa 的所有等级都已经开发出来，并均使用铌作为微合金化元素。铌增加了这些等级钢的成型性，避免了弯曲和冲孔过程因成型性不足导致缺陷而造成的损失。铌也增加了最终零部件的韧性，提高了乘客的安全性。

　　在商用车中使用高强度铌微合金化钢促进了车辆轻量化设计的使用，这可以减少燃料消耗和增加货物运输的装载量。最好的例子来自骏通的劲霸卡车，见图 10。由于质量的减轻，每辆车每年的燃油消耗减少了 6 万元左右。采用铌微合金化高强钢实现轻量化设计的理念十分受市场欢迎，在短短的两年内就售出了 3 万多辆该型卡车。

　　乘用和商用车辆的排气系统也是如此[11]。由于更高的温度和必要的耐腐蚀性，它们采用添加铌的更稳定的铁素体不锈钢，见图 11。

图 10　在商用车中使用铌微合金钢
的质量差异

图 11　使用 AISI 439M 和 AISI 441 铁素体
不锈钢的卡车排气系统

5　未来怎么样？

　　铌在钢铁领域的应用将继续增长，因为在能源、结构和汽车领域还有许多机会有待探索。同时，CBMM 正在大力开发利用铌在如下领域的新型应用[13-17]：

　　（1）电池；

　　（2）纳米晶；

　　（3）铸造铝合金；

（4）高级玻璃。

5.1 铌有利于锂离子电池

电池中铌技术的应用开发有三个前沿方向，如图 12 所示。铌在电池中的研究主要起始于在汽车用锂离子电池负极中的应用，以制造可安全、快速充电的产品。开发工作目前正处于试生产阶段，效果非常好。对于正极，铌的主要作用是在减少甚至是不添加钴的情况下，增加电池的能量密度和循环稳定性。固态电池被认为是电池技术的最终解决方案，其可以完全避免任何事故或电池故障中的风险。作为一种中长期的发展，铌用于固态电池的研究正在进行之中。

正极材料　铌用于开发低钴或无钴、富锂或锰基新型高能量密度、高稳定正极材料

负极材料　利用铌可基于现有产线生产负极材料实现快充、安全、高功率的电池

固态电池　铌成为电池技术的终极解决方案固态电池进一步发展的关键材料

图 12　铌在电池中研究和应用的方向

5.2 纳米晶

软磁材料在许多现代应用中发挥着重要作用并不断增长，包括电动汽车和可再生能源。含铌的该产品称为纳米晶，是一种含有 Cu、Si、B、Nb 的铁基合金，由连铸薄带制作而成。铌作为其中的一种合金元素，含量为 3%~5%。铌可以保证经过适当的热处理后，铸态的非晶带材可以转化为纳米晶带材。这些纳米晶由于其非常高的相对磁导率而提供了优异的磁性能[15]，见图 13。纳米晶带材提高了效率，增加了功率，减少了尺寸和质量，促进了现代

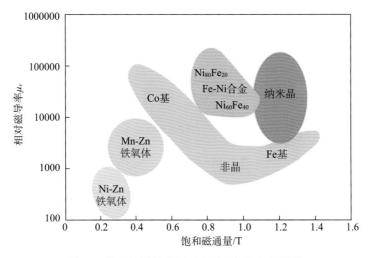

图 13　软磁性材料的相对磁导率与饱和磁通量

电气和电子元件的小型化。纳米晶的发展是由开创性市场的增长所驱动的，如电动汽车、无线技术、无线充电器、高效变压器和电子系统的噪声衰减滤波器等。

5.3 铸造铝合金

铌显示了其作为铝-硅铸造合金晶粒细化剂的巨大效果，如图 14 所示。其显著作用有：

（1）更好的薄型部件和复杂部件的完整性；

（2）更少的孔隙和热裂；

（3）降低报废率；

（4）更均匀的力学性能。

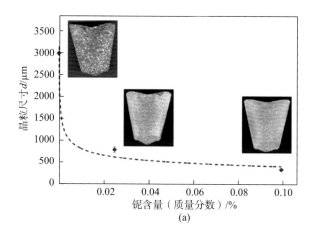

(a)

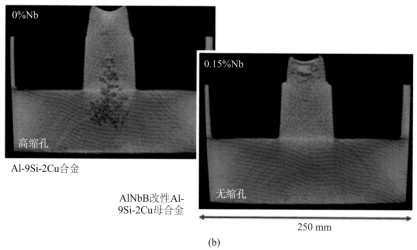

(b)

图 14　铌在晶粒细化作用（a）和对铝硅铸件孔隙率（b）的影响

铌有助于铝硅铸件对铁含量具有更好的耐受性，这对于回收铝废料铸造新材料非常重要。

5.4 高级玻璃

由于针对减少二氧化碳提出了许多倡议，CBMM 正在专门研究一种智能窗户，如图 15

所示。住宅或商业建筑约 50%的能源消耗来自照明、加热和冷却的需求。正确使用智能窗户可以为减少能源需求做出很大贡献。通过添加 1%~10%的 Nb_2O_5，这些窗户可对可见光和近红外光进行独立调节，从而具有独一无二的光选择和光调控优势，如图 15 所示。

图 15　智能窗户及其控制可见光透过率和近红外透光率

6　结束语

铌的应用在过去的 40 年里有了显著的发展，特别是在过去的 20 年里发展迅速。中国在这一增长中发挥了关键作用，中国目前拥有世界上最强大的铌市场。铌技术和实践的知识和经验已在众多标志性项目中获得广泛的应用和证明。中国是世界上最大的钢铁生产国，对新产品和解决方案有着极大的兴趣，仍有足够的增长空间和应用有待探索。

中国正在拓展铌在新领域的应用，如电池、纳米晶、铝铸件和玻璃等。CBMM 一直将中国作为一个长期的合作伙伴，共同开发解决方案，共同克服挑战，共同追求更好的未来。

参考文献

[1]　王晓香, 付俊岩, 尚成嘉, 等. 含铌管线钢在中国的开发、应用与展望[C]//铌·科学与技术. 北京: 冶金工业出版社, 2022.

[2]　尚成嘉, 王晓香, 刘清友, 等. 低碳高铌 X80 管线钢焊接性及工程实践[J]. 焊管, 2012, 35(12): 11-18.

[3]　刘清友, 贾书君, 任毅. 高钢级厚壁管线钢低温断裂韧性控制技术研究[J]. 焊管, 2019, 42(7): 39-54.

[4]　郑磊, 傅俊岩. 高等级管线钢的发展现状[J]. 钢铁, 2006, 41(10): 1-10.

[5]　冯耀荣, 霍春勇, 吉玲康, 等. 我国高钢级管线钢和钢管应用基础研究进展及展望[J]. 石油科学通报, 2016, 1(1): 143-153.

[6]　霍春勇, 李鹤, 张伟卫, 等. X80 钢级 1422 mm 大口径管道断裂控制技术[J]. 天然气工业, 2016, 36(6): 78-83.

[7]　毕宗岳. 新一代大输量油气管材制造关键技术研究进展[J]. 焊管, 2019, 42(7): 10-25.

[8] 中信金属. 国际焊接研究中心(IWTC)成立大会圆满召开. http://www.metal.citic.com/en/html/out/media/news/index.html.

[9] 常跃峰,韦明. "鸟巢"用 Q460E/Z35 钢板介绍[J]. 金属世界, 2008(3): 60-62.

[10] 陈禄如. 中央电视台新台址主楼钢结构用钢特点[J]. 钢结构, 2007(1): 1-4.

[11] Oliveira M, Moura T, 张伟. 中国含铌不锈钢的最新研究进展[C] //铌·科学与技术. 北京: 冶金工业出版社, 2022.

[12] 陆匠心, 王利, 路洪洲, 等. 2009~2019 年中国汽车微合金化钢的发展[C] //铌·科学与技术. 北京: 冶金工业出版社, 2022.

[13] Monteiro R S, Parreira L S, Ribas R M. Niobium for lithium-ion battery technology: Anodes, cathodes and solid-state electrolytes materials perspective[C] //铌·科学与技术. 北京: 冶金工业出版社, 2022.

[14] 李德仁, 卢志超, 王文军. 纳米晶软磁合金材料及其应用现状和发展趋势[C]//铌·科学与技术. 北京: 冶金工业出版社, 2022.

[15] Kącki M, Rylko M S, Hayes J G, et al. Magnetic material selection for EMI filters[C]//2017 IEEE Energy Conversion Congress and Exposition (ECCE). Cincinnati: IEEE, 2017: 2350- 2356.

[16] Nadendla H B, Cruz E B. Nb 在铝铸件中的运用[C] //铌·科学与技术. 北京: 冶金工业出版社, 2022.

[17] Rogerio Pastore. 中国能源材料技术领域的主要进展[C] //铌·科学与技术. 北京: 冶金工业出版社, 2022.

含铌管线钢在中国的开发、应用与展望

王晓香[1]，付俊岩[2]，尚成嘉[3]，刘清友[4]，张永青[2,4]

（1. 渤海石油装备制造有限公司，中国河北省青县，062658；2. 中信金属股份有限公司，中国北京，100004；3. 北京科技大学，中国北京，100083；4. 钢铁研究总院，中国北京，100081）

摘 要：管线钢是综合性能要求极高的钢种。高强度管线钢通常要求同时提高强度和韧性。在各种强化方法中，晶粒细化是唯一能同时提高强度和韧性的方法。铌微合金化是细化管线钢晶粒的最有效途径，因此，管线钢的发展与铌微合金化技术密切相关，含铌管线钢在中国的研发得到了飞速发展和广泛应用。本文介绍了改革开放以来，伴随着我国油气长输管道的快速建设，我国X60、X70 和 X80 钢级管线钢的开发和应用，以及超高强度管线钢开发的最新进展。回顾了我国如何只用了二十多年就走完了国外管线钢五十多年的发展道路，赶上了国际先进水平的发展历程，并展望了含铌管线钢在我国的未来发展前景。

关键词：管线钢；铌微合金化；止裂韧性；高强高韧大壁厚；西气东输

王晓香先生

1 引言

　　我国自 1970 年开始建设油气长输管线。当时国内还没有真正意义上的管线钢。只能采用国产普通碳素结构钢热轧卷板制造。直到 1990 年，我国在东北、西南、西北地区建设了一批油气管道，全部采用螺旋焊管，钢级最高为从日本进口的 TS 52K 碳素结构钢。当时我国管线钢的水平大大落后于西方先进工业国[1]。

　　改革开放以来，我国油气长输管道建设进入了快车道。从陕京一线 X60 钢级开始，到西气东输管道的 X70、X80 钢级管线钢的开发和应用，我国的管线钢研究开发飞速发展，管线钢冶炼、轧制和制管装备水平迅速提高。西气东输管道 X80 管线钢全部实现了国产化。超高强度管线钢的开发也取得了重大进展（图 1）。

　　1975 年，在美国华盛顿召开的 Microalloying'75 国际会议上，日本学者小尾沙男（ISAO KOZASU）等人发布了《高温热机械轧制》的研究报告[3]，指出"控制轧制的有益效果在很大程度上取决于所采用的微合金化元素，铌被发现是最有利的，因为它能够延迟奥氏体的再结晶。……铌是控轧钢不可缺少的元素"，并给出了铌在控轧微合金钢中的作用和机理（图 2）。

　　管线钢是综合性能要求极高的钢种。欧洲钢管公司的希伦布兰德等人[4]曾用一个六边形概括了管线钢管的综合性能要求，考虑到管线钢管对表面和内部质量特殊的高要求，我们可以用下面的七边形概括管线钢管的综合性能要求，见图3，其中强度和韧性都是最重要的性能要求。

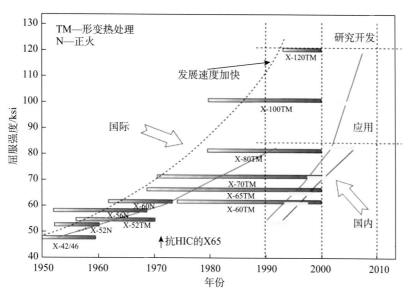

图1　中国和世界管线钢的发展历程对比[2]
(1 ksi=6.895 MPa)

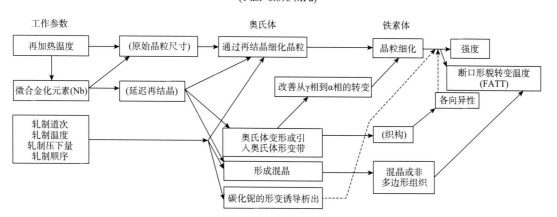

图2　铌在控制轧制中的作用和机理

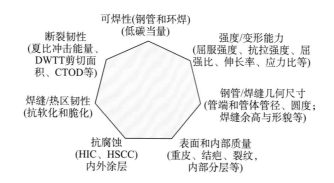

图3　管线钢管的综合性能要求

管线钢通常要求同时提高强度和韧性，一般来说，强度等级越高的管线钢管，所要求的断裂韧性也越高。特别是大输量天然气长输管线，压力高、管径大，为防止延性断裂扩展，所要求的止裂韧性往往超过 200 J。在各种强化方法中，晶粒细化是能同时提高强度和韧性最有效的方法，而铌微合金化是细化管线钢晶粒最有效的途径。因此，管线钢的发展与铌微合金化技术密切相关，含铌管线钢在中国的研发得到了飞速发展和广泛应用。

2 含铌管线钢在我国的早期开发

1979 年，巴西矿冶公司（CBMM）来到中国，向中国推广铌微合金化技术。4 年之后的 1983 年，华北石油钢管厂与北京钢铁研究总院和上海第一钢铁厂合作，进行了相当于 API 5L X60 强度级别的 10MnVNb 管线钢的开发和批量制管试验[5]。这是含铌管线钢在我国的早期试验性开发。共试制了 240 t 10MnVNb 管线钢卷板，试制 ϕ529 mm×7 mm 螺旋埋弧焊钢管 164 根。

试制管线钢的成分如表 1 所示。从表 1 可以看出，试制 10MnVNb 卷板的化学成分设计采用的是铌钒微合金化的理念，碳含量也较高，与现代的铌微合金化理念还有较大差别。

表 1　试制 10MnVNb 管线钢卷板的化学成分　（质量分数，%）

C	Mn	Si	S	P	V	Nb
0.10~0.13	1.07~1.49	0.20~0.38	0.016~0.030	0.014~0.035	0.021~0.058	0.015~0.046

利用这些试制钢管，进行了大量的铌微合金化管线钢管的焊接材料匹配和焊接工艺，管体、焊缝和热影响区的组织和性能试验研究，并进行了 6 次钢管实物水压爆破试验。通过试验和批量试制，优选出较好的焊接材料匹配，特别是含钼焊丝的焊接试验，为以后铌微合金化管线钢的焊接积累了大量的数据和经验。但那时钢管的性能指标体系还未与国际先进标准接轨，尤其是还没有明确提出钢管的韧性指标。

3 X60、X65 含铌管线钢的开发与应用

3.1 X60 管线钢的开发与应用

我国严格意义上的管线钢开发始于 1990 年。我国新疆油田和陕北气田陆续开发，西部油气长输管道的建设，大大促进了高钢级管线钢的开发。

陕京一线是我国第一条长距离、高钢级和大口径输气管道，全长 918 km，设计压力为 6.4 MPa，设计年输送天然气 33 亿立方米。陕京一线所需管线钢采用 API 5L X60 钢级，主要采用国产 OD610 mm×WT6.4 mm 螺旋埋弧焊管，穿越地段采用进口的 WT8.7 mm 直缝 UOE 焊管。

陕京管道开工时，国产 X60 卷板尚在试制阶段，前期 X60 卷板全部从日本进口；随后华北石油钢管厂和宝钢开展 X60 国产化技术攻关，解决了含铌 X60 钢的冲击韧性和可焊性问题，后期 X60 卷板全部采用宝钢产品。这是国内首次大规模开发和应用 X60 含铌管线钢，此后 X60 热轧卷板全部实现了国产化，随后 2001 年建设的涩宁兰输气管道全部采用国产 X60 卷板。表 2 给出了陕京一线 X60 热轧卷板的化学成分，规定铌、钒、钛含量之和不能大于 0.12%，其中铌的上限为 0.06%[1,7]。

表2　陕京一线X60热轧卷板化学成分要求（最大值）　　　　（质量分数，%）

C	Mn	Si	S	P	Nb	Nb+V+Ti	Cr+Ni+Cu	N
0.11	1.55	0.35	0.01	0.025	0.06	0.12	0.50	0.009

3.2　X65管线钢的开发与应用

陕京一线X60钢开发和应用为我国开发更高级别管线钢打下了良好的基础。陕京一线建成之际，正值我国在苏丹投资建设的油田投产，亟须建设通向苏丹港口的原油输送管道，这正好为我国油气输送钢管走出国门提供了一个良好的机遇。

苏丹原油管道设计钢级为X65、管径为711.2 mm，壁厚为10.72 mm，主要采用螺旋焊管，由中国石油技术开发公司（CPTDC）统一组织中石油四家管厂制管，热轧卷板全部由宝钢提供。

该管线的管线钢成分设计中，铌的上限首次提高到0.08%。表3给出了苏丹管线X65管线钢的成分要求与实物水平。可以看出所开发的X65管线钢为低碳、高纯净度、铌钒微合金化管线钢，实物成分已经与国际上采用的X65管线钢十分接近[7]。

表3　苏丹管线X65管线钢的成分要求和实物水平　　　　（质量分数，%）

元素		C	Si	Mn	S	P	Nb	V	Ti
实物水平	1	0.07	0.24	1.31	0.004	0.010	0.044	0.042	0.013
	2	0.08	0.28	1.36	0.004	0.021	0.044	0.043	0.012
标准要求（最大值）		0.18	0.50	1.88	0.01	0.03	0.08	0.08	0.06

苏丹管线钢管母材、焊缝和热影响区−10 ℃夏比冲击功都超过100 J，钢管质量优良，保证了1999年管线顺利建成投产，在国际上建立了良好业绩和信誉。此后苏丹建设的富拉油田和梅鲁特盆地原油外输项目均采用了我国生产的含铌管线钢管，共计出口20多万吨。苏丹管线X65钢管的开发使我国含铌微合金管线钢实现了大批量出口，技术水平上了一个新台阶。

陕京一线、涩宁兰管线和苏丹管线的建设，使我国钢铁和管道科技工作者在实践中积累了丰富的经验。此后我国进口原油通道中的中哈原油管道、中俄原油管道（漠大线）一、二线和中缅原油管道均大批量应用国产X65管线钢管。这也为我国后续的西气东输管道工程建设打下了良好的基础[1,7]。

但是，这一时期管线钢的冶金设计仍为铌钒钛微合金化的理念，并未突出铌在微合金化中的作用，组织类型为铁素体+珠光体，或少珠光体型为主。

4　西气东输一线管道建设和X70高钢级管线钢的开发和应用

4.1　西气东输一线工程的启动

2000年初，党中央、国务院做出了建设西气东输工程的决定。

西气东输一线（以下简称西一线）工程投资400亿元，需要大口径焊接钢管160万吨。其中干线全长3900 km，工作压力为10 MPa，钢级为X70，钢管外径为1016 mm，壁厚为

14.6~26.2 mm；其中螺旋焊管 84 万吨，壁厚为 14.6 mm[7]。

西气东输工程对于我国钢铁和管道行业既是千载难逢的机遇，也是极为严峻的挑战。

4.2　X70 管道试验段的实施

西气东输项目部决定，首先在涩宁兰输气管道上进行 11 km X70 钢级管线试验段的建设，为西一线管道采用 X70 钢级积累经验。

宝钢采用了低碳和 Mo-Nb-V 微合金化成分设计以及微钛处理等先进理念（表 4），研制了 4 炉 X70 管线钢卷板，其微观组织为细晶针状铁素体。试制卷板的晶粒度为 10.5 级；–20 ℃ 的夏比冲击功超过 200 J，–40 ℃ 的 DWTT 剪切面积仍为 100%；CE_{Pcm} 值仅为 0.15%~0.16%，具有良好的可焊性。

试制的 1000 t 钢管的管体夏比冲击吸收能均超过 200 J、焊缝和热影响区的夏比冲击吸收能均超过 150 J，全部满足西一线要求（图 4）。涩宁兰输气管线 11 km X70 钢级试验段建设取得圆满成功。这是国内首次开发和应用 X70 钢级低碳含铌管线钢[6]。

表 4　X70 试验段管线钢卷板的成分要求和实物水平　　　　（质量分数，%）

炉号	C	Mn	S	P	Mo	V	Nb	Ti	CE_{IIW}	CE_{Pcm}
1	0.04	1.43	0.004	0.013	0.19	0.045	0.052	0.009	0.35	0.15
2	0.03	1.40	0.003	0.015	0.16	0.048	0.054	0.010	0.35	0.15
3	0.04	1.43	0.002	0.015	0.20	0.044	0.053	0.012	0.35	0.16
4	0.05	1.40	0.002	0.014	0.19	0.048	0.057	0.015	0.35	0.16
标准要求（最大值）	0.09	1.60	0.005	0.02	0.30	0.06	0.06	0.04	0.40	0.20

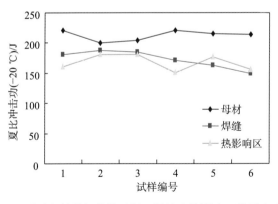

图 4　X70 试验段管线钢管的母材、焊缝和热影响区的夏比冲击功

4.3　西一线 X70 管线钢标准的制订

4.3.1　延性断裂止裂韧性的确定

西一线是我国首次建设的 X70 高钢级天然气长输管道。制定标准面临的首要问题是管道的延性断裂控制方案的确定。

2000 年 10 月，在中国廊坊召开了高压输气管道断裂控制研讨会，会议邀请国际知名断裂控制专家对西气东输一线的止裂控制进行了深入研讨。

采用 BTC 模型计算，并依据国际同类管道全尺寸爆破数据库进行修正，并且考虑当时我国 X70 管线钢的断口分离情况，最终确定了西气东输一线的止裂韧性要求为在–20 ℃管体夏比冲击功平均值不小于 190 J[7-8]。

4.3.2 化学成分要求

在钢管的化学成分要求方面（表 5），与涩宁兰 X70 试验段标准相比，进一步将铌的含量上限提高到 0.08%，同时增加了对氮含量的限制，适应了国际管线钢的发展趋势。不过可以看出，由于当时 API 5L 管线钢管规范对铌和钒含量的限制，仍然采用的是铌钒复合微合金化的设计理念，并且十分强调钼元素对于针状铁素体组织形成的作用，给予钼元素含量较高的上限值[6-7,9]。

表 5　西气东输一线 X70 管线钢卷板的化学成分要求（最大值）　　（质量分数，%）

C	Mn	S	P	Mo	V	Nb	Ti	Nb+V+Ti	N	CE_{IIW}	CE_{Pcm}
0.09	1.65	0.005	0.02	0.30	0.06	0.08	0.025	0.15	0.008	0.42	0.21

4.4　西一线 X70 管线钢的开发及应用

由于我国当时还不能生产直缝埋弧焊管，因此开发的重点是 X70 热轧卷板。我国宝钢、鞍钢，韩国浦项制铁，日本新日铁、NKK、住友金属和川崎制铁等公司都专门为此进行了 X70 钢级、厚度 14.6 mm 热轧卷板的开发。宝钢经过多轮研制，成功开发出针状铁素体型 X70 管线钢热轧卷板，并于 2001 年通过国家鉴定，转入批量生产，产品实物质量达到国际先进水平[9]。

中石油所属管厂采用这些卷板进行了 X70 钢级 ϕ1016 mm 螺旋埋弧焊钢管的试制。2001 年 1 月 25 日顺利试制出第一根钢管。2001 年 6 月 28 日，X70 螺旋埋弧焊钢管在国内开始批量生产。2001 年 9 月 3 日，首批 1000 t X70 钢级 ϕ1016 mm×14.6 mm 螺旋埋弧焊钢管专列发运，9 月 10 日运抵新疆库尔勒施工现场。

西一线制管用卷板由宝钢和韩国浦项提供，X70 热轧卷板的国产化率为 71%，螺旋埋弧焊钢管的国产化率为 100%。在西气东输工程之前，我国不能生产直缝埋弧焊管。陕京管线等工程所需的直缝埋弧焊管全部从国外进口。

2002 年，巨龙钢管公司新建的 JCOE 生产线开始试制 X70 钢级 OD1016 mm×WT17.5 mm 直缝钢管；2002 年 4 月 15 日，壁厚 17.5 mm 和 21 mm 钢管通过国家鉴定。巨龙钢管公司 JCOE 生产线的投产使直缝埋弧焊管国产化率达到了 15%，使国产大口径焊管的总用量达到了 2014 km，保证了钢管国产化率过半目标的实现。但当时制管所需的 X70 钢板大部分仍需依赖进口，舞阳钢铁公司试制并提供了 2 万吨钢板，实现了 X70 管线钢宽厚板零的突破[7]。

通过协同攻关，工程所需的 X70 感应加热弯管也实现了国产化。

西一线管道胜利建成后至今安全运行，源源不断地将新疆塔里木盆地的天然气输送到沿线地区，直至上海。这是我国管线钢和管道工业向现代化发展的里程碑。

4.5　X70 管线钢在我国的推广应用并大批量出口

西一线建成后，我国又陆续建设了陕京二线、三线，以及西一线与陕京二线的联络线——冀宁线、川气出川等 X70 干线输气管道。实现了 X70 含铌管线钢的大规模应用和全面国产化。在中缅油气管道建设中，成功研发和应用了双相组织的含铌 X70 大应变管线钢管。

2006 年，中国石油技术开发公司成功向俄罗斯出口了 20 余万吨 K60 钢级（俄罗斯标准钢级，类似于 X70 钢级）钢板及 JCOE 钢管（0.02%~0.09% Nb），应用于俄罗斯东西伯利亚—太平洋石油管线，开创了国产 X70 含铌管线钢产品的大批量出口；2007 年，60 万吨国产（0.06% Nb）X70 螺旋焊管出口印度，应用于印度东气西送管线；2009 年，国产 X70 螺旋焊管出口哈萨克斯坦和乌兹别克斯坦，应用于中亚天然气管道 A、B 线（2×1833 km）[7]。

近年来，宝钢的 X70 管线钢及钢管大量出口到澳大利亚和土耳其等国家，应用于昆士兰和塔纳普等著名管道，在国际上产生了巨大影响[10]。现在，X70 管线钢已成为我国管线钢出口的主要品种之一。

5 西气东输二线管道建设和 X80 高钢级管线钢的开发和应用

5.1 史无前例的伟大工程

西一线胜利建成后，极大地推动了我国对清洁能源的需求，天然气需求迅猛增长，新建更大输量的管道迫在眉睫。X80 管线钢的应用迅速提上日程。

此前只有德国、加拿大和美国建设过 X80 天然气长输管道，总长度约为 2000 km。而我国计划建设的西气东输二线（以下简称西二线）总投资约 1422 亿元，干线全长 4978 km，超过全世界已建成 X80 长输管线长度的总和，加上 8 条支干线，管道总长度超过 8704 km，管线钢用量超过 400 万吨，绝对称得上是史无前例的伟大工程。

5.2 X80 管道试验段的实施

为 X80 管道的开发探索经验，于 2005 年 3 月在西一线与陕京二线的联络线——冀宁输气管道上建设了 7.9 km 长的 X80 管道试验段。试验段所用螺旋焊管的壁厚为 15.3 mm，直缝焊管的壁厚为 18.4 mm。宝钢和武钢进行了 X80 卷板的试制，鞍钢进行了 X80 平板的试制。由华北和宝鸡钢管厂制管。

宝钢研制的 X80 卷板吸收了当时国外超低碳高铌管线钢的成分设计思想，采用了较高的铌含量，突破了过去管线钢标准常用的 0.056% 的上限，主要强化元素还是以锰和钼为主，基本上不添加铬，仍然采用铌钒复合微合金化，见表 6。与常规铌含量的管线钢相比，含铌 0.07% 的 X80 钢管的低温冲击韧性显著提高，如图 5 所示，其–20 ℃夏比冲击功达到：

表 6 冀宁联络线 X80 试验段管线钢板材的典型化学成分（最大值）   （质量分数，%）

项目	C	Si	Mn	Cr	Mo	Nb	Nb+Ti+V	CE_{Pcm}
板卷 1	0.04	0.20	1.89	0.029	0.30	0.070	0.125	0.18
板卷 2	0.04	0.20	1.80	0.028	0.28	0.054	0.070	0.18
平板	0.04	0.21	1.81	0.033	0.21	0.053	0.069	0.16
标准要求	0.09	0.42	1.85	0.45	0.35	0.080	0.150	0.23

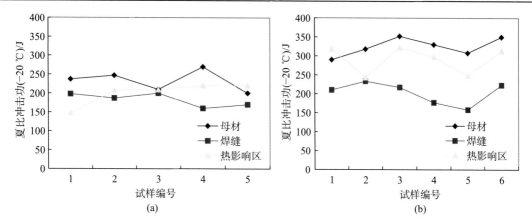

图 5 X80 试验段不同铌含量管线钢管的母材、焊缝和热影响区的夏比冲击功对比
(a) 铌含量 0.054%；(b) 铌含量 0.07%

母材≥300 J，焊缝≥150 J，热影响区≥250 J。为今后进行超低碳高铌管线钢的开发进行了有益的探索。

X80 试验段建设顺利，投产至今运行正常。为西二线建设提供了宝贵的实践经验，证实了低碳高铌成分设计对低温冲击韧性的显著效果。

5.3 西二线的总体方案

通过方案比选，确定西二线全线 4000 多千米均采用管径 1219 mm 的 X80 钢级管线钢管，其中西段工作压力为 12 MPa，东段工作压力为 10 MPa，见图 6。采用这个方案，最好地兼顾了管线经济性和安全性的要求，具体如下：

（1）西段 1 级地区长度最长，采用 12 MPa 输气压力，可以采用壁厚 18.4 mm 的国产 X80 螺旋焊管；

（2）东段 2 级地区长度最长，由于输气压力降低到 10 MPa，仍可采用壁厚为 18.4 mm 的国产 X80 螺旋焊管；

（3）降低了东段 3、4 级地区的钢管壁厚，避免采用厚度超过 30 mm 的钢管。

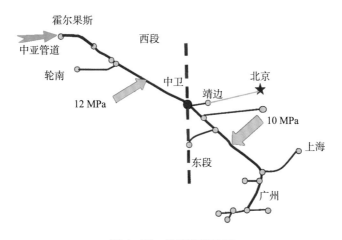

图 6 西二线管道线路图

西二线干线钢管的规格参数见表7。其中高强度、高韧性、壁厚18.4 mm X80螺旋焊管能否开发成功，成为该方案能否成功实现的关键。

表7　西二线干线钢管的规格参数

线路	西段			东段		
工作压力/MPa	12			10		
地区级别	1	2	3	1	2	3
外径/mm	1219					
设计系数	0.72	0.6	0.5	0.72	0.6	0.5
壁厚/mm	18.4	22.0	26.4	15.3	18.4	22.0
夏比冲击功（最小值）/J	220	180	180	200	180	180
管型	螺旋	直缝		螺旋		直缝

5.4　西气东输二线 X80 管线钢和钢管的开发

5.4.1　形势与背景

西二线管线钢需求量巨大，而当时国际船板市场火热，高钢级管线钢资源极度紧张，向国外厂商询价时，他们均表示没有供货能力。同时，国家要求西二线 X80 管线钢要全面实现国产化。无论是市场资源和国家要求都使 X80 管线钢的国产化势在必行。

当时我国已建成一大批 2250 mm 热连轧机组和 4300 mm 及以上宽厚板轧机，均为国际上最先进的装备，实现 X80 管线钢国产化的装备基础厚实，制管企业也改造和新建了一大批螺旋、直缝焊管机组，与西一线之前的装备水平不可同日而语。

中信微合金技术中心及时向国内钢铁和管道行业送来了一场及时雨，不仅大力推介了低碳高铌的合金设计理念，而且带来了美国新建成的夏延平原管道 X80 管线钢的开发经验，坚定了全面实现 X80 管线钢国产化的信心。

5.4.2　西二线 X80 管线钢和钢管的开发

中石油和中国钢铁协会组织了国内管道界和冶金界的生产、科研力量进行了大规模的联合攻关。此次开发的规模空前，参与开发的钢厂、管厂、高校和科研院所达到数十家，改变了此前少数工厂独自开发的局面，充分体现了社会主义制度能够集中力量办大事的优势。

5.4.2.1　X80 管线钢和钢管的标准制定

中石油组织了西二线 X80 管线钢和钢管相关标准的制定。标准制定的核心问题是化学成分、断裂控制和力学性能。

由于 CTIC 和 CBMM 的杰出推广工作，使国内管道界和冶金界接受了在低碳条件下铌含量可以突破 0.06% 上限的新观念；同时，API 5L 和 ISO 3183 标准提高了 Nb 含量的上限；前期 X80 宽厚板和热轧卷板的试验结果证明了高铌对韧性和可焊性的良好作用。以上因素最终促成西二线钢管标准提高了铌含量的上限，改为在控制 Nb+V+Ti 总量上限不超过0.15% 的前提下，铌含量上限为 0.11%[11]，见表8。

表8　西二线 X80 管线钢卷板的主要化学成分产品分析要求（最大值）　（质量分数，%）

C	Mn	S	P	Mo	Ni	V	Nb	Ti	Nb+V+Ti	N	CE_Pcm
0.09	1.85	0.005	0.022	0.35	0.50	0.06	0.11	0.025	0.15	0.008	0.23

关于 X80 干线管线钢管的断裂控制，我国已经从西一线建设时的启蒙阶段进入了自主确定延性断裂止裂韧性的阶段，并开发了我国自己的修正方法。经过理论计算，确定了一级地区钢管夏比冲击功平均值不低于 220 J 的指标，并通过了全尺寸爆破试验的验证。在力学性能方面，确定了横向屈服强度、抗拉强度、屈强比和伸长率的指标（采用圆棒试样测定）[10]。

5.4.2.2 X80 管线钢和钢管的开发

西二线 X80 钢管的钢级、管径和壁厚均比西一线大幅提高，止裂韧性要求也从 190 J 提高到 220 J，还要保证 DWTT 剪切面积不低于 85% 的要求，同时提高强韧性的矛盾十分突出。

由于参与开发的厂家众多，采用的成分设计和轧制工艺也不尽相同，起初简单照搬国外经验未能解决问题，结果不理想，出现了边部裂纹、强度和 DWTT 剪切面积偏低等问题。中信微合金技术中心组织进行了高铌管线钢的组织与性能，以及焊接性等多个专项研究，并邀请国内外专家做专题报告，主动到各钢厂进行指导和协助。

北京科技大学缪成亮等人指出[12]：由于西二线 X80 螺旋焊管壁厚为 18.4 mm，直缝焊管壁厚不小于 22 mm，生产如此厚的钢板，可以借鉴 HTP 管线钢的合金设计思路，但采用这种成分设计的管线钢在中国刚刚应用，其工艺控制要点并不完全清晰，对组织与性能的关系了解也不深入，因此有必要应用物理冶金原理对 X80 管线钢的晶粒细化及组织类型控制等方面进行研究。其主要研究结论为：X80 管线钢的开轧温度及粗轧结束温度应考虑在 1050 ℃以上，以确保再结晶，细化奥氏体晶粒，并避免混晶发生。轧后冷速至少应该不小于 10 ℃/s，终冷温度控制在 500~450 ℃。添加钼能抑制 F 及 P 铁素体的转变，并提高高铌管线钢在低冷速条件下获得针状铁素体的能力。

北京钢铁研究总院刘清友等人的研究指出[13]：对于 X80 管线钢，原始奥氏体晶粒是控制 X80 管线钢解理断裂的主要显微组织单元。要想获得优异的断裂韧性，再加热奥氏体晶粒细化和再结晶奥氏体晶粒细化是关键。通过提高铌含量，可同时细化再加热奥氏体晶粒尺寸和再结晶奥氏体晶粒尺寸。在生产厚规格管线钢时，为了弥补总压缩比小的限制，可以适当提高钢中的 Nb 含量，使进精轧前的再结晶奥氏体晶粒尺寸能稳定控制在 30 μm 以下，相变前奥氏体晶粒尺寸可控制在 10 μm 以下，室温组织中的马奥岛体积分数小于 10%，马奥岛颗粒尺寸小于 1 μm，从而保证厚规格管线钢较高的韧性需求。

通过专题研究及各钢厂的大量实践证明，采用低碳高铌成分设计，并匹配控轧控冷和低温卷取生产工艺开发的 X80 热轧卷板力学性能最稳定，成为西气东输二线用热轧卷板的主流生产工艺。通过改进轧制工艺，创新开发了具有中国特色的 X80 高韧性板材冶炼和轧制技术，既满足标准的性能要求又比较经济。

制管厂与钢厂密切配合，通过单炉和千吨级批量试制，成功试制出西二线 X80 钢管，尤其是获得了优异的断裂韧性，所有炉批钢管管体的夏比冲击功超过了 300 J，DWTT 剪切面积率几乎全部达到 100%。至今已有 15 家热轧卷板、10 家宽厚板厂和十几家制管厂通过了产品鉴定，具备了强大的 X80 管线钢和钢管产能，满足了工程需要。

西二线管线钢卷板和钢板的典型成分如表 9 和表 10 所示，可以看出均为低碳高铌成分设计。

表9 西气东输二线用 X80 热轧卷板实物化学成分　　　　　（质量分数，%）

编号	C	Mn	Si	P	S	Nb	V	Ti	Mo	Ni	Cr	Cu
1	0.03	1.81	0.20	0.008	0.002	0.10	0.028	0.016	0.24	0.28	0.018	0.24
2	0.05	1.70	0.28	0.009	0.002	0.075	0.029	0.023	0.15	0.31	0.33	0.013
3	0.03	1.75	0.17	0.01	0.002	0.060	0.002	0.010	0.19	0.3	0.21	0.14
4	0.04	1.79	0.25	0.013	0.002	0.061	0.002	0.016	0.26	0.34	0.019	0.26

表10 西气东输二线用 X80 热轧钢板实物化学成分　　　　　（质量分数，%）

编号	C	Mn	Si	P	S	Nb	V	Ti	Mo	Ni	Cr	Cu
1	0.06	1.86	0.26	0.008	0.003	0.053	0.024	0.016	0.25	0.24	0.02	0.13
2	0.06	1.71	0.20	0.005	0.003	0.088	0.002	0.010	0.001	0.18	0.29	0.20
3	0.04	1.70	0.27	0.008	0.003	0.10	0.002	0.018	0.006	0.009	0.24	0.24

5.5　西气东输二线的建设和 X80 管线钢的大批量应用

X80 管线钢和钢管的成功开发，保证了全线采用 X80 钢级总体方案的实现。

西气东输二线于 2008 年 2 月开工，至 2012 年 12 月，西气东输二线及其 8 条支线均顺利建成。由于管线钢管质量优良、可焊性好，管线焊接经受住了冬季施工考验，单月最高线路焊接里程达 306 km，焊接一次合格率超过 98%。钢管的国产化率接近 100%。工程所需的感应加热弯管和管件也全部实现了国产化。

此后我国又陆续建设了中亚 C 线、西三线、陕京四线等一系列 X80 管线，螺旋钢管壁厚扩展到 22 mm，直缝埋弧焊管的最大壁厚已达到 33 mm，弯管壁厚达到 37.9 mm（关于大壁厚 X80 管线钢的开发，将在下一节介绍）。根据初步统计，全球已建 X80 管道总长度为 23306 km，其中中国已建成的 X80 管道长度为 15760 km，占世界 X80 管道总长度的 68%[14]，实现了高钢级管线钢规模应用从跟随到领跑的历史性跨越。

6　中俄东线天然气管道建设和超大管径超大壁厚 X80 管线钢的开发和应用

6.1　中俄东线天然气管道概况

中俄东线天然气管道是我国建设的第一条年输气量 380 亿立方米的超大输量天然气管道，与正在建设的西伯利亚力量管道相连接，将来自俄罗斯东西伯利亚的伊尔库茨克州科维克金气田和雅库特共和国恰扬金气田的天然气输送到我国。中俄东线天然气管道从黑河市中俄边境进入我国，末站位于上海市，途经 9 个省份，拟新建管道 3171 km，并行利用已建管道 1700 多千米。其中黑河—长岭段的管径为 1422 mm，设计压力为 12 MPa，设计输量为 380 亿立方米/年[14]。

6.2　前期研发

早在 2012 年 7 月，中国石油天然气股份公司就设立了"第三代大输量天然气管道工程关键技术研究"重大科技专项，针对 OD 1422 mm X80 管线钢管应用技术展开系统研究，为今后超大输量天然气管道工程建设做好技术支撑和储备。在课题牵头单位西部管道公司的精心组织下，经过 5 年攻关，成功开发了 X80 OD1422 mm 直缝/螺旋埋弧焊管和管件以及现场焊接和施工技术；成功进行了两次爆破试验，准确预测并验证了止裂韧性。特别是厚壁钢管和弯管、管件的成功开发，攻克了大壁厚钢管和弯管、管件的低温止裂难题，为中俄东线天然气管道的建设奠定了坚实的基础，保证了中俄东线天然气管道的开工建设[15-16]。

6.3 技术条件制定

虽然中俄东线输送的气体组分中重烃成分不高，但管道压力高、管径大，仍然需要进行止裂韧性计算和修正，并通过全尺寸爆破试验进行延性断裂止裂韧性的验证。采用 BTC 双曲线模型计算出止裂韧性要求，并对多种修正方法，包括我国开发的 TGRC-2 在内的结果进行了对比分析，初步确定了延性断裂止裂韧性的要求，进行了两次全尺寸爆破试验，最终确定了一级地区壁厚 21.4 mm 钢管的止裂韧性要求为 3 个试样平均值不小于 245 J，单个试样值不小于 185 J[17]，详见表 12。针对中俄东线站场裸露部分的站场管、弯管、管件等的脆性断裂控制要求，中石油又设立了中俄东线站场低温环境（-45 ℃）用 OD 1422 mm X80 钢管、感应加热弯管、管件研究与现场焊接技术研究专题，确定了站场低温环境（-45 ℃）用的钢管、感应加热弯管、管件的脆性断裂控制指标，解决了长期以来困扰我国管道界的一个难题。根据研发结果制定了本项目系列管线钢管材标准。

6.4 中俄东线管材、管件的小批量试制与评价、鉴定和标准修订

中俄东线所用的管材、管件等均按严格规定的程序进行了小批量试制、第三方检测与评价以及专家会议鉴定。只有通过鉴定的厂家才能进入招标采购程序，避免不合格材料进入项目。通过小批量试制和环焊缝工艺评定后，又对相关标准进行了修订，以便据此进行批量生产。特别是提出了对管线钢的化学成分的推荐要求，收窄了化学成分限制范围，避免多个厂家采用不同的合金成分体系对焊接工艺评定的不利影响，见表 11[16]。

表 11 OD1422 mm X80 钢管的化学成分要求　　　　　　（质量分数，%）

元素	产品分析要求	螺旋焊管推荐范围	直缝焊管推荐范围
C	≤0.09	≤0.07	≤0.07
Si	≤0.42	≤0.30	≤0.30
Mn	≤1.85	≤1.80	≤1.80
P	≤0.022	≤0.015	≤0.015
S	≤0.005	≤0.005	≤0.005
Nb	≤0.11	0.05~0.08	0.04~0.08
V	≤0.06	≤0.03	≤0.03
Ti	≤0.025	≤0.025	≤0.025
Al	≤0.06	≤0.06	≤0.06
N	≤0.008	≤0.008	≤0.008
Cu	≤0.30	≤0.30	≤0.30
Cr	≤0.45	0.15~0.30	≤0.30
Mo	≤0.45	0.12~0.27	0.08~0.30
Ni	≤0.50	0.15~0.25	0.10~0.30

6.5 厚规格 X80 管线钢的开发和应用

欧美地区所建的超大输量天然气管道均采用直缝埋弧焊管。螺旋焊管能否在超大输量天然气管道中应用是一个有待解决的问题。中俄东线黑河—长岭段的设计压力为 12 MPa，钢级为 X80，一级地区外径 1422 mm 钢管的壁厚为 21.4 mm，这样的壁厚对于直缝埋弧焊管不是问题，但对于螺旋焊管则是严峻挑战。最突出的问题是如何满足 DWTT 剪切面积的要求。

我国拥有大量的热轧卷板机组和强力螺旋焊管机组，为 21.4 mm X80 卷板和螺旋焊管的研发提供了强有力的装备保证。

满足 DWTT 剪切面积的要求需要在板材轧制时采用大压缩比和低温卷取。贾书君等人的研究发现[13]，为保证–15 ℃下钢板的 DWTT 断口剪切面积大于 85%，相变前奥氏体晶粒尺寸应控制在 10 μm 以下。但是，当钢板厚度提升到 30 mm 甚至 40 mm、钢带厚度提升到 20 mm 以上时，由于变形渗透难、总压缩比小和低温变形抗力大等多种因素制约，使相变前奥氏体晶粒尺寸控制在 10 μm 以下十分困难。因此，应在初轧阶段缩短道次间隔时间，避免道次间发生再结晶，以增加累积变形量的方法来变相提高单道次变形量，使两道次的叠加变形量达到 25% 以上，最后获得再结晶完全的奥氏体，并且再结晶奥氏体晶粒尺寸均能控制在 20 μm 以下。同时充分发挥卷取机的能力，实现低温卷取，获得了满意的 DWTT 性能。

批量生产的 OD1422 mm×WT21.4 mm X80 螺旋焊管的 DWTT 性能十分理想，剪切面积率几乎达到 100%，X80 OD1422 mm 钢管的开发成功并大批量用于中俄东线管道，是该项目的特色之一，填补了螺旋焊管在超大输量天然气管道上应用的空白。中俄东线北段所需的更大壁厚的直缝埋弧焊管开发和批量生产同样取得成功并应用。

中俄东线南段的地区类别高，设计要求该地区采用的直缝钢管的壁厚超过了 33 mm，DWTT 试验温度要求为–5 ℃，感应加热弯管壁厚达 37.9 mm。通过协同攻关，南段所需的厚规格钢板、钢管和管件均已批量试制成功，解决了全线建设的一个技术难关。

6.6 中俄东线项目建设情况

中俄东线全部管材都实现了国产化，各钢铁、制管企业全力生产优质钢管，保证了工程进度。

北段（黑河—长岭）于 2015 年 6 月 29 日启动试验段建设。正式开工后，管道环焊缝全部采用了全自动焊接工艺和超声波自动检测（图 7），改变了过去以自保护药芯焊丝半自

图 7　中俄东线管道环焊缝全自动焊接

动焊为主的状况，提高了环焊缝焊接质量[18]。焊接一次合格率高达 95.48%，工程质量达到国际一流水平，2019 年 10 月 16 日顺利建成。

2019 年 12 月 2 日下午，中国国家主席习近平在北京同俄罗斯总统普京视频连线，共同见证中俄东线天然气管道投产通气。来自俄罗斯的天然气已顺利进入中国。

中俄东线中段和南段正在建设之中，计划于 2020 年底全线建成投产。

7 超高强度管线钢在中国的开发

我国在 X90~X120 超高强度管线钢领域与西方先进国家相比落后近二十年。在成功开发 X80 高强度管线钢后，又于 2005 年开始进行 X100 和 X120 超高强度管线钢的开发。

中石油组织的第三代大输量管道的研发课题，组织了国内大批钢厂与管厂合作进行了 X90 和 X100 管线钢的研发和小批量试制。

特别是通过两轮 X90 焊管试制，采用优化的合金方案，在国际上首次量产 X90 钢级 OD1219 mm 螺旋/直缝焊管 3000 t。钢管的合金成分大大降低，管体夏比冲击功达到 300 J 以上。通过理论计算和爆破试验验证，X90 钢管能够依靠自身韧性止裂（见图 8、表 12）。目前 X90 已初步具备开展试验段工程建设的条件，有望在试验段上取得应用[14]。

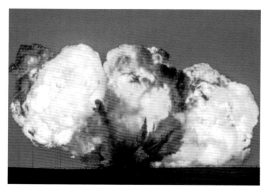

图 8　X90 钢管全尺寸爆破试验

表 12　我国进行的几次全尺寸爆破试验

序号	时间	项目	管径/mm	钢级	管型	压力/MPa	TGRC-2 模型预测止裂韧性/J	结果
1	2015 年 12 月 30 日	中俄东线天然气管道	1422	X80	直缝	12.0	256	253 J/262 J 止裂
2	2016 年 11 月 16 日	中俄东线天然气管道	1422	X80	螺旋	13.3	316	296 J/304 J 止裂
3	2016 年 12 月 16 日	X90 爆破试验	1219	X90	直缝/螺旋	12.0	285	276 J/281 J 止裂

8 含铌管线钢在中国的发展展望

8.1 我国油气管道还有巨大发展空间

从国家规划层面看，我国油气管道总里程与先进国家差距很大，还有巨大发展空间。

据国家石油和天然气发展规划，"十三五"期间，将建成原油管道约 5000 km，建成成品油管道 12000 km，天然气主干及配套管道 40000 km。这些管道如中俄东线天然气管道、鄂安沧天然气管道等正在建设之中，还有新气管道、中亚 D 线、西四线等约 35000 km 管道正在准备建设之中[19-20]。

国家油气管道公司已经成立，正式运行后，我国油气管道建设将以更快速度发展，我国管线钢的发展仍将持续进行。

8.2 我国含铌管线钢需要研发的课题

（1）超厚壁（约 40 mm）铌微合金管线钢板材的研发及其焊接热影响区脆化和软化机理的研究。

目前，我国高后果地区管线钢的厚度已逼近 40 mm，在中俄东线南段超厚壁管材研发中，已发现了热影响区脆化和软化的现象较为严重，需要从板材的微观组织在大热输入循环下的组织变化机理研究出发，对其组织进行优化。

（2）低温环境用管线钢及管件研发。

在中俄东线北段，裸露的站场管、弯管和管件的服役温度已低达–45 ℃，而北极地区油气管道的立管等的服役温度已达–60 ℃，我国已深度参与俄罗斯亚马尔气田等极地油气的开发，–45 ℃/–60 ℃低温环境用管线钢及管件研发势在必行。

（3）管道环焊缝先进焊接工艺的研发。

1）目前，无论在我国还是北美地区，都发现了高钢级管道环焊缝的异常断裂失效问题，特别是在钢管和焊接施工都符合现行规范的情况下，仍然发生了多起环焊缝断裂失效，如何通过规范和工艺改进防止此类失效，各国都在对此进行深入研究；

2）在中俄东线 OD1422 mm 厚壁钢管全自动焊接中，发现了某些钢管环焊缝的熔合线区域的某些部位出现了冲击韧性的离散现象，有的已低于标准下限，亟待研究解决；

3）在 X70/X80 大应变管线钢管焊接时，发现了较严重的热影响区软化现象，现有的焊接解决方案不够理想，效率低，需要改进。

（4）高应变海洋管线管研发。

海洋管道具有厚径比大、断裂韧性和应变要求高、焊接性能要求严格等特点，我国海洋油气资源丰富，特别是深海油气管道管线钢的开发还落后于国际水平，亟待开发。

（5）输送新介质的管线钢。

1）随着碳排放权交易体制的建立，二氧化碳的捕获和输送、储存（CCS）已成为热点，已有超过 6000 km 的二氧化碳管道投入使用，安全记录良好，关于二氧化碳输送的研究在欧洲十分活跃，已进行了 9 次全尺寸爆破试验[14]。我国也已建立了碳排放权交易体制，但在二氧化碳输送管道方面的研究却几乎是空白的，亟待开展相关研究，管线钢是不可或缺的一部分。

2）目前，氢燃料汽车发展很快，未来的加氢站需要专用的输氢管道。

美国国家标准与技术研究院（NIST）指出：输送氢气的管道比天然气管道的成本更高，因为需要采取措施来对抗氢气对钢的力学性能造成的损害，输氢专用钢管道的成本可能比天然气管道高出 68%。现有的输氢管道规范是根据几十年前的数据制定的。NIST 研究表明，现代高钢级管线钢（如 X70）的质量有很大提高，其内部缺陷和疲劳裂纹扩展速率并不劣于过去的低钢级（X52）管线钢。因此他们正在研究修改标准，以提高许用钢级、降低壁厚，从而降低输氢管道建设成本[21]。

而我国的现有设计规范多是直接采标或等同采用 ASME 等相关标准，因此需要密切跟踪国外最新研究成果开展相应研究工作，以适应即将到来的输氢管道发展新形势的要求。

综上所述，铌微合金管线钢在中国具有广阔的发展前景。

9　结语

近四十年来，我国的含铌管线钢取得了举世瞩目的发展和技术进步，已处于国际先进水平。这些成绩的取得是我国钢铁工业和管道工业共同艰苦努力的成果，也离不开国际管道界诸多学者和专家的帮助和协助。

2019 年，我国焊接钢管产量达到 5619 万吨[22]，多年来稳居世界第一，但我国油气管道总里程与先进国家差距还很大，含铌管线钢还有巨大发展空间，还有很多新的课题亟待研究。任重而道远，让我们共同努力，推动我国含铌管线钢的进一步发展。

致谢

感谢郑磊、霍春勇、隋永莉、缪成亮、贾书君等人的研究成果对本文的帮助。

参考文献

[1]　王晓香. 坚持不懈地推进铌微合金化管线钢在我国油气管线的应用[J]. 微合金化技术, 2007, 7(2): 55-70.

[2]　冯耀荣, 霍春勇, 吉玲康, 等. 我国高钢级管线钢和钢管应用基础研究进展及展望[J]. 石油科学通报, 2016, 1(1): 143-153.

[3]　Kozasu I, Ouchi C, Sampei T, et al. Hot rolling as a high-temperature thermo-mechanical process[C]// Proceedings of an International Symposium on High-Strength, Low-Alloy Steels-Microalloying 75'. New York: Union Carbide Corp, 1977: 100-114.

[4]　Hillenbrand H G, Kalwa C, Schroeder J. Meeting highest requirements for the challenge of the Nord Stream project[C]//Proceedings of Pipeline Technology Conference. Ostend, 2009: 55-60.

[5]　华北石油机修厂. 10MnVNb 用于螺旋双面焊钢管试验报告[J]. 焊管通讯, 1983(2): 87.

[6]　郑磊, 傅俊岩. 高等级管线钢的发展现状[J]. 钢铁, 2006, 41(10): 1-10.

[7]　王晓香. 十五年来华北石油钢管厂高钢级管线钢管的开发和生产[J]. 焊管, 2009, 32(2): 5-13.

[8]　黄志潜. 西气东输管道延性断裂的止裂控制[J]. 焊管, 2001, 24(2): 1-10.

[9]　郑磊. 宝钢 X70 石油天然气管线钢的开发及在西气东输工程中的应用[J]. 机械工人（热加工）, 2003(5): 34-35.

[10]　我的钢铁网. 宝钢管线钢年销量破百万吨的"三大秘诀"[EB/OL].(2016-11-11)[2022-08-01]. https://m.mysteel.com/16/1111/08/E9FF792C64929F45_abc.html.

[11]　中国石油天然气股份有限公司管道建设项目经理部. 西气东输二线管道工程用热轧板卷技术条件: Q/SY GJX 0103—2007[S]. 北京: 中国石油天然气股份有限公司管道建设项目经理部, 2007.

[12] 缪成亮, 尚成嘉, 曹建平, 等. HTP X80 管线钢的晶粒细化与组织控制[J]. 钢铁, 2009, 44(3): 62-66.

[13] 刘清友, 贾书君, 任毅. 高钢级厚壁管线钢低温断裂韧性控制技术研究[J]. 焊管, 2019, 42(7): 39-54.

[14] 王晓香. 关于管线钢管技术的若干热点问题[J]. 焊管, 2019, 42(1): 1-9.

[15] 王路. 我国天然气管道应用技术领跑国际[J]. 天然气与石油, 2017, 35(5): 5.

[16] 张伟卫, 李鹤, 池强, 等. 外径 1422 mm 的 X80 钢管材技术条件研究及产品开发[J]. 天然气工业, 2016, 36(6): 84-91.

[17] 霍春勇, 李鹤, 张伟卫, 等. X80 钢级 1422 mm 大口径管道断裂控制技术[J]. 天然气工业, 2016, 36(6): 78-83.

[18] 许强, 张亮, 吴迪. 中俄天然气东线管道全自动焊接工艺分析[J].天然气技术与经济, 2017, 11(4): 37-39, 82-83.

[19] 国家发展改革委. 石油发展"十三五"规划[R/OL].(2016-12-24)[2022-08-01]. https://www. ndrc.gov.cn/fggz/fzzlgh/gjjzxgh/201706/t20170607_1196792.html?code=&state=123.

[20] 国家发展改革委. 天然气发展"十三五"规划[R/OL]. (2016-12-24)[2022-08-01]. https:// www.ndrc. gov.cn/fggz/fzzlgh/gjjzxgh/201706/t20170607_1196794.html?code=&state=123.

[21] None. NIST calculates high cost of hydrogen pipelines, and shows how to reduce cost[J]. Fuel Cells Bulletin, 2015, 2015(8): 14-15.

[22] 国家统计局. 焊接钢管 [DB/OL]. (2019)[2022-08-01]. https://data.stats.gov.cn/easyquery.htm?cn=A01&zb=A02091A&sj=201912.

现代铌微合金管线钢的焊接性能优势

Phil Kirkwood

（Micro-Met 国际有限公司，英国英格兰诺森伯兰，NE61 5JT）

摘　要： 本文论述并全面回答了有关铌在现代高强度低合金管线钢焊接粗晶热影响区（CGHAZ）奥氏体转变中的作用的热门问题。已经明确证明，没有理由仅仅使用碳当量公式（包含铌的附加系数）来评估快速冷却状态下的 CGHAZ 转变，其中可能需要考虑抗冷裂纹敏感性。事实上，有充分的理由期望经铌处理的钢在这方面表现出显著的优越性能，这些钢在焊接过程中能够抵抗奥氏体晶粒长大。

在较高的焊接热输入下，如采用多弧焊接工艺的埋弧焊管制造或"双连接"环缝焊接中遇到的情况，奥氏体中固溶铌的作用，促进了细晶热影响区在较低温度范围内转变，以获得最佳的微观结构和韧性。铌获得这些独特优势的方式得到了深入的解释。

关键词： 焊接性能；铌；热影响区；碳当量性；韧性

Phil Kirkwood 先生

1　引言

自从我第一次注意到技术文献中声称铌对焊接性能有不利影响的评论[1]以来，已经将近五十年了。这一切似乎始于焊接耗材制造商意识到他们难以满足北海石油平台埋弧焊管件的焊缝金属日益增长的韧性要求。由于完全未经证实的原因，人们将矛头指向了铌，但到了 20 世纪 70 年代中期，这种怀疑被有效地打消了[2]。然而，70 年代后期，人们的注意力转向了粗晶热影响区（CGHAZ），对铌的类似指控变得相当普遍。微合金元素的作用在 1980 年[3]整体上得到了审慎的评估，特别是在 1981 年[4]对铌的评估。很明显，焊缝金属和粗晶热影响区中铌与碳的相互作用是决定结果的关键。

在随后的几十年中，发表了许多关于铌在热影响区中的作用的相互矛盾的论文，因此有必要进行全面回顾，以便进行合理解释。2011 年，结构钢和管线钢中铌含量应受到限制的错误言论被有效消除，经过证明，到目前为止，有效地控制碳含量是控制 CGHAZ 微观结构和韧性的最重要因素[5]。

随后，发表了大量关于铌对焊接性能的所有可能影响的论文[6]，并证明了使用低碳水平这一不可抗拒趋势为铌微合金化的更有效应用打开了大门。

焊接性定义为："使用广泛的适当焊接工艺连接材料的能力，以便在这些接头的所有区域有效地制造无明显缺陷且具有足够强度和韧性的接头，以适合目标用途"。[6]

接下来毫无疑问，在管线钢领域，两个热门领域是热影响区开裂敏感性和热影响区韧性。

本文旨在进一步研究铌的作用及其在这两个重要领域中的具体影响，并通过对技术信息的批判性评估（其中大部分信息已经公开），揭示铌为什么在如此广泛的焊接条件下具有如此独特的优势。

首先，我将讨论冷裂纹敏感性问题，这当然是在热量输入较低的环缝焊接过程中特别关注的问题，然后我将注意力转向热影响区韧性，这在管道制造过程中以及随后的"双连接"或现场环缝焊接（即更广泛的热输入范围）过程中都很重要。

2 铌、硬度、淬透性、碳当量和冷裂纹敏感性

可以说，管道现场环缝焊接过程中可能出现的最严重缺陷是氢致冷裂纹。即使在检查过程中及时发现，也可能导致不方便、昂贵和耗时的维修，如果未被发现，则很可能在以后使用过程中造成更严重的后果。对于现代管线钢材料，在环境温度高于 10 ℃从春到秋的季节窗口施工的情况下，采用适当的预热，很少遇到开裂。然而，随着管线钢材料变得强度更高、壁厚更大、管道直径更大，人们的注意力再次集中在避免这种非常不受欢迎的缺陷上。由于许多长距离项目现在跨越恶劣和高架地形，铺设通常在恶劣的冬季天气条件下进行，温度降至–30 ℃，因此必须从一开始就考虑采取何种措施将风险降至最低。

这立即导致设计师和业主运营公司确保为其项目采购尽可能最好的材料，尽管低碳钢的好处现在已被广泛接受，但铌等微合金元素的作用好坏仍时有讨论。在过去几年中，有两个具体问题一再出现。这些涉及铌对冷裂纹敏感性和 HAZ 韧性的作用。

问题 1：铌是否影响淬透性、热影响区（HAZ）硬度，其存在对氢致冷裂纹敏感性有害还是有益？

整体化学成分和单个元素在决定淬透性、焊接后硬热影响区的生成及氢致冷裂纹的敏感性方面所起的作用，几十年来一直是国际上广泛研究的主题。遗憾的是，包括我在内的许多技术人员在焊接环境中误用了术语淬透性，在继续开展我的主题之前，我想更正和澄清我们的术语。

经典或历史意义上的"淬透性"是指钢在热处理过程中从表面淬透到特定深度的能力。通常，兴趣在于确定快速淬火后在部件表面下产生马氏体的深度。这个属性过去是，现在仍然是在某些行业，通常使用 Jominy 测试进行评估[7]。相关钢材通常为高碳类型。

然而，在现代结构钢、压力容器钢或管线钢的焊接中，碳含量通常较低，我们更感兴趣的是预测伴随着与低热输入焊接工艺相关的快速冷却速度可能产生的微观组织的实际硬度和性能，以及此类微观组织是否易受氢致冷裂纹的影响。因此，实际上，焊接冶金学家应该关注的是单个合金元素或元素组合对奥氏体转变为铁素体的温度的影响，如下文所述。

那么，硬度这个术语实际上指的是什么呢？一些出版物报道硬度实际上是一种材料属性，即抗渗透性，但我个人认为，以下 ASM 澄清值得注意[8]：

"硬度不是材料的基本属性。硬度值是任意的，没有绝对的硬度标准。硬度没有定量值，除非在规定的时间内以规定的方式施加给定的载荷和规定的穿透形状。"

因此，当将不同材料的性能与现有硬度数据库或特定标准的要求进行比较时，必须认识到所采用的精确硬度测量技术和所讨论的压头载荷。一个越来越常见的错误是将 5 kg 或

10 kg 载荷下的维氏硬度测量结果与 1 kg 或更低载荷下的显微硬度数据等同起来。理论上，这种方法可能适用于完全均匀的材料，但钢材不属于这一类别。

事实上，在部件淬火期间影响淬透性的单个元素的直接作用以及焊接后硬微观结构的生成通常是相似的，因此，各种碳当量（CE）公式已经演变并互换使用，来预测淬透性和硬度（以及随后的抗氢致冷裂纹能力）。没有普遍接受的碳当量公式适用于所有类别的钢，并且每个公式的由来很大程度上都是以经验为依据的，因此公式的使用最好局限于钢的类别和设计它们的环境。

那么，铌怎么样呢？

当然，有许多碳当量公式是由著名的研究人员几十年来推导出来的，它们确实包含了铌的因素[9-13]。然而，当研究这些公式的背景时，它们通常是为了非常特定的目的而生成的。例如，方程式（1）与特定类型钢板的点焊性相关[9]，而方程式（4）是预测低碳钢贝氏体形成和硬度方法的一个组成部分[10]。格雷维尔（Graville）[11]于 1976 年首次发布的方程式（2）包含一个额外的术语，用于识别裂纹敏感性对氢含量的对数依赖性，该方程式是通过对 80 个数据集的多元回归得出的，但他的材料来源不再容易获得。最后，在 1990 年，Cottrell[12]还利用了来自各种不同来源的数据得出了方程式（3），但他的数据涵盖了如此多的成分和焊接条件，以至于在制造业中从未获得普遍的信任。

$$CE_s = C + \frac{Mn}{6} + \frac{Cr+Mo+Zr}{10} + \frac{Ti}{2} + \frac{Nb}{3} + \frac{V}{7} + \frac{UTS}{900} + \frac{t}{20} \tag{1}$$

$$CE_{Graville} = C + \frac{Mn}{16} + \frac{Ni}{50} + \frac{Cr}{23} + \frac{Mo}{7} + \frac{Nb}{8} + \frac{V}{9} \tag{2}$$

$$CE_w = C + \frac{Mn}{14} + \frac{Ni+Cu}{30} + \frac{Cr+Mo}{10} + \frac{Nb}{2.5} + \frac{V}{6} + 3\%N + 20B \tag{3}$$

$$CE_B = C + \frac{Mn}{5} + \frac{Si}{24} + \frac{Cu}{10} + \frac{Ni}{18} + \frac{Cr+V}{5} + \frac{Mo}{2.5} + \frac{Nb}{3} \tag{4}$$

（结合使用 $H_B = 197 CE_B + 117$）

目前，这些方程均未被视为与现代结构钢或管线钢的冷裂纹敏感性评估特别相关。

我特意将广泛引用的 Yurioka 等[13]CEN 公式分离出来，见式（5）。这实际上可以追溯到 1983 年，使用起来很不方便，但最近已被纳入新的国际石油和天然气生产商协会（IOGP）补充规范 S616[14]，他们建议将其与 API 5L 标准[15]结合使用，理由是："铌对焊接过程中的淬透性有很大影响。"此时，规范仅要求进行以下计算，以供参考。

$$CEN = C + A(C)\left(\frac{Si}{24} + \frac{Mn}{6} + \frac{Cu}{15} + \frac{Ni}{20} + \frac{Cr+Mo+Nb+V}{5} + 5B\right) \tag{5}$$

其中，$A(C) = 0.75+0.25\tanh[20(C-0.12)]$。

上述 Yurioka 公式的变体也作为 CE_{CSA} 纳入加拿大焊接标准，其中 $A(C)$ 由术语 F 代替，其值可从有用的支持表中获得。

稍后我将回到 IOGP 的基本原理，这里只需指出，本文中的证据有力地驳斥了 Yurioka 公式中铌术语的必要性。然而，以下四个碳当量公式可能是最著名和使用最广泛的。可以发现，它们包含在与 C-Mn 微合金结构钢和管线钢焊接相关的重要国家和国际标准中[16-18]。

$$CE_{IIW} = C + \frac{Mn}{6} + \frac{Cr+Mo+V}{5} + \frac{Cu+Ni}{15} \tag{6}$$

$$CET = C + \frac{Mn + Mo}{10} + \frac{Cr + Cu}{20} + \frac{Ni}{40} \quad (7)$$

$$CE_{AWS} = C + \frac{Mn + Si}{6} + \frac{Cr + Mo + V}{5} + \frac{Cu + Ni}{15} \quad (8)$$

$$Pcm = C + \frac{Si}{30} + \frac{Mn + Cu + Cr}{20} + \frac{Ni}{60} + \frac{Mo}{15} + \frac{V}{10} + 5B \quad (9)$$

前两个方程式出现在欧洲 EN 1011-2 规范[16]中，下一个方程式出现在美国焊接学会（AWS）DI.1 规范[17]中，最后一个方程式出现在日本焊接工程学会的实践规范[18]中。Pcm 公式是专门为碳含量小于 0.11% 的钢开发的。

这四个公式已在世界范围内得到应用，并经受了时间的考验。它们已被 API 5L[15]和 ISO 3183[19]等国际管线材料标准成功采用。

有两件事是显而易见的；碳始终是主导元素，这些公式没有考虑到铌的因素，鉴于其数十年的成功应用经验，其本身无疑是强有力的证据，证明铌对氢致冷裂敏感性没有显著的负面影响。

那么，我们是否可以在此刻精简我们的故事，并得出结论，在任何这种性质的公式中不需要铌因子？

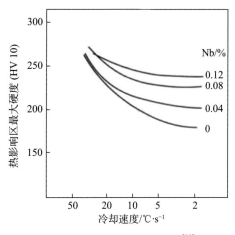

图 1　铌对 HAZ 硬度的影响[11]

也许，但在以前的出版物中，我已经提供了证据，表明铌实际上可能有助于抵抗冷裂敏感性[20-21]，我相信我现在可以进一步阐明我在一开始提出的重要问题的答案。

Graville[11]可能是第一个系统地证明铌对焊接后奥氏体转变和硬度的影响随焊接冷却速度的变化而显著变化的人，并且只有当冷却速度降低时，铌的整体影响才显得重要，参见图 1。这一观察结果与我自己的研究[20-21]完全一致，我将在稍后解释铌对 CGHAZ 微观组织演变的影响时再讨论这一点。

为了进一步支持我的假设，即铌实际上可能有利于抗冷裂化敏感性，我现在想进一步介绍一个碳等量公式，乍一看，似乎与铌问题完全无关，因为它又没有出现在公式中。

$$CE_M = C + \frac{Si}{38} + \frac{Mn}{6} + \frac{Ni}{12} + \frac{Cr}{1.8} + \frac{Mo}{2.3} + \frac{Cu}{9.1} \quad (10)$$

这个公式，来自 2007 年出版的一份有趣的新日铁技术报告[22]。作者试图证明，仅仅使用碳当量公式来评估经典意义上的淬透性或热影响区转变行为，而不适当考虑相变奥氏体的晶粒尺寸是不够的。

他们独特的研究为我在早期出版物[20-21]中提出的解释增加了份量，即在快速冷却并伴随低焊接热输入（可能会出现冷裂纹）的情况下，铌对降低奥氏体到铁素体转变温度的影响被抵消了，事实上，是被抑制晶粒粗化主导 HAZ 微观组织演变的方式超过了。晶粒越细，奥氏体到铁素体的转变温度就越高。

令人惊讶的是，新日铁的报告通过加入一个晶粒度因子（ASTM 晶粒度的一个函数）

继续量化了这种效应。这导致作者提出了下面的关系，通过推断，他们认为这种修正系数实际上可以与其他碳当量公式结合使用，而不仅仅是他们研究中引用的方程式（10）。

$$CE_{effective} = CE_M - \frac{N}{35} \qquad (11)$$

式中，N 为 ASTM 晶粒尺寸等级。

采用这种方法时，只有当奥氏体晶粒尺寸非常大时，即 N=1 或 2 时，"有效" CE 才接近于由化学成分计算的 CE_M 值。相反，当奥氏体晶粒尺寸非常小且 $N>9$ 时，"有效" CE 显著低于计算的 CE_M 值。

表 1 和图 2 显示了日本研究人员声称的效应的大小，他们论文中的数据与他们的解释以及我在已经提到的出版物中的观察结果一致。

表 1   "计算"值为 0.40 的 CE_M 钢 HAZ 奥氏体晶粒尺寸对有效碳当量的潜在影响

$\gamma_{GS}/\mu m$	ASTM 晶粒尺寸等级 N	$N/35$	$CE_{effective} = CE_M - N/35$ *
254	1	0.029	0.371
90	4	0.11	0.290
32	7	0.20	0.20
15.9	9	0.26	0.14
3.97	13	0.370	0.03

* 按公式（11）计算所得。

考虑这一争论的意义；我们将两种钢（公称 CE_M 为 0.40）的行为进行对比，那么，如果其中一种钢具有平均晶粒尺寸为 90 μm 的粗晶 HAZ，这相当于 ASTM 晶粒度等级约为 4，$N/35$=0.11，另一种为约 16 μm 的细 HAZ 晶粒尺寸，相当于 ASTM 晶粒度等级约为 9，$N/35$=0.26，这表明抗晶粒粗化的钢将表现出有效碳当量比另一种低 0.15 的钢的行为；这是非常显著的效果。

几十年来，众所周知，铌对抵御焊接过程中的晶粒粗化有显著影响，尤其是在低热输入条件下（氢致冷裂纹可能是一个问题）。图 3 主要来源于 Hannerz[23] 的工作，是这一点重要性的极好说明。

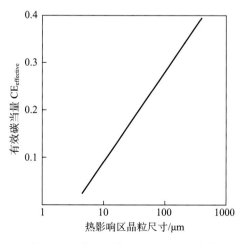

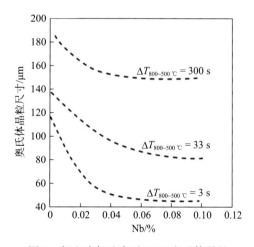

图 2   源于参考文献[22]的 CE_M 计算值
为 0.40 时，与晶粒度之间的关系

图 3   铌和冷却速率对 HAZ 奥氏体晶粒
尺寸的影响[23]

图 3 中的大部分数据来自高碳时代，我们现在知道，当我们研究越来越受欢迎的 X70/X80 应用的低碳高铌钢的行为时，"Hannerz"效应更加强大。当采用低热输入环缝焊接工艺进行焊接时，后一种类型的钢通常表现出直径在 16~25 μm 范围内的奥氏体晶粒尺寸，可以预期这种钢将从日本研究人员证明的效果中显著受益。

正如在我论文后续章节中所讨论的，这种晶粒粗化阻力源自 Nb（CN）析出物的精细分布，恰当地添加微量的钛可以增强其功效。

即使我总结的日本分析[22]可能夸大了这种效应，毫无疑问，任何现代低碳铌处理钢一定具有低于预期的 CGHAZ 硬度和高于预期的抗冷裂敏感性。

难怪早在 1963 年[24]的时候，De Kazinczy 就第一个描述了铌在正火钢中的潜在可焊性优势，他敏锐地观察到："在焊接过程中，较小的奥氏体晶粒尺寸会降低淬透性。"

如图 4 所示，Ito[25]和 Frantov 等[26]在实验上注意到了这种有益效果，他们使用热模拟样品，将典型的 0.07%碳、Nb-V X70 钢与含 0.23%铬、0.06%碳、0.1%铌的 X80 钢进行了比较。Frantov 观察到，具有很强的抗 HAZ 晶粒粗化能力的高铌钢，可以在高达 75 ℃/s 的速度冷却[27]下，获得不超过挪威船级社的 325 维氏硬度限值；而可比的传统 X70 在任何高于 33 ℃/s 的冷却速度下均超过相同的硬度要求。值得注意的是，在冷却速度较慢的情况下，在这项特定研究中，几乎无法区分这两种钢（图 5）。

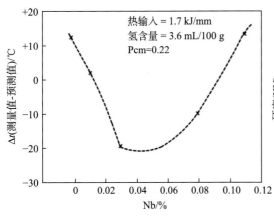

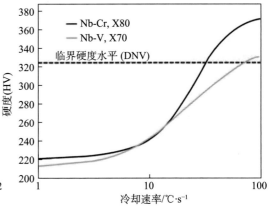

图 4　铌对防止无钒钢 Tekken 试验冷裂纹所需预热的影响[25]

图 5　焊接冷却速度对两种不同管线钢 HAZ 硬度的影响[26]

（低碳 Nb-Cr 钢更抗晶粒粗化）

2013 年，我假设抗 HAZ 晶粒粗化能力增强的铌处理钢对冷裂纹敏感性的影响要小得多[21]，因此，在已发表的文献中找到如此多的支持性证据是令人满意的。

因此，我的问题得到了回答，并且在任何碳当量公式中加入 Nb 的"加号"因子都没有任何技术上的理由，该公式与在考虑现代管线钢冷裂纹敏感性的冷却速率下评估热影响区转变有关。

总之，使用 CE$_{IIW}$ 或 Pcm 来评估现代含铌管线钢的可焊性似乎是合理的，它提供了对其固有抗氢致冷裂纹能力的过度保守估计。

3 铌、HAZ 转变行为、热输入和韧性

问题 2：铌如何影响现代管线钢 GCHAZ 微观组织的发展，其影响是有益的还是有害的？

首先，我想阐述 IOGP 表达的观点，以及他们推荐使用包括铌的因子的 Yurioka 碳当量公式，作为评估 API 5L 钢可焊性的额外工具[8]。当然，他们对铌可以降低转变温度的理解是正确的，但我们已经看到，在快速热循环的低热输入焊接中，实际上最终结果是如何由晶粒尺寸决定的。

铌可抑制 $\gamma \rightarrow \alpha$ 转变温度。

众所周知，铌对钢加工过程中奥氏体转变温度的降低有着强大的影响[28-31]，我在下面提供了一些图（图 6~图 8）来说明这一点，以及冷却速度可能影响这种效果的方式。

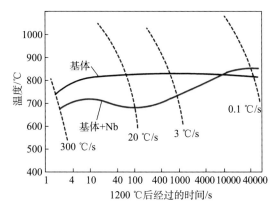

图 6 铌对奥氏体向铁素体转化
温度降低的影响[28]

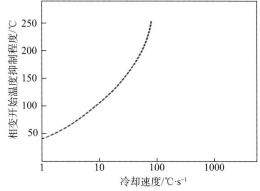

图 7 冷却速度对铌处理钢相变温度的影响[28-31]
（使用来自不同来源的数据得出的合成图）

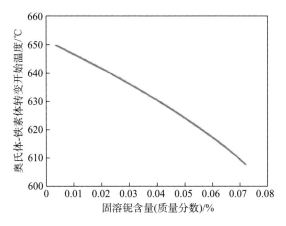

图 8 固溶铌对钢转化温度的影响[30]

许多文献都试图解释这些巨大的影响，但可以说，Yan 和 Bhadeshia[30]发表了最有说服力和最全面的评估，报告了由巴西矿冶公司（CBMM）在剑桥大学（英国）赞助的工作。这项工作回顾了所有可能的理论，并得出结论，奥氏体转变的延迟最有可能是由于固溶铌

偏析到原始奥氏体晶界，经作者计算，每 1%（质量分数）固溶铌降低奥氏体晶界能量 0.076 J/m²。

抛开奥氏体晶粒尺寸和铌溶质浓度的影响，作者进一步指出，0.079%的固溶铌在 20 ℃/s 的冷却速度和 30 μm 的原始奥氏体晶粒尺寸下将转变开始温度（A_{r3}）降低了 40 ℃。

同样有报道称，铌还会降低焊接后粗晶热影响区的奥氏体到铁素体转变温度，例如 Poole 等[32]的工作广泛被引用，参见图 9，但如 Kirkwood[20]在图 10 中进一步证明的，这种效应仅在冷却速度最慢的实际焊缝中具有主要影响。还记得 Graville 在参考文献[11]的图 1 中展示的结果吧。

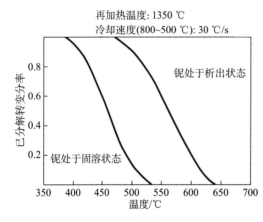

图 9　铌对奥氏体分解动力学
和转变的影响

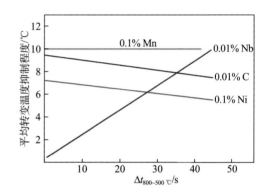

图 10　铌对平均转变温度的影响与其他
重要合金元素的影响的对比[20]
（每个元素更高含量的近似效果可通过
简单乘法计算（表 2））

表 2 中强调了铌在较慢冷却速度下的作用，这表明在焊接环境中，铌对转变温度的影响会比某些传统合金元素的影响更大，最重要的是，铌的影响与碳的影响一样大。

综合所有证据，几乎可以不用怀疑的是，在铌处理钢的低热输入焊接过程中，细晶奥氏体的平衡作用决定了最终转变温度，并有效地减弱了固溶铌的作用。

表 2　在冷却速率为 $\Delta t_{800\sim500\,℃}$=30 s 时，将 CGHAZ 平均转变温度降低 40 ℃ 所需的近似合金添加量[5,20]

元素	含量（质量分数）%
C	0.05
Mn	0.40
Ni	0.67
Nb	0.057

Tafteh[33]在 CGHAZ 冷却速率的图谱中提供的优秀数据非常好地证明了晶粒尺寸的重要性，我从 Tafteh 的工作中提取了有关析出态铌的具体情况的相关信息，并在图 11 中重新呈现。

需要注意的是，当冷却速率 40~60 ℃/s [相当于 Δt（800~500 ℃）在 7.5~5 s]时，影响最大。这与相对厚壁管道中的低热输入环缝焊接工艺所经历的冷却速率有关。

因此，尽管 IOGP 的理论基础乍一看是合理的，但实际情况是，由于奥氏体晶粒尺寸的压倒性影响，铌不会降低低热输入下的转变温度。因此，Yurioka 方程中的铌是多余的，在技术上是不合理的。

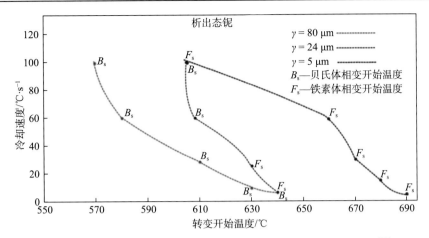

图 11 奥氏体晶粒尺寸对 0.035% 铌钢 CGHAZ 转变的极端重要性[33]

在继续阐述较高焊接热输入下铌的总体影响之前，有必要进一步了解铌处理钢中的析出对整个焊接条件下晶粒生长的影响方式。

图 12 使用各种出版物的数据，示意性地说明了观察到的铌对粗晶区 HAZ 晶粒生长的影响。很明显，这种影响在广泛的焊件冷却速率中持续存在。

铌在焊接过程中抵抗奥氏体晶粒粗化的机制对于我们理解元素的整体效应至关重要，而我个人认为，这主要是由于存在非常细的 Nb（CN）析出物。基于参考文献[34-46]，我已在附录 A 中总结了重要的证据，以使读者能够形成自己的观点，并强烈建议仔细考虑其中包含的关键信息。

现代低碳 X70 或 X80 钢的铌含量在 0.07%~0.11% 之间，当它们作为管道制造用带材或板材生产时，通常有 40%~65% 的铌以细小析出形式存在，正是这些沉淀析出为此类钢提供了其特色的焊接过程晶粒中抗粗化作用。固溶态的铌也提供了一种贡献，但在焊接环境中，这种贡献的重要性要小得多（见附录 A）。

图 13 对低碳、高铌管线钢中形成的细小的热影响区奥氏体晶粒尺寸进行了极好的说明，钢的合理的生产工艺促进形成合适的沉淀析出尺寸分布[37]，另见附录 A。

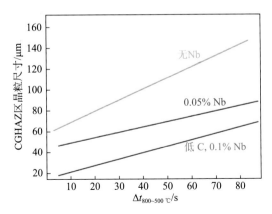

图 12 铌对一系列焊接热循环产生的
CGHAZ 奥氏体晶粒尺寸影响的示意图

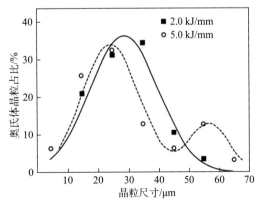

图 13 热输入对低碳、高铌、高温处理（HTP）
钢的奥氏体晶粒直径的影响[37]

随着热输入的增加和整个热循环的持续时间增加，析出相"成熟"并开始溶解，这不可避免地降低了晶粒细化机制的作用，如图12所示。然而，这种效应仍然是影响焊接过程中CGHAZ微观组织的主要因素。

虽然在非常快的冷却速度下，晶粒尺寸效应的主导地位是受欢迎的，但可以预期，随着焊接热输入的增加和冷却速度的降低，无铌钢可能会表现出最低的转变温度，并且在某些情况下，展现出更好的微观组织，但这不是实际观察到的。

事实上，在这种较高的热输入状态下，固溶铌的作用（随着析出逐渐溶解，固溶铌的含量增加）现在超过了晶粒度效应，并降低了转变温度，从而保持了优异的、晶粒度相对较细的贝氏体微观结构[41]，避免了多边形铁素体或其他不利的微观结构组织。

正是铌的这种独特的能力，能够提供整个焊接冷却速率范围的微观结构控制，这使其区别于任何其他微合金元素，并使其成为任何现代低碳、高强度管线钢不可或缺的成分。

值得再次强调的是，本文讨论的所有铌相关冶金机理在低碳钢中均有强化效果，理想情况是碳含量低于0.06%。

在提供所有这些如何在管道制造业和现场焊接中受益的例子之前，有必要简要考虑一下可能遇到的微观结构类型的范围以及影响其形成的因素。

图14提供了随转变温度变化显微结构演变的很好的图解说明。简单来说，如果我们希望优化微观结构和韧性，需要避免图右侧的高温相变产物，以及最左侧的相变产物，特别是在碳含量较高的情况下，可能会遇到马氏体或不太有利的贝氏体。

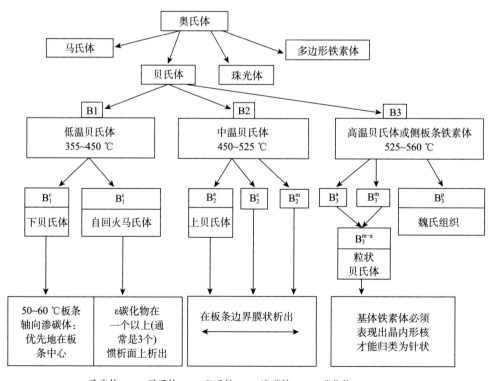

p—珠光体，m—马氏体，a—奥氏体，c—渗碳体，ε—ε碳化物

图14 可能的奥氏体分解产物 [47]

简单地说，通过增加传统合金化、大晶粒尺寸和快速冷却，图 14 左侧的微观结构得到了促进。图 14 右侧，精简合金化、细晶粒尺寸和缓慢冷却是重要的贡献因素。

Batte & Kirkwood[48]从理论上证明了在不同碳含量下存在最佳转变温度，实现韧性最大化，图 15 表明了这一点的重要性。稍后利用工业生产钢的实验结果，我将证明正确理解这一现象的意义以及低碳的重要性。

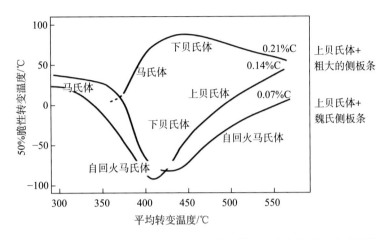

图 15　Batte & Kirkwood 所作的碳含量对韧性和转变温度之间理论关系的影响[48]

4　铌处理钢的实际韧性结果

有许多优秀的参考文献，包括澳大利亚、中国、欧洲、北美和 CBMM 出版物中都做出重要贡献，可以引用这些文献来证实铌技术在实际管线钢中的有效性，如西气东输Ⅱ线管道项目中使用的 X80。近年来，许多研究人员做出了有价值的贡献，很容易成为文献综述的主题。然而，出于当前目的，为了强调前面段落中描述的作用，我选择了两个非常有价值的参考文献中的选定结果，这两个参考文献完美地说明了在管线钢中使用低碳铌处理钢可能带来的焊接性能优势。以下图表均由碳含量在 0.05%~0.07% 之间的工业化生产钢的结果绘制。

图 16 是从有充分记录的来源发布的数据总结。Cheyenne Plains 项目是北美第一次大量使用 X80 强度材料，并使用了铌含量约

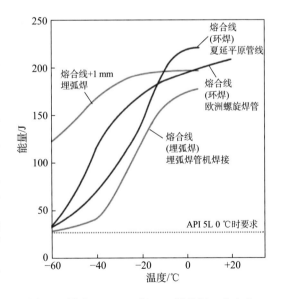

图 16　低碳、0.095% 铌 X80 管线钢工业生产焊缝 CGHAZ 韧性的公布数据[50]

为 0.095% 的低碳钢。类似的成分随后在中国的西气东输Ⅱ线项目中使用。欧洲螺旋焊管也采用类似的成分，最终用于跨越土耳其和希腊的南部天然气走廊 X70 项目部分[49]。

我所选数据的第二个来源来自 Frantov 等于 2013 年发表的一篇非常全面的论文[26]，这是 CBMM 和 TsNII Chermet(莫斯科)联合项目的研究结果。本研究工作旨在对比传统 Nb-V X70 管线钢与具有高抗晶粒粗化特性的高铌 X70 和 X80 管线钢。

我们研究了许多商用板材/管材，但出于本文研究目的，我将重点关注表 3 中确定的数据。

表 3　Frantov 等研究的商用钢的成分[26]　　　　（质量分数，%）

钢种	化学成分									
	C	Si	Mn	Ti	Nb	V	Cr	Al	Mo	Ni
Nb-V X70	0.07	0.39	1.67	0.013	0.032	0.042	—	0.031	0.18	0.23
Nb-Cr X70	0.05	0.33	1.73	0.013	0.056	0.001	0.17	0.033	0.002	0.012
Nb-Cr X80	0.06	0.30	1.56	0.014	0.094	0.002	0.23	0.037	0.01	0.13

在 Frantov 等的论文中，垂直轴（图 17）记录了以 J/cm^2 为单位的 "比能"，以校正使用小尺寸 5 mm×10 mm 热影响区夏比试样的偏差，相应地，我将水平轴从冷却速率 ℃/s 转换为 $\Delta t_{800\sim500\,℃}$ 所需的时间以秒为单位，便于与早期图表进行相互对照。源文件[26]更精确地解释了如何导出所提供的垂直轴数据。

图 17 显示了这些钢在多道次、低热输入气体保护焊试验中的 CGHAZ 韧性数据。如本文前面所述，采用铌铬的微观组织控制，与传统的铌钒钢类型相比，可获得更细晶粒、坚韧的贝氏体，形成温度更低。这完全符合 Nb-Cr X80 管线的预期和图 16 所示的数据。

在这种情况下，细小的 CGHAZ 尺寸主导的行为超过了固溶铌降低奥氏体向铁素体转变的温度的影响。

关于较高的热输入焊缝，我选择简单地介绍传统 Nb-V X70 钢和 Nb-Cr X80 钢之间的比较（Nb-Cr X70 显示出与其对应 X80 非常相似的数据[26]），如图 18 所示。

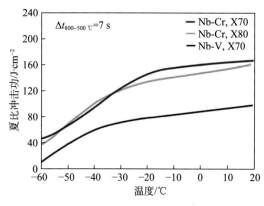
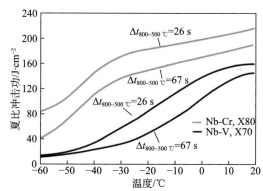

图 17　低热输入 GMAW（多道焊）焊缝的 CGHAZ 韧性数据[26]

图 18　Nb-CrX80 相比 Nb-V X70[26]具有 CGHAZ 韧性优势[26]。

图 18 中的结果证实了即使热输入增加到多头埋弧焊管机焊接中的水平，也可以保持相对细小贝氏体的微观组织。

回顾图 15 的预测，Frantov 等的论文[26]提供了冷却速度过快或过慢的预期效果的极好证据，很明显，每种合金类型确实存在最佳冷却速度（并由此推断出最佳转变温度）。这在图 19 中得到了清楚的证明，值得欣慰的是，较高的 Nb-Cr 添加方式在实际相关的冷却速率和较低的试验温度下提供了明显更大的灵活性。

因此，我的第二个问题也得到了回答。铌，特别是与现代钢的低碳水平相结合，显然对 CGHAZ 韧性非常有益。

考虑到铌提供的合金设计灵活性是令人兴奋的，没有其他元素可以同时在实际相关热输入及其相关热循环的所有范围内提供优异的可焊性。铌所赋予的抗晶粒粗化与其降低奥氏体到铁素体转变温度的效应的相互作用方式是独特的。我可以将其总结为如图 20 所示的铌二元转变示意图。

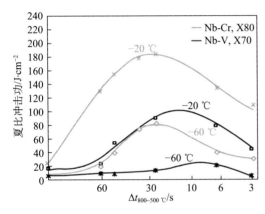 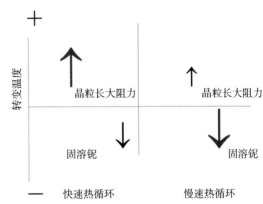

图 19　合金选择和冷却速度对不同温度下
　　　　CGHAZ 夏比韧性的影响[26]

图 20　铌二元转变示意图

"载体"的相对大小决定了最终的转变结果，是铌提供的独特灵活性的关键，无论热输入如何，都能带来好处。

表 4 完美地解释了每一种"载体"的相对贡献是如何影响结果的。

表 4　摘自 Tafteh 关于一种含 0.035%Nb 钢的论文[33]的数据

$\Delta t_{800-500}$ ℃/s	冷却速率/℃·s^{-1}	Nb 的析出状态	晶粒直径/μm	转变开始温度/℃
5	60	析出	24	610
30	10	固溶	80	570

考虑这组数据时，应该顾及这样的事实：这个例子当中，并非是晶粒尺寸变化值得注意。事实上，更低的转变温度与固溶铌更加相关。

Tafteh 的关于固溶铌的数据[33]与图 11 中铌全部析出形成了鲜明的对比。图 21 表明，晶粒尺寸和冷却速率不太重要。更低的转变温度明显与固溶铌有关。

尽管这需要时间，但低碳高铌钢的优势（通常在较高温度下终轧（HTP））现在得到了更广泛的认可，附录 B 中的时间轴图证明了这一点[51]。

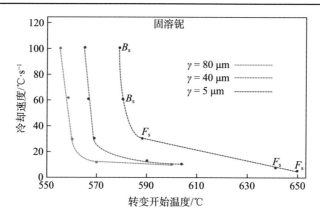

图 21　含 0.035%铌的钢中奥氏体晶粒尺寸对 CGHAZ 转变的不够明显的影响[33]

5　结论

（1）现代低碳、含铌管线钢在实际相关焊接热输入的全系列范围内特别耐奥氏体晶粒粗化。这种性质主要来源于细小 Nb（CN）析出物的弥散分布的存在，通常通过极低水平的钛添加而增强。

（2）在低热输入和担心可能产生高硬度水平导致冷裂纹敏感性的情况下，铌处理钢的抗晶粒粗化能力主导奥氏体转变行为，并超过固溶铌降低转变温度的作用。

（3）因此，低碳含铌钢不太可能在其热影响区产生高硬度水平，所以，其抗氢致冷裂纹的能力显著提高。

（4）没有证据支持在任何碳当量公式中包含任何铌的"加号"因子，这些公式旨在预测现代低碳铌处理管线管或结构钢在低热输入焊接时的 CGHAZ 硬度或冷裂纹敏感性。

（5）在低热输入下，现代低碳含铌钢中相变奥氏体的细晶粒尺寸确保了最佳 HAZ 韧性和相较于传统的 Nb-V 管线钢的显著优势。

（6）在较高的热输入下，即便在现代制管产线的大直径管道制造相关的热输入水平，低碳含铌钢仍能抵抗奥氏体晶粒粗化，但其热影响区转变行为现在主要取决于固溶铌的作用，这种组合确保获得产生最佳的微观组织和韧性。

（7）铌在本文讨论的焊接性方面具有独特的属性，没有其他元素可以在所有相关焊接条件下提供独特的优点。因此，铌必将一直是现代低碳管线钢不可或缺的成分。

致谢

感谢巴西矿冶公司（CBMM），感谢他们盛情邀请我们为这一盛事撰写论文，感谢我们所有的中国朋友和同事近年来的关心和支持。

参考文献

[1]　Hannerz N E, Valland G, Easterling K E. Ⅱ W Document Nos. Ⅱ 612-72, Ⅻ-A-46.72, and Ⅸ-789-72[S]. Genoa: International Institute of Welding, 1972.

[2]   Garland J G, PR K. Towards improved submerged arc weld metal. Ⅰ [J]. Metal Construction, 1975, 7(5): 275-283.

[3]   Kirkwood P R. Heat affected zone toughness—A viewpoint on the role of microalloying elements: Report of Companhia Brasileira de Metalurgia e Mineração [R]. Dusseldorf: CBMM European, 1980.

[4]   Kirkwood P R. Welding of niobium containing microalloyed steels[C]//Stuart H. Niobium-Proceedings of the International Symposium. Warrendale : Metallurgical Society of AIME, 1984: 761-802.

[5]   Kirkwood P R. Niobium and heat affected zone mythology[C]//CBMM/TMS. Proceedings of the International Seminar on Welding of High Strength Pipeline Steels. Araxá: CBMM/TMS, 2011: 27-30.

[6]   Kirkwood P R. The weldability of modern niobium microalloyed structural steels[C]// CBMM/TMS. Proceedings of the Value–Added Niobium Microalloyed Constructional Steels Symposium. Singapore: CBMM/TMS, 2012: 5-7.

[7]   ASTM. Standard Test Methods for Determining Hardenability of Steel: ASTM Standard A255[S]. 2003.

[8]   Chandler H. Hardness testing[M]. 2nd Edition. Geauga: ASM international, 1999.

[9]   Ginzburg V B, Ballas R. Flat rolling fundamentals[M]. Boca Raton: CRC Press, 2000.

[10]   Blondeau R, Dollet P, Baron J V. Heat treatment 76[M]. London: Metals Society, 1976.

[11]   Graville B A. Cold cracking in welds in HSLA[J]. 1978.

[12]   Cottrell C L. An improved prediction method for avoiding HAZ hydrogen cracking[J]. Welding and Metal Fabrication, 1990, 58(3): 178-183.

[13]   Yurioka N. Carbon equivalents for hardenability and cold cracking susceptibility of steels[J]. The Welding Institute, 1990: 41-50.

[14]   The Engineering Equipment and Materials Users Association. Line pipe Specification: Clauses in addition to API 5L/ISO 3183 (Edition 1): EEMUA PUB NO 233-2016[S].

[15]   American Petroleum Institute. Line Pipe: API SPEC 5L-2018[S].

[16]   British Standards Institution. Welding. Recommendations for welding of metallic materials. Arc welding of ferritic steels: BS EN 1011-2-2001[S].

[17]   American Welding Society. Structural Welding Code-steel: AWS D1.1/D1.1M: 2020-2020[S]. Miami: American Welding Society, 2020.

[18]   Ito Y. Weldability formula for high strength steels related to heat affected zone cracking[J]. Doc. IIW IX-576-68, 1968.

[19]   Comité Européen de Normalisation. Petroleum and Natural Gas Industries-Steel Pipe for Pipeline Transportation Systems: EN ISO 3183-2012[S].

[20]   Kirkwood P R. Weldability–The Role of Niobium in the Heat Affected Zone of Microalloyed High Strength Line Pipe Steels[C]//Aurohill Middle East FZC. Proceedings of the International Conference on Microalloyed Pipe Steels for Oil and Gas Industry. Moscow: Aurohill Middle East FZC, 2018: 131-144.

[21]   Kirkwood P R. Offshore structural steels weldability—Standards evolution to support innovation[C]//Proceedings of International Symposium on Steels for Offshore Platforms. Beijing: CITIC-CBMM MTC, 2013: 4-6.

[22]   Kasuya T, Hashiba Y. Carbon equivalent to assess hardenability of steel and prediction of HAZ hardness

distribution[J]. Nippon Steel Technical Report, 2007(95): 53-61.

[23] Hannerz N E. Effect of Nb on HAZ ductility in constructional HT steels[J]. Welding Journal, 1975, 54(5): 162.

[24] Kazinczy D. Some properties of niobium treated mild steel[J]. Jernkontotets Annaler, 1963(147): 408-433.

[25] Ito Y, Nakanishi M, Komizo Y I. Carbon equivalent, hardness and cracking tendency relationships in C-Mn microalloyed structural steels[J]. Joining and Materials, 1988: 179-183.

[26] Frantov I I. The effect of alloying and microalloying additions on base metal properties and weldability of X70/X80 linepipe steels[C]//Aurohill Middle East FZC. Proceedings of the International Conference on Microalloyed Pipe Steels for Oil and Gas Industry. Moscow: Aurohill Middle East FZC, 2018: 145-162.

[27] Det Norske Veritas. Submarine Pipeline Systemsx: Offshore Standard DNV-OS-F101-2013[S].

[28] Li W, Sally P, Andrew R, et al. Effect of niobium on transformations from austenite to ferrite in low carbon steels[J]. Journal of Iron and Steel Research(International), 2011(18): 208-212.

[29] Wang L, Sally P, Andrew R, et al. Effect of Niobium on transformations from austenite to ferrite in low carbon steels[J]. Journal of Iron and Steel Research International, 2011, 18(S1-1): 208-212.

[30] Yan P, Bhadeshia H. Austenite–ferrite transformation in enhanced niobium, low carbon steel[J]. Materials Science and Technology, 2015, 31(9): 1066-1076.

[31] Shams N. Microstructure of continuous cooled niobium steels[J]. Journal of metals (1977), 1985, 37(12): 21-24.

[32] Poole W J, Militzer M, Fazeli F, et al. Microstructure evolution in the HAZ of girth welds in linepipe steels for the Arctic[C]//American Society of Mechanical Engineers. Proceedings of the 8th International Pipeline Conference. Cambridge: AAAI Press, 2010: 317-320.

[33] Tafteh R. Austenite decomposition in an X80 linepipe steel[D]. Vancouver: University of British Columbia, 2011.

[34] Smith C S. Introduction to grains, phases and interfaces-an interpretation of microstructure[J]. Trans AIME, 1948(175): 15-55.

[35] Manohar P A, Ferry M, Chandra T. Five decades of the Zener Equation[J]. ISIJ International, 1998, 38(9): 913-924.

[36] Gladman T. Grain refinement in multiple microalloyed steels[J]. HSLA Steels: Processing, Properties and Applications, 1990: 3-14.

[37] Shang C J. Development of higher niobium X80 pipeline steel in China[C]//Aurohill Middle East FZC. Proceedings of the International Conference on Microalloyed Pipe Steels for Oil and Gas Industry. Moscow: Aurohill Middle East FZC, 2018: 30-44.

[38] Schino A Di. Weldability of high niobium steels for linepipe application: report of Centro Sviluppo Materiali, S.p.A[R]. Rome: CBMM, 2012.

[39] Di Schino A, Di Nunzio P E. Niobium effect on base metal and heat affected zone microstructure of girth welded joints[J]. Acta Metallurgica Slovaca, 2017, 23(1): 55-61.

[40] Bhattacharya N M. The Effect of niobium in the heat-affected zone of microalloyed steel[D]. Cambridge: University of Cambridge, 2017.

[41] Yan P, Bhadeshia H. Mechanism and kinetics of solid-state transformation in high-temperature processed linepipe steel[J]. Metallurgical and Materials Transactions A, 2013, 44(12): 5468-5477.

[42] Ma X, Li X, Langelier B, et al. Effects of carbon variation on microstructure evolution in weld heat-affected zone of Nb-Ti microalloyed steels[J]. Metallurgical and Materials Transactions A, 2018, 49(10): 4824-4837.

[43] Subramanian S V, Ma X P, Zhang X B, et al. Microstructure engineering of thicker gage niobium microalloyed line pipe steel with enhanced toughness by high temperature processing using TiN-NbC composite precipitate[C]//Proceedings of the 11th International Pipeline Conference 2016. Calgary: ASME, 2017: V003T05A00.

[44] Ikawa H, Oshige H, Noi S. Study on the grain growth in weld-heat affected zone (Report 5) [J]. Journal of the Japan Welding Society, 1977, 46(7): 395-402.

[45] Fujiyama N, Nishibata T, Seki A, et al. Austenite grain growth simulation considering the solute-drag effect and pinning effect[J]. Science and Technology of Advanced Materials, 2017, 18(1):88-95.

[46] Hutchinson C, Zurob H, Sinclair C, et al. The comparative effectiveness of Nb solute and NbC precipitates at impeding grain-boundary motion in Nb steels[J]. Scripta Materialia, 2008, 59(6): 635-637.

[47] Bramfitt B L, Speer J G. A perspective on the morphology of bainite[J]. Metallurgical transactions A, 1990, 21(3): 817-829.

[48] Batte A D, Kirkwood P R. Developments in the weldability and toughness of steels for offshore structures[C]//ASM International. Proceedings of Microalloying '88 held in Conjunction with the World Materials Congress. Chicago: ASM International, 1988: 175-188.

[49] Shadmani A. Implementation of engineering critical assessment and fitness for purpose approach on Tanap Pipeline Welding[J]. Pipeline Technology Journal, 2018(6): 24-28.

[50] Kirkwood P R. Enhanced weldability underlines the HTP linepipe steels concept[J]. Oil and Gas Technology Journal, 2017(45): 1.

[51] Kirkwood P R. The birth and evolution of htp (high temperature processed) linepipe steels[R]. Alasa: CBMM Technical Application Briefing, 2018: 1-8.

附录 A   焊接过程中阻碍晶粒生长的机理

关于铌在焊接过程中抵抗奥氏体晶粒粗化的确切机制存在一些争论，虽然大多数研究人员得出结论认为沉淀析出是关键，但其他人猜测溶质拖拽效应的重要贡献。这篇文章简短地总结评估了适当的、相关的证据，并得出结论，析出发挥最重要的作用。

Zener 首先从理论上研究了沉淀析出的弥散分布产生抵抗晶粒生长的能力，并于 1948 年由 Smith 发表[34]，在下面的公式中，R_c 是临界最大晶粒半径，r 是钉扎粒子的半径，f 是粒子的体积分数。

$$R_c = 4r/3f \qquad （A1）$$

正如 Manohar 等[35]全面回顾的那样，该方程在过去几十年中已被多次修改。但简单地说，晶粒尺寸减小是由粒子尺寸（有尺寸限制）减小和/或粒子体积分数增加所致。

许多年前，Gladman[36]计算了沉淀析出物尺寸，这使析出物尺寸效果得以最大化。他的经典图表（图 A1）与现代低碳高铌钢的最新经验（图 A2 和图 A3）非常一致。

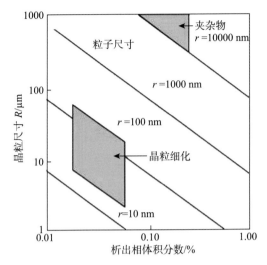

图 A1　晶粒大小、析出物粒子大小与体积分数[36]之间的关系

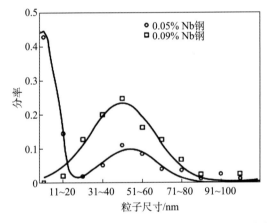

图 A2　不同铌含量管线钢 CGHAZ 中析出物的尺寸分布[37]

（热输入 3 kJ/mm）

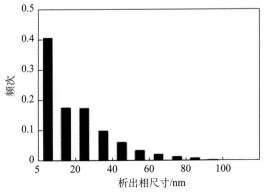

图 A3　焊接前低碳 0.09%Nb X80 钢中析出物的尺寸分布[38-39]

现代低碳 X70 或 X80 管钢的铌含量在 0.07%~0.11%之间，当它们作为管道制造用带材或板材生产时，通常有 40%~65%的铌以细小析出物的形式存在，正是这些沉淀析出物为此类钢提供了其焊接过程中独特的抗晶粒粗化能力。固溶铌也提供了一定的贡献，但正如以下段落中提及的那样，这被认为在焊接环境中意义不大。

Bhattacharya[40]报告了在低碳 0.05%、0.095%Nb X80 管线钢上进行的一项有趣实验的结果，该实验揭示了这一争论。通过 3.2 kJ/mm 的埋弧焊制造一段管道，然后对 CGHAZ 的晶粒平均直径进行金相评估。第二段相邻的管道在 1230 ℃进行下奥氏体化 1 h，然后进行水淬火。之后重复焊接实验。

CGHAZ 结果见表 A1，表 A1 还包括固溶和析出铌的详细信息。

表 A1　在 3.2 kJ/mm 氩弧焊接后原始析出状态对 X80 钢管 CGHAZ 直径的影响

钢管状态	全 Nb	溶解 Nb	析出 Nb	CGHAZ 晶粒直径/μm	计算得到的 Nb(CN) 体积分数/%
原始管线	0.095	0.0336	0.0614	48	6.97×10^{-2}
1230 ℃+ 淬火	0.095	0.0688	0.0262	75	2.97×10^{-2}

此外，图 A4 表明，1230 ℃奥氏体化处理显著改变了焊接前析出物的体积分数和尺寸分布，并且正如预期的那样，析出物的计算体积百分比也显著降低。

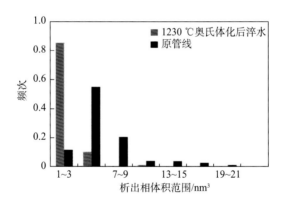

图 A4　1230 ℃奥氏体化后析出物分布的变化[40]

这些析出物测量是在德国电子同步加速器（DESY）的高能材料科学粒子装备中，使用小角度 X 射线散射（SAXS）技术进行的。

可以理解，析出状态对 CGHAZ 生长至关重要，更多铌的溶解和原始"有效"析出物被破坏，大大降低了钢的抗晶粒粗化阻力。事实上，Bhattacharya[40]还观察到，在焊接前经过奥氏体化和淬火的管道材料中，许多残留的细小沉淀物是 TiN 或 TiCN，这些沉淀物在1230 ℃处理中幸存下来，这并非出乎意料。这些无疑是现代管线钢中观察到的 Nb（CN）沉淀形成的形核材料[42]。

这一重要的观察结果不仅证实了沉淀体积分数的减少部分抵消了钢的晶粒粗化阻力，而且关键的是，强烈表明 TiN 或 TiCN 本身无法提供我们在现代低碳铌微合金钢中获得的非常精细的 CGHAZ 尺寸。这与 Subramanian 等的观察结果一致，他们已经证明，与单独使用 Ti（CN）或 Nb（CN）相比，使用复合 Nb（Ti）（CN）时，抵抗奥氏体晶粒生长的能力要强大得多[43]。

Ikawa 等[44]指出，焊接过程中，60%~80%的奥氏体热影响区晶粒生长发生在加热循环中，在峰值温度之前达到最大生长速率，而在冷却过程中，即使在冷却循环的早期阶段，生长速率也会非常快地减慢。

Fujiyama 等[45]也研究了 CGHAZ 生长过程中钛微合金钢中溶质拖曳效应和沉淀析出的相对作用，图 A5 显示了他们的研究结果，证实了沉淀析出的作用大大超越了溶质拖曳的贡献。

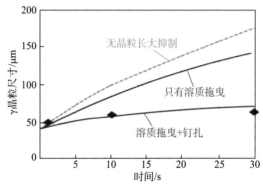

图 A5　在 1200 ℃下，钛微合金钢中溶质拖曳和析出物钉扎的相对贡献[45]

当然，相对贡献将略有变化，这取决于所考虑的沉淀物的精确成分，但 Fujiyamm 等在论文中阐述的原则与文献中的其他证据和作者自己的经验是一致的。

虽然在比较铌在热机械控制加工（TMCP）、再结晶和与焊接相关的热循环过程中的作用时，对其进行概括和做出模糊的假设是危险的，但 Hutchinson 等[46]从理论上证明，在含 0.1%（质量分数）铌的奥氏体中，与任何溶质拖曳机制相比，细小沉淀对抵抗晶粒粗化的贡献最大。奥氏体温度越高，且析出物的半径超过 3 nm 时，情况似乎尤其如此。

随着热输入的增加和整个热循环的长度增加，沉淀析出成熟并开始溶解，这不可避免地降低了晶粒细化机制的功效，如本文正文中的图 12 所示。然而，这种效应仍然是影响焊接过程中 CGHAZ 微观组织的主要因素。

当前，作者看来，似乎有理由得出这样的结论：在铌处理钢的焊接过程中，沉淀析出在奥氏体晶粒抵抗粗化方面起着主导作用。溶质拖曳也有一定的作用，但证据表明，溶质拖曳的作用要小得多。

附录 B　HTP 管线钢应用简史

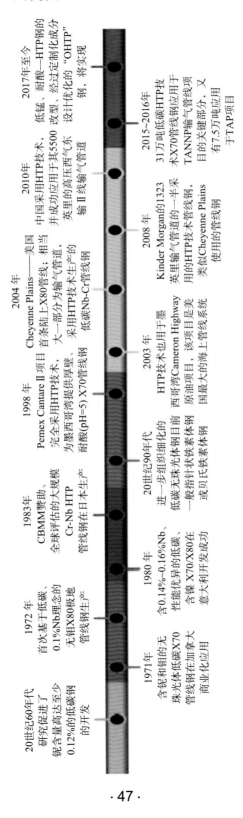

20世纪60年代
研究促进了
铌含量高达至少
0.12%的低碳钢
的开发

1971年
含铌和钼的无
珠光体低碳X70
管线钢在加拿大
商业化应用

1972年
首次基于低碳、
0.1%Nb理念的
无钼X80极地
管线钢生产

1980年
含0.14%~0.16%Nb、
性能优异的低碳、
含镍 X70/X80在
意大利开发成功

1983年
CBMM赞助，
全球评估的大规模
Cr-Nb HTP
管线钢在日本生产

20世纪90年代
进一步组织细化的
低碳无珠光体钢目前
一般指针状铁素体钢
或贝氏体铁素体钢

1998年
Pemex Cantare II 项目
完全采用HTP技术，
为墨西哥湾提供厚壁、
耐酸(pH=5) X70管线钢

2004年
Cheyenne Plains——美国
首条陆上X80管线；相当
大一部分为输气管道，
采用HTP技术生产的
低碳Nb-Cr管线钢

2003年
HTP技术也用于墨
西哥湾Cameron Highway
原油项目，该项目是美
国最大的海上管线系统

2008年
Kinder Morgan的1323
英里输气管道的一半采
用的HTP技术管线钢，
类似Cheyenne Plains
使用的管线钢

2010年
中国采用HTP技术，
并成功应用于其5500
英里的高压西东
输 II 线输气管道

2015~2016年
31万吨低碳HTP技
术X70管线钢应用于
TANNP输气管线项
目的关键部分，又
有7.5万吨应用
于TAP项目

2017年至今
低锰、耐酸—HTP钢的
改型，经过定制化成分
设计的"OHTP"
钢，将实现

能源材料技术领域的主要进展

Rogerio Pastore

（巴西矿冶公司，巴西圣保罗，04538-133）

摘　要：巴西矿冶公司（CBMM）已经在中国发展了 40 多年，并与中国主要合作伙伴一起走过漫长的成功之旅。CBMM 在中国的合作伙伴包括研发中心、大学，以及与 Nb 相关的钢铁制造、管道制造和产品最终用户整个供应链。本文介绍了能源领域的主要发展，从钢铁材料开始，钢铁材料中的管线钢是第一个采用铌作为微合金元素的领域。铌在管线钢中的含量可高达 0.10%，在中国被广泛接受。中国一直是在 API X80 中应用这一概念的全球引领者。这使得中国成为长距离天然气输送管道用管线钢生产技术的先锋。随着管道技术的发展，与此同时许多其他领域蓬勃发展，中国作为世界第二大经济体地位得到巩固，而能源在这个可持续发展的过程中发挥了重要作用。铌在管线钢、其他钢种方面优势显著，目前在电池、纳米晶体和可再生能源等其他新领域发挥着重要作用，一直致力于追求更好性能的产品和更高的能源效率。

关键词：铌；能源；管线；风塔；纳米晶体；电池；太阳能电池板；智能窗户

Rogerio Pastore 先生

1　引言

根据天然气消耗的预测表明，到 2050 年世界能源将增长近 50%，这一增长将由亚洲引领，特别是由中国引领，得益于该地区强大的经济发展动力，见图 1。

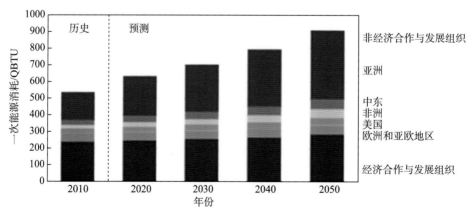

图 1　截至 2050 年按地区划分的全球主要能源消耗量[1]

可再生能源将会快速增长，但天然气作为其他资源将发挥重要作用，即所谓的过渡能源，见图 2。

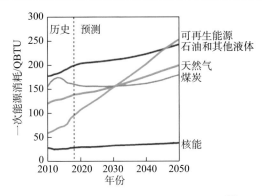

图 2　按能源来源划分的全球主要能耗[1]

随着中国城市人口的持续增长，天然气管网设施将会增加，导致 2050 年天然气消费增长到 6500 亿立方米，见图 3。

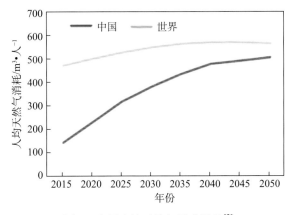

图 3　中国人均天然气消费增长[2]

中国在风能、天然气、太阳能等绿色可再生能源的发展中发挥引领作用，但是传统能源主要以天然气为主，这主要得益于 2000 年以后中国管道管网的大力建设。在近 40 年里，铌为清洁能源经济做出了重要贡献。CBMM 一直与来自研发中心、大学、钢铁制造公司、管道制造商、建筑制造商和最终用户建立最佳合作伙伴关系，一直在努力追求性能更好的产品。一切都始于钢铁，但是新的领域和新的技术正在不断涌现。中国正在致力于成为一个新能源领域的领导者，该领域包含新能源汽车、现代能源存储、燃料电池、太阳能电池、智能玻璃、电网非集中化等可再生能源和绿色能源。

CBMM 在这些新领域看到了很多机会，比如纳米晶体、电池、太阳能电池板和智能窗，致力于为这些应用获得更好的解决方案。

2　天然气管线用钢技术的开发

天然气对中国实现其减少二氧化碳排放的目标非常重要。相比于煤，它排放更少的污染，天然气现在被称为绿色清洁能源的过渡能源。

中国的钢铁生产企业配备了最先进的钢铁冶炼和轧制设备，铌技术得到了充分利用和发展。快速学习、持续开发，最终取得非常成功的结果。在过去的 20 年里，中国工厂成功地批量生产了 LSAW 和 HSAW 管道，钢级为 API X70 和 API X80 等级。管线钢的最佳例子见表 1。

表 1　西气东输二线 API X80 纵向、螺旋焊管化学成分[3]　　　　　　　　　　（%）

钢类	C	Si	Mn	Mo	Nb	Ti	N	Cr+Ni+Cu
钢卷	0.035	0.23	1.77	0.25	0.11	0.018	≤40×10⁻⁴	0.73
钢板	0.04	0.22	1.75	—	0.095	0.015	≤40×10⁻⁴	0.48

中国已成功开发了 0.1%Nb 的合金设计，运用于管线钢生产，其厚度为 12~38.5 mm，直径达 1422 mm，钢级为 API X70 和 API X80。这种合金设计保证了长距离运输天然气的最佳成本和更好的安全性。加工参数和良好的力学性能已经在几次国际和国内会议上提出，并已在期刊上进行发表，图 4 是一个中国生产的高质量管线钢示例。

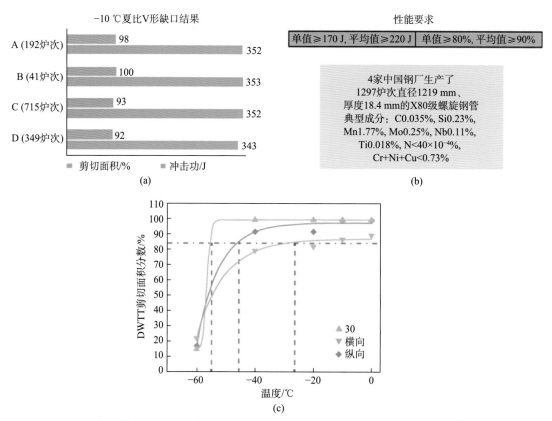

图 4　使用 0.11%Nb 生产 API X80 的工业炉次的夏比冲击试验和 DWTT[4]
(a) –10 ℃夏比 V 型缺口冲击结果；(b) 性能要求；(c) DWTT 结果

3　风能材料的开发

中国在世界风电行业处于领先地位，在过去 5 年里实现了令人难以置信的高速增长。

由于发电机对能源供应至关重要，针对这些设备人们总是在寻找更高的效率，这需要在更高海拔或近海建造风塔，这些设备在运行过程中任何形式的中断都是非常昂贵和复杂的，因此高抗疲劳性和高韧性对所有风塔组件是必须的要求。当铌作为微合金元素加入 HSLA S355 等结构钢中时，铌有助于满足风塔的这两项重要要求。这些钢材经过热轧过程，具有非常细小和均匀的微观组织，这是由于在热轧过程中铌起到强烈的晶粒细化作用。作为一种微合金元素，少量添加足以保证钢材具有优良的力学性能，这是一个非常经济的解决方案。表 2 显示了 20 mm 厚的铌微合金钢板与风塔用钢规定的最低力学性能对比。通过微合金设计添加实现远高于规定值的性能，确保了风塔设备安全运行，从而避免任何非正常的停止。通过使用高强度钢可以将结构质量降低 10%~30%，将风塔施工成本降低 5%~20%。

表 2　含铌结构钢的力学性能及与规范中最低要求值的比较[5]　　　　　　　（%）

钢种	C	Mn	P	S	Si	Cu	Ni+Cr+Mo	Nb	CE
低 C-Nb	0.06	1.27	0.011	0.001	0.34	0.27	0.41	0.031	0.35
ASTM A572-50 & A709-50 (最大)	0.23	1.25	0.04	0.05	0.40	—	—	—	0.35
EN 10025-2 S355K2 (最大)	0.23	1.70	0.035	0.035	0.60	0.60	—	—	0.45

钢种	方向	屈服强度/MPa	抗拉强度/MPa	伸长率*/%	V形缺口冲击功（−50 ℃）/J
低 C-Nb	纵向 L	437	514	29.7	384
	横向 T	450	521	28.1	372
ASTM A572-50 & A705-50		345 (min)	450 (min)	18 (min)	41（纵向，−20 ℃）
EN 10025-2 S355K2		345 (min)	469~628	20 (min)	34（纵向，−12 ℃）

*标距长度 200 mm。

4　高产量的热电领域

在热电发电行业，中国在超超临界热电功率的使用正在领先地位，这是一种有利于提高能源效率的积极措施。含铌的不锈钢可以在更高工作温度下使用，实现效率提高和二氧化碳减排。

热电单元的效率可能受到各种参数的影响，但保证高效运行的两个主要因素是使用高温和高压的水蒸气，见图 5。为了满足这些新的工艺参数要求，需要新材料同时具有良好的力学性能，来抵抗更高的压力，具有耐高温和耐腐蚀性，而且尽可能低的成本。

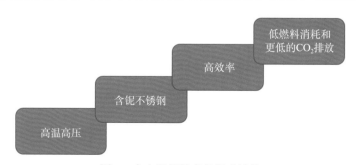

图 5　火电机组效率的提升挑战

人们将注意力集中到耐热不锈钢的发展，见表3，其中大多数添加 Nb 元素，因为它是一种有助于在高温下提高蠕变性能和耐腐蚀性能的元素。

表3 发电用含铌钢的等级[6]

规范	组成	在 650 ℃时允许拉伸应力*/MPa	最小屈服强度/MPa	最小拉伸强度/MPa	蒸汽氧化铁皮厚度/μm
TP304H（作为参考）	18Cr-18Ni	42	205	515	35
TP347H	18Cr-11Ni-0.9Nb	54	205	515	27
TP347HFG	18Cr-11Ni-0.9Nb	66	205	550	17
超级 304H	18Cr-9Ni-3Cu-Nb	78	235	590	18
小时 3C	25Cr-20Ni-Nb-N	76	295	655	≤2.5

*来源于 ASME 的计算值。

铌提高了材料承受更高的拉应力能力，提高抗氧化性能，使得锅炉可以在更高的温度下运行，通过少量铌合金元素的添加，减少了燃料使用，实现更少的排放。

5 与能源相关的新发展

太阳能电池板将阳光转化为电力，这是一种由可再生资源丰富而导致的清洁技术。太阳能电池板的成本已经大幅下降，但将太阳能转化为电能的效率仍然是一个挑战，也是太阳能研究和开发的重点。硅基电池的理论效率较高，为 29%[7]。实际效率在 20%~25% 之间。重点是开发一种特殊的透明导电氧化物玻璃，以最大限度地提高效率和耐久性。氧化铌在下一代钙钛矿太阳能电池中的应用提高了玻璃的性能，达到了目前已知材料的最佳性能。通过提高玻璃的性能，提高了面板效率，延长了使用寿命。此外，Nb_2O_5 的使用提高了太阳能电池在照射下的稳定性。这些改进归因于在钙钛矿层中更有效地提取光生电子。

在纳米晶体领域，中国约占全球产量的 85%，处于技术领先的地位。纳米晶体具有显著的磁性能，如高渗透率和高饱和通量密度，许多应用于电动汽车、测量系统、无线充电、家电和可再生能源发电领域，性能优于传统的电力电子材料。纳米晶体是含有 Fe、Cu、Si、B 和 3%~5%Nb 的条带。铌的存在使得熔化态非晶产品在退火处理后得到纳米颗粒，与其他材料相比，这些条带通常有许多优点，具备更好的性能，实现部件的小型化。

在电池领域，氧化铌可用于正极和负极，特别是在安全性、工作温度、高能量密度和快速充电方面，提供更好的性能。锂离子电池（LIB）正在帮助人们从化石燃料的交通工具转向更清洁的出行形式，比如电动汽车。一旦可再生能源领域的技术改进能够储存化学能源并在必要时转化为电力，锂离子电池便成为可再生能源领域高度优先的事项，如图 6 所示，铌的添加将助力锂离子电池解决所有面临的挑战。

目前正在开发一种针对电池负极的铌材料，以提高锂离子的迁移率。通过在负极材料中创造原子间空间，锂离子可以很容易地进出负极。这种结构产生了极高的充放电效率[7]。这些材料与钛一起用于制造铌氧化钛，其能量存储量是传统锂离子电池的 3 倍。制造商认为这项技术是显著减少充电时间的一种有效途径。

随着电动汽车的日益普及，安全性日益成为一个主要关注的问题。随着锂的老化，金属锂的形成导致出现短路火灾的风险。根据迄今为止的材料科学工程研究，已经发现铌可以防止锂金属的形成，从而减少短路和火灾的危险[7]。

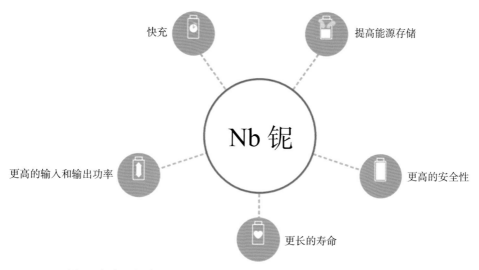

快充　提高能源存储

Nb 铌

更高的输入和输出功率　更高的安全性

更长的寿命

图 6　铌实现锂离子电池技术进步，从而克服了电动汽车发展障碍[7]

建筑占全球二氧化碳排放比重的 39%，其中 28% 来自加热、制冷和照明等设施的排放[8]。图 7 所示的智能窗口，可以通过控制这些建筑的温度和光线，为部分实现建筑物减排提供了解决方案。这些窗户可以独立地控制可见阳光和太阳热量进入建筑的传输，从而减少能源使用和提高居住者的舒适度。一个成功智能窗户的开发可能会保证建筑物在炎热的天气中保持凉爽，同时通过控制光线，减少额外的照射，降低空调使用成本。氧化铌可以用于智能窗户，能够使玻璃变色，同时阻挡红外光进入室内。

图 7　智能窗
（智能窗是现代建筑的重要组成部分，有助于控制室内温度和光线，使人们感到舒适，
减少对能源需求和二氧化碳排放[7]）

6 结束语

铌的应用在过去的 40 年里得到了极大的发展,中国在这段历史上发挥了至关重要的作用,是当今世界上最强大的铌市场,也是铌技术发展的领导者。

由于中国是世界上最大的钢铁生产国,对新产品和解决方案有着极大的兴趣,而且由于能源和环境是非常关键的课题,因此仍有足够的增长空间和应用有待深入探索。中国一直是钢铁等传统材料技术的先驱,并继续在智能窗户、纳米晶体、电池和太阳能电池板等新兴发展领域发挥这一重要作用。

参考文献

[1] https://www.eia.gov/todayinenergy/detail.php?id=41433.

[2] https://eneken.ieej.or.jp/data/8192.pdf.

[3] Shang C J, Guo F J. The state of the art of long-distance gas pipeline in China[J]. Gas for Energy, 2018(1): 1-8.

[4] Zhang Y Q, Tao N, Zongyue, B I. Development and application of heavy gauge X80 coil with optimization processing[C]. Sao Paulo: ABM, 2019: 1-8.

[5] Keith T, Richard B, Neison T, et al. Evaluation of low-and medium-carbon Nb-microalloyed plate steels for wind tower applications[J]. Iron & Steel Technology, 2011, 8(10): 127-137.

[6] Viswanathan R, Bakker W T. Materials for boilers in ultra-supercritical power plants[C]. Proceedings of 2000 International Joint Power Generation Conference. Florida: ASME, 2000: 1-22.

[7] https://niobium.tech/Landing-Pages/Energy/Landing-Page-Energy.

[8] https://www.worldgbc.org/embodied-carbon.

含 Nb 汽车用钢物理冶金技术的研究进展

John Speer[1], Emmanuel De Moor[1], Kip Findley[1], 王 利[2]

（1. 科罗拉多矿业大学，美国科罗拉多州戈尔登市，80401；

2. 宝钢股份中央研究院，中国上海，201999）

John Speer 先生

摘 要：在过去的 40 年里，汽车钢板的发展取得了实质性的进展，本文回顾了发展历程中的重要内容，以及 Nb 微合金化在这一新概念全系列钢种中发挥的作用。Nb 作对晶界活性溶质元素以及在奥氏体和铁素体中析出物的贡献是显著的，并以多种方式影响汽车钢的微观组织和性能。HSLA 钢采用热机械轧制工艺进行晶粒细化，并配合微合金化沉淀析出进行强化。在无间隙原子和烘烤硬化钢中，Nb 的添加同样起到控制溶质碳含量的作用，并影响基体与锌的热浸镀锌反应中锌-铁金属间化合物的形成。在较新开发的 AHSS 钢级中，如 DP 和 TRIP 钢可以受益于 Nb 微合金析出，而含有奥氏体的"第三代"钢已经报告 Nb 增强了奥氏体的稳定性和相关性能的改善。Nb 有助于热冲压钢中的奥氏体晶粒的细化，也有助于提高这些和其他高强度钢的抗氢脆性能。本文引用的参考文献表明，巴西和中国之间在这几个领域的合作发挥了积极作用，取得了丰硕成果。

关键词：Nb；汽车；无间隙原子；HSLA；AHSS；PHS

1 引言

作者们非常荣幸能参加中国-巴西 Nb 科学与技术合作四十年庆典。这 40 年的时间大约开始于 1980 年，所以比我们任何作者的职业生涯都要早。在此期间，中国的汽车产量急剧增长，从 1979 年的 18 万辆增加到去年的 2577 万辆，增长超过 140 倍。从 20 世纪 70 年代起，在掌握含 Nb 钢的基本物理冶金原理、生产技术以及应用技术方面均已取得了相当大的进展。这些早期进展在 Microalloying'75[1]进行了总结，并支持了随后几年 Nb 技术的持续进步[2]。

在此，我们重点关注用于汽车生产的钢板，其中涉及各种使用性能要求，包括强度、成型性、焊接性、表面质量、高速率（碰撞）性能等。Nb 在汽车系列用钢的巨大贡献，成为现代汽车制造和个人出行进步的重要推动因素。掌握 Nb 是如何对这些钢的微观结构和性能产生作用的机制至关重要。因此，了解物理冶金原理及其与工业制造之间的联系是很重要的。本文虽然不全面，但阐述了其中一些在现代汽车用钢带的开发和实施中发挥了重要作用的关系。

2 低碳钢中 Nb 的主要作用

在市场上广泛使用的低碳板材（钢板和钢带）中，Nb 通过其作为溶质元素或沉淀析出物存在的各种机制来影响微观组织和性能。在许多条件下，Nb 在铁素体和奥氏体中溶解度并不高。因此，Nb 以"微合金"浓度（通常为质量分数的几百分之一）添加，通常在轧制前的高温下为可溶，在较低的温度下只能部分溶解。溶质效应通常与晶界或界面的效应有关，在晶界和界面非常小的浓度就可能产生重要的影响，如边界迁移率，或相变的非均匀成核。这种对边界迁移率的影响通常被称为"溶质拖曳"，对再结晶、晶粒生长和相变动力学有重要影响。尽管在边界上富集，针对这些影响的研究仍然十分困难，这是因为溶质元素浓度仍然很低，溶质元素在边界和界面上偏析的区域也很小。Ab initio 模型被开发用来探索溶质元素和边界的相互作用，图 1 显示了计算不同的过渡金属溶质元素和奥氏体晶界[3]之间结合能的一个例子。在图 1(a)中显示了一个奥氏体倾斜晶界的例子，以及晶界上的一个"红色"阴影原子，它代表一个铁基系统中的溶质元素原子。图 1(b)显示了该晶界上不同溶质元素的边界结合能。Nb 具有最强的结合相互作用，这与其对奥氏体再结晶行为[5]具有较强的溶质拖曳作用有关。Nb 溶质元素在铁素体中也存在类似的效果。

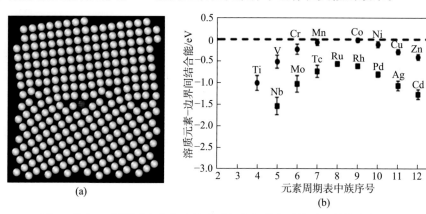

图 1　具有 Fe 原子（白色）和溶质（红色）的奥氏体晶界结构实例（a）
和奥氏体晶界中过渡金属溶质元素的结合能（b）
（由 Michael Hoerner[3-4]提供）

Nb 作为一种析出物，它通常与碳和氮以碳氮化铌间隙化合物的形式结合。非常典型的是，这些析出物在热轧前大部分或完全固溶，在轧制过程中可能在奥氏体中析出，导致奥氏体晶粒细化；或在铁素体相变转化期间或之后，通过析出强化促进性能进一步提升。这些行为机理早在 40 年前就被充分研究了，是奥氏体"控制轧制"的关键因素，它是 20 世纪最重要的物理冶金技术进展之一。图 2 显示了 NbC 析出促进了热机械轧制（TMP，或"调控"）奥氏体化的独特机理。碳化物在变形亚结构（奥氏体亚晶界）上形成，具有比固溶铌更强的"钉扎"晶界作用，限制它们的移动。这些晶界的移动和再结晶过程进行密切相关，所以钉扎沉淀物的形成抑制了晶界的移动和再结晶，有效地控制了微观组织。图 2（a）显示了碳膜复型样品上透射电子明场图像中的一列小尺寸碳化铌析出物（其中碳化物采用薄的非晶碳膜复型从经腐蚀钢样的表面提取）。如图 2(b)中原奥氏体微观组织所示，再结晶的抑制使得奥氏体呈扁平状；未再结晶的奥氏体中包含有更多的铁素体形核点，促进了相变后冷却过程中形成更多更细的铁素体晶粒，这有助于提高各种钢产品的强度和韧性。这些机制的重要性怎么说都不为过，这些机理构成了微合金化高强度低合金（HSLA）钢技术的基础。

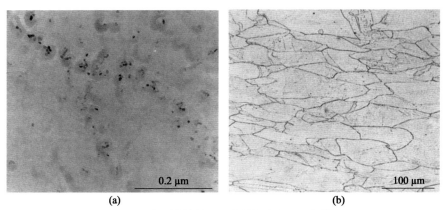

图 2 热机械轧制过程中的析出相和组织[6]

（a）TEM 提取复型明场微观组织图，热轧（变形 50%）并在 954 ℃保持 100 s 后，在变形奥氏体亚结构上沉淀析出的 NbC 颗粒；（b）呈扁平状的未再结晶的原奥氏体晶粒形态，0.026%C-0.19%Nb 微合金钢热轧后淬火样

要充分利用 Nb 溶质原子和沉淀析出来实现钢材性能提升，就需要深入了解 Nb 的溶解度。图 3(a)和(b)分别显示了三个温度下碳化铌在奥氏体和铁素体中的"等温溶解度曲线"，不考虑其他合金元素对 Nb 或 C 化学势的影响。曲线将单相基体（曲线上部）与基体+NbC（曲线下部）分离开，并表示了与 NbC 处于平衡状态的基体中 Nb 和 C 的浓度。图 3 表明 NbC 的溶解度与成分和温度具有很强的关联性，NbC 在奥氏体中相对于铁素体的溶解度更大，NbC 的溶解度与钢中 Nb 和 C 的浓度有关。图 3 所示的关系是合金成分和工艺设计中的重要参考数据，有助于确定 NbC 溶解或沉淀发生的条件，以及溶质 Nb 和 C 在奥氏体基体中或铁素体中的固溶浓度。与图 3 所示的行为相反，最近的一些研究工作显示，在较高的碳浓度下，NbC 在奥氏体中的溶解度可能会增加[8-10]。这种行为在适用于汽车钢材的碳水平上并不是至关重要。然而，NbC 的溶解度随着碳含量的增加而增加，对于较高碳含量钢种来说是值得研究探索的，并且正在引起潜在的兴趣，如工具钢[11]。

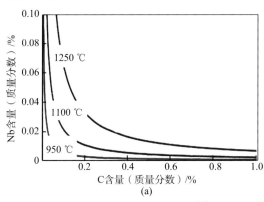
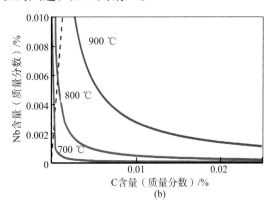

图 3 NbC 的等温溶解度曲线

（a）奥氏体中；（b）铁素体中

（分别利用平衡溶解度曲线 $\lg[Nb_\gamma][C_\gamma]=2.26-6770/T_K$ 和 $\lg[Nb_\alpha][C_\alpha]=3.90-9330/T_K$ 计算所得[7]，图 3（b）中虚线表示 Nb/C=1 的化学计量比情况）

3 高强度低合金钢（HSLA 钢）

HSLA 薄钢板已经被开发出来了，近 40 年来其变得越来越重要。热轧 HSLA 钢卷采用 TMP 工艺来进行奥氏体调控，并严格控制冷却和卷曲过程，以通过铁素体晶粒细化和 NbC 析出来提高强度性能。这一领域的最新发展包括将这些概念应用于薄板坯的"迷你轧机"工艺流程，这些流程具有略显不同的热履历和轧制规程。

在冷轧 HSLA 钢带中，主要在热轧和卷曲过程中对碳化物的析出进行控制，微合金化在退火过程中对再结晶温度和晶粒度进一步施加了影响。图 4 显示了四种不同 Nb 添加量钢种的屈服强度，分别在冷轧后经过短时间（1 min 或 3 min）连续退火（CA）或长时间（12 h）批次退火（BA）模拟，屈服强度与退火温度之间的关系[12-13]（实验钢的成分含量（质量分数）为：C 0.06%、Mn 0.4%、Si 0.5%~1.0% 和 P 0.7%，模拟热轧后在 620 ℃ 卷曲，退火前冷卷成 70%）。虽然没有详细说明，但再结晶温度在 BA 条件下较低，在 CA 条件下随着 Nb 含量的增加而增加。这些实验数据显示，不论在 CA 和 BA 条件下，Nb 的强化作用是明显的，而且由于铁素体晶粒生长和沉淀析出的粗化，强化作用的增量对退火时间和温度非常敏感。连续退火在相对较短的保持时间下，就同时需要更高的温度来实现再结晶，防止微观结构的粗化，提供了更高的强度和更均匀的性能。

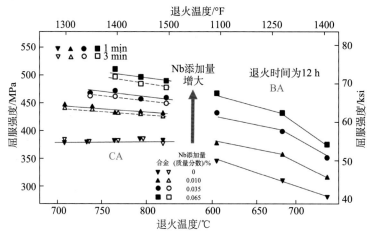

图 4　不同 Nb 添加量时退火温度对屈服强度的影响[12]
（冷轧连续退火态（CA，左）和罩式退火态（BA，右））

最新的 HSLA 钢带采用单相铁素体基体与大量的纳米尺度微合金元素沉淀强化。该组合已被证明对需要高强度和拉伸成型性或"扩孔"能力的应用非常有效。这些钢通常使用大量的钛微合金元素，但包括 Nb 在内的其他元素也有一定贡献。

4 无间隙原子钢（IF 钢）

IF 钢带采用真空脱气超低碳钢，添加强碳化物/氮化物形成元素，以去除基体中的间隙原子，并"稳定"抗应变时效的性能。这些钢采用微合金元素来固定或稳定间隙原子，该技术最初被使用是因为其卓越的成型性，但随着 20 世纪 90 年代左右热浸镀锌或镀锌对"无保护"汽车应用的增长而变得更加重要。在再结晶退火后的热浸涂层过程中，暴露于高温下的抗时效性是驱动这些钢种需求的关键因素。

无间隙原子钢的合金设计添加 Ti、Nb 或有时利用 V 来稳定碳和氮，利用炼钢过程来尽可能降低这些间隙原子的总浓度。过量的 Ti 和/或 Nb 被添加，以控制微合金碳化物的沉淀，使基体中固溶的间隙原子浓度达到最小化。对于热浸镀层钢带，钢基体和富锌涂层之间的合金反应很重要。已发现 Nb 稳定化无间隙原子钢的反应，与钛稳定化无间隙原子钢中的反应是不同的。图 5(a)和(b)分别显示出 Ti-IF 钢和 Ti/Nb 稳定 IF 钢中金属间（Fe-Zn）化合物形成的差异。这些微观结构是在进入镀锌炉之前进行淬火处理的带材中观察到的。Ti-IF 钢在基体-涂层界面显示出镀锌反应的证据，而 Ti/Nb-IF 钢未发生大量的金属间化合物形成。金属间反应通常在基体晶界以上的区域附近加速，这与导致镀层厚度和微观结构不均匀的"爆发"现象有关。与 Ti/Nb-IF 钢相比，Ti-IF 钢通常表现出更大的镀锌涂层的"粉末化"现象[14-16]。

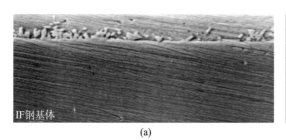 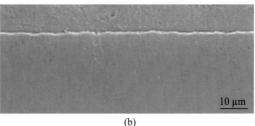

(a)   (b)

图 5　IF 钢基板和涂层镀锌前的横截面形貌
（a）Ti-IF 基体；（b）Ti-Nb IF 基体
（Fe-Zn 金属间晶化合物的生长情况见图 5(a)，由宝钢集团提供，实验钢成分分别为 0.0015%C-0.002%N-0.04%Ti 和 0.0014%C-0.002%N-0.02%Ti-0.012%Nb。涂层铝含量为 0.12%Al。侵蚀剂：含有苦味酸 1%和硝酸 1%的戊醇）

与钢基体或锌镀层相比，Fe-Zn 金属间化合物的延展性较小，粉化描述了在钢带变形成最终面板形状的过程中遇到较大变形量所造成的部分涂层的损失。粉化是有害的，导致变形能力的降低，降低了成型零件的表面质量。粉化的差别如图 6 所示，图中绘制了粉化指数（与镀层损失量相关）与镀层厚度的函数关系，相比于 Ti-IF，稳定的 Ti-Nb IF 钢的性能有明显的改善。

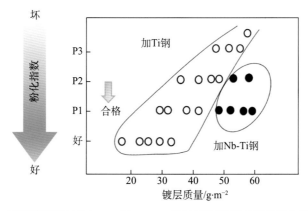

图 6　不同镀层质量的加 Ti 或加 Ti-Nb 镀锌无间隙原子钢的粉化指数[14]

5　烘烤硬化钢（BH 钢）

BH 钢的开发是为了增加外板的变形能力,利用了零件成型后镀层烘烤过程中发生应变时效效应。溶质元素的控制在这些钢中是至关重要的, 该领域开发了多种罩式和连续退火的冷轧钢产品,可以用于没有涂层或各种电镀涂层产品类型, 以及热浸镀锌或镀锌涂层。Nb 在罩式退火的 BH 钢中,可以帮助控制晶粒尺寸和屈服强度水平,但在热浸镀层品种[17]中起着更重要的基础作用。

在热浸镀层钢板中控制固溶碳和烘烤硬化是非常具有挑战性的。微合金化稳定无间隙原子钢在室温时效后不会出现不希望出现的应变时效, 但不会表现出有效的烘烤响应。相比之下, 在（非稳定的）低碳钢板的热浸镀锌过程中, 碳化物（渗碳体）的溶解导致"过量"固溶碳水平；在零件形成之前, 这些钢在室温下可能发生不希望的应变时效。由于在优化烘烤硬化行为所需的水平上控制固溶碳浓度存在这些挑战, 因此开发了一类"烘烤硬化无间隙原子"钢。这些 BH-IF 钢涉及"部分稳定化"的钢, 它们并非完全没有间隙原子, 在热浸镀层后有少量浓度的固溶碳, 这提供了合适的烘烤硬化反应。

部分稳定化需要严格控制相对于碳和氮浓度的微合金化元素含量, 并关注微合金元素碳化物的溶解度, 以便在再结晶退火过程中发生适当的固溶。图 7 示例描述了这种方法所基于的关键概念。与固溶碳含量和应变时效/烘烤响应相关的时效指数（AI）和 $\bar{\gamma}$ 值（正常各向异性, 与晶体织构特性相关的成型性参数）显示为连续退火保温温度的函数[18]。

图 7 显示了两种具有不同 Nb/C 比钢的结果, Nb/C 比表示 Nb 原子数与碳原子数的比值关系。结果显示, "稳定"程度与该 Nb/C 比值有关, 该比值通常在完全稳定的 IF 钢中超过 1, 但在部分稳定的钢中可能小于 1。由于碳的过量, Nb/C=0.3 的钢在所有退火温度下都表现出时效响应, 尽管这些 $\bar{\gamma}$ 值反映了与退火前冷轧过程中间隙原子存在关联的较不理想织构的发展。在 Nb/C=0.7 的钢中, 时效指数随着退火温度的升高而增加, 反映出在较高温度下碳化物溶解度较大。良好的织构演化与退火前碳的更大稳定性有关, 而在退火过程中控制固溶的碳可以调整烘烤硬化特性。

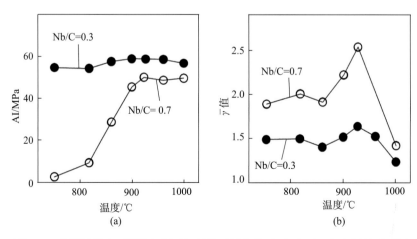

图 7　两种 Nb/C 化学计量比不同的超低碳钢板的时效指数（a）和平面各向异性（$\bar{\gamma}$ 值）（b）[18]

6 先进高强度钢（AHSS）

先进高强度钢板（AHSS）是指引进 HSLA 钢后为进一步提高强度而开发的产品。这类钢族具有多相微观组织，包括双相 DP（铁素体+马氏体）和相变诱导塑性（TRIP）钢（残余奥氏体）和"复相"钢，其最终抗拉强度低于 1000 MPa。随着所需的强度水平和工艺能力的提高，"第三代"或 3G-AHSS 的抗拉强度高达 1500 MPa 或以上，并增强了强度和拉伸延性的组合。与残余奥氏体相关的 TRIP 行为是这类钢的一个关键特征，其中奥氏体在成型变形过程中出现应变诱发马氏体转变，并由于存在硬质马氏体而增强了加工硬化能力。这通过抑制应变局部化而有助于提高成型性。这些微观组织通常涉及贝氏体或马氏体基体，添加硅或铝以抑制渗碳体的形成，并通过碳富集促进奥氏体的稳定。贝氏体变体被命名为 CFB（无碳化物贝氏体）或 TBF（TRIP 诱导贝氏体铁素体），马氏体变体被命名为 Q&P。也有混合的微观组织，它们包含了 CFB 和 Q&P 或 DP 的特征。第三代钢也可能含有亚临界铁素体，但其含量低于早期的 TRIP 钢。另外一种"中锰"钢采用质量分数 5%~10% 的锰来稳定奥氏体，并生成为富含碳和锰的亚临界铁素体和亚稳态奥氏体的超细混合物。下一代 AHSS 的生产和应用策略仍在发展和成熟，发展仍在继续。涉及相变强化和奥氏体稳定的微观结构控制主要不是通过 AHSS 或第三代 AHSS 中的微合金化实现的，因为它在热机械加工的 HSLA 钢中已经存在，但 Nb 微合金化在这些钢种中起着重要作用，进一步探索这些钢中的微合金化和相关加工效应仍然具有大量的机会。

在 DP 和 TRIP 钢中，Nb 通过沉淀析出和影响晶界迁移已被证明是有益的[19]。Nb 在冷轧后的亚温退火过程中延缓了铁素体的再结晶和奥氏体晶粒的生长。在某些应用中，微观组织细化增强了成型性能和抗断裂性能，铁素体的沉淀强化可对拉伸性能和剪切边缘成型性（通过减少铁素体和较硬成分之间的强度差）做出重要贡献。在热轧品种中，Nb 还可以影响奥氏体分解，加速相分离[19-20]，这是微观组织控制的一个关键方面。Nb 还可以改变富碳奥氏体的最终转变，通过奥氏体细化降低 M_s 温度，并影响贝氏体转变[19]。由于 Nb 对铁素体形成的影响，奥氏体的碳富集会影响相变行为，因此这种行为可能会变得复杂。研究还报道，在含 Nb 冷轧 TRIP 钢临界退火过程中，高 Nb 水平可以通过加速未再结晶的铁素体形成奥氏体，从而显著提高亚临界奥氏体占比[21]。

第三代 AHSS 的开发策略研究正在进行中，一些早期研究已经在其他地方进行了回顾[22]。在 TBF 钢中，Nb 在退火温度下导致奥氏体的细化，从而加速了奥氏体的分解（冷却过程中铁素体的形成[23-25]）。在贝氏体相变区连续退火过时效（等温淬火）温度下，Nb 微合金钢中的铁素体形态较少为"针状"，更多为"球状"，相关残余奥氏体形态较少呈"薄膜状"，更多呈"块状"[25-26]。重要的是，两组报告的残余奥氏体分数较高，碳富集程度相当。这些行为反映了可用于奥氏体稳定的碳的更大的整体利用率，被认为对下一代钢有益。据报道，在给定拉伸强度下，添加 Nb 的 TBF 钢的扩孔性能增加，特别是在低于马氏体起始温度的过时效温度下[24]，其中加工特征可能涉及等温淬火或"一步"Q&P 的特征[27]。

对微合金淬火配分钢的研究也表明，添加 Nb 可以提高 Q&P 处理响应。图 8 示例了典型的"两步"Q&P 工艺。图 8(a) 显示了三个不同 Nb 含量的钢种，经过 Q&P 工艺后残余奥氏体的体积分数，以及残余奥氏体中的碳含量；图 8(b) 显示了三个钢种的拉伸性能。钢的基本成分（质量分数）为 C 0.2%，Mn 2.0%，Si 1.55%，另含有<0.003%Nb（基础钢）、0.021%Nb（低 Nb 钢）或 0.044%Nb（高 Nb 钢）。钢在 1200 ℃加热后进行实验室热轧和空冷，然后在 600 ℃退火 2 h，在 Q&P 模拟前冷轧 70%。

对于图 8 的结果，Q&P 处理涉及在 880 ℃下进行奥氏体化，在 325 ℃下盐浴淬火，然后在 400 ℃下进行不同时间的盐浴。从图中可以看出，在大多数时间内，Nb 添加的钢中获得了更大的残余奥氏体组分，拉伸性能表明 Nb 微合金钢的均匀伸长率增加[27]。同一研究的结果还表明，在不同的 Q&P 热处理条件下，奥氏体的碳富集量可能会增加，例如使用较低的淬火温度。

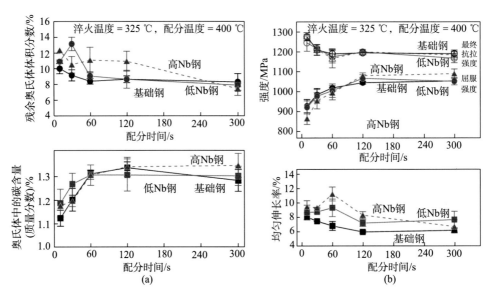

图 8　残余奥氏体体积分数和碳含量曲线（a）和 0.2%C、2.0%Mn、1.55%Si Q&P 钢的拉伸性能曲线（b）[28]
（由 Ana Araújo 提供）

采用"两步"Q&P 工艺对 Nb 微合金化 Q&P 钢进行的研究也强调了在配分热处理中发展微合金沉淀强化的可能性。在这种情况下，关注 Nb 沉淀的过程被称为 Q-P-T，或"淬火、配分和回火"[29]。Nb 也可以在其他钢级系列中提供机会，如中锰（通过析出强化）或奥氏体高锰 TWIP 钢（通过位错亚结构[30]）。下一代高强度汽车板材钢的另一个活跃的研究领域目前涉及镀锌钢电阻点焊过程中的液态金属脆化（LME）。这种（LME）现象通常与沿原奥氏体晶界（或奥氏体 TWIP 钢的奥氏体晶界[31]）的锌渗透有关，观察 Nb 或其他界面活性元素是否在缓解所观察到的开裂现象中起作用将是有趣的研究课题。

7　冲压硬化钢（PHS）

冲压硬化钢（PHS）进行"热冲压"，其中钢是在高温下形成的，在高温下钢是奥氏体化的且柔软/韧性的。模具淬火（即压淬）用于将奥氏体转变为最终部件形状中的强马氏体。这些钢与第三代 AHSS 的不同之处在于，强的微观结构来源于热冲压和压淬工艺的热特征，而 AHSS 是冷成型的，其微观组织和性能由钢制造商在最终退火过程中获得。冲压硬化钢通常抗拉强度在 1500 MPa 及以上。当钢材强度水平接近 2000 MPa 时，其抗氢致开裂的性能更值得关注。

在热冲压前的奥氏体化过程中，Nb 微合金化可以帮助抑制奥氏体晶粒的长大，因为奥氏体的细化提高了马氏体钢的韧脆转变温度[32-34]。图 9 显示了添加 0.041%Nb 对 22MnB5 钢奥氏体尺寸的影响。冲压硬化钢在 660 ℃热轧，压下量为 60%，冲压硬化前在 690 ℃进行球化退火。以 7 ℃/s 加热到奥氏体化温度，保持 300 s，以 160 ℃/s 冷却后，显示了原奥氏体微观组织。在添加 Nb 的钢中，在每个奥氏体化温度下，奥氏体细化是明显的，并且该钢的前期处理可以加以调整以进一步提高 Nb 微合金化的效果。碳化 Nb 也可以作为钢中氢的捕集点，已有报道称 Nb 提高了 PHS 钢的抗氢致开裂性能[35-36]。该机理也适用于其他高强度汽车板材微观组织。

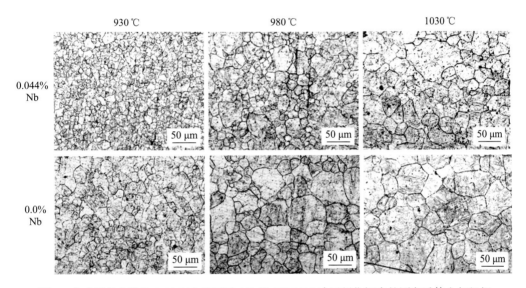

图 9　含（质量分数为 0.044%）和不含 Nb 的 22MnB5 冲压硬化钢中的原奥氏体金相组织
（分别在 930 ℃、980 ℃和 1030 ℃温度下奥氏体化。由 Daniel Fridman 提供。腐蚀条件：65 ℃，
3 g 苦味酸，1 mL 盐酸，100 mL 去离子，1 mL Teepol 润湿剂溶液）

8　总结

在这里，我们追溯了过去四十年中，从 1970 年的 HSLA 钢到新兴的"第三代"先进高强度钢板，新型汽车钢板的开发和工业应用的若干阶段。本文介绍涉及物理冶金基本原理，并表明新的产品系列的每一次持续开发都可以从添加 Nb 微合金化中获益。Nb 仍有丰富的机会为未来发展做出贡献，巴西和中国之间的合作无疑将继续在这些发展中发挥重要作用。

感谢

JGS、EDM 和 KOF 感谢先进钢铁工艺和产品研发中心赞助商的支持，该中心是科罗拉多矿业学院的一个企业/大学合作研究中心。感谢 Surya Chandramouleeswaran 和 Diptak Bhattacharya 为图形准备工作做出的贡献。

参考文献

[1] Corporation U C. Microalloying' 75, October 1-3, 1975, Washington D.C. : proceedings of an International Symposium on High-strength, Low-alloy steels[M]. New York: Microallloying' 75, 1977.

[2] Hashimoto, Jansto S, Siciliano S. International symposium on niobium microalloyed sheet steel for automotive applications[C]. Department of Materials Engineering-miscellaneous, 2006.

[3] Hoerner M. A Density functional theory analysis of solute-defect interaction energies in Fcc iron: Fundamental origins and industrial application[D]. Colorado: Colorado School of Mines, 2018.

[4] Hoerner M, Eberhart M, Speer J. Ab-Initio calculation of solute effects on austenite grain boundary properties in steel[M]. Berlin: Springer International Publishing, 2015.

[5] Hoerner M, Speer J, Eberhart M. Comparison of Ab-initio solute-boundary binding energies and experimental recrystallization data in austenite for solute Nb and other elements[J]. ISIJ International, 2017, 57(10): 1847-1850.

[6] Speer J G, Hansen S S. Austenite recrystallization and carbonitride precipitation in niobium microalloyed steels[J]. Metallurgical Transactions A, 1989, 20(1): 25-38.

[7] Gladman T. The physical metallurgy of microalloyed steels[M]. London: Maney Publishing, 1997.

[8] Ohtani H, Tanaka T, Hasebe M, et al. Solubility of NaCl-type carbides (NbC, VC and TiC) in austenite[C]//Ohtani H, Nishizawa T, Tanaka T, et al. Proceedings of the Japan Canada Seminar on Secondary Steelmaking. Tokyo: The Canadian Steel Industry Association and the Iron and the Steel Institute of Japan, 1985: 1-12.

[9] Mi Y F, Cao J C, Zhang Z Y, et al. Effect of carbon content on the solubility of niobium carbide in austenite[J]. Iron and Steel/Gangtie, 2012, 47(3): 84-88.

[10] Wang H, Li J, Zhang C, et al. Effects of niobium on network carbide in high-carbon chromium bearing steel by in situ observation analysis[J]. Ironmaking & Steelmaking, 2020(5): 1-6.

[11] Mohrbacher H. Personal communication, 2019.

[12] Pradhan R R. Rapid annealing of cold rolled rephosphorized steels containing silicon, niobium and vanadium[J]. Metallurgy of Continuous-Annealed Sheet Steel, 1982: 203-227.

[13] Pradhan R R. Annealing of cold-rolled rephosphorized steels containing Si and Cb[J]. Journal of Heat Treating, 1981, 2(1): 73-82.

[14] Hoile S. Processing and properties of mild interstitial free steels[J]. Materials Science and Technology, 2000, 16(10): 1079-1093.

[15] Yamada M, Tokunaga Y, Ito K, et al. Recent progress in the technology for IF steels[C]// Proceedings of the International Symposium on Niobium Microalloyed Sheet Steel for Automotive Applications. Araxa: TMS, 2005: 369-382.

[16] Osman T M, Garcia C I. Niobium-bearing interstitial-free steels: processing, structure and properties[C]//CITIC-CBMM. Proceedings of the International Symposium Niobium 2001. New Orleans: TMS, 2001: 699-725.

[17] Speer J G, Hashimoto S, Matlock D K. Microalloyed bake-hardening steels[C]// Proceedings of the

International Symposium on Niobium Microalloyed Sheet Steel for Automotive Applications. Araxa: TMS, 2005: 397-408.

[18] Obara T, Sakata K. Development of metallurgical aspects and processing technologies in IF sheet steel[C]//Vaynman S, Uslander I J, Fine M E. 39th Mechanical Working and Steel Processing Conference Proceedings. Indianapolis: ISS, 1997: 307-314.

[19] Bleck W, Phiu-On K. Microalloying of cold-formable multi phase steel grades[J]. Materials Science Forum, 2005, 500-501: 97-114.

[20] Grajcar A, Kwaśny W, Zalecki W. Microstructure–property relationships in TRIP aided medium-C bainitic steel with lamellar retained austenite[J]. Materials Science and Technology, 2015, 31(7): 781-794.

[21] Andrade-Carozzo V, Jacques P J. Interactions between recrystallisation and phase transformations during annealing of cold rolled Nb-added TRIP-Aided Steels[J]. Materials Science Forum, 2007, 539-543: 4649-4654.

[22] Speer J G, Araujo A L, Matlock D K, et al. Nb-Microalloying in next-generation flat-rolled steels: An overview[C]//Dias R C, Santos L S, Schledjewski R. Materials Science Forum. Switzerland: Trans Tech Publications Ltd, 2017: 1834-1840.

[23] Sugimoto K, Murata M, Song S M. Formability of Al–Nb bearing ultra high-strength TRIP-aided sheet steels with bainitic ferrite and/or martensite matrix[J]. ISIJ International, 2010, 50(1): 162-168.

[24] Sugimoto K I, Murata M, Mukai Y I. Application of niobium to automotive ultra high-strength TRIP-aided steels with bainitic ferrite and/or martensite matrix[C]//Newkrik J W, Brow R K, Hsu J, et al. Materials Science & Technology 2007 Conference and Exhibition. Detroit: MS&T'07, 2007: 15-26.

[25] Hausmann K, Krizan D, Spiradek-Hahn K, et al. The influence of Nb on transformation behavior and mechanical properties of TRIP-assisted bainitic–ferritic sheet steels[J]. Materials Science and Engineering: A, 2013, 588: 142-150.

[26] Sugimoto K I, Muramatsu T, Hashimoto S I, et al. Formability of Nb bearing ultra high-strength TRIP-aided sheet steels[J]. Journal of Materials Processing Technology, 2006, 177(1-3): 390-395.

[27] Streicher A M, Speer J G, Matlock D K, et al. Quenching and partitioning response of a Si-added TRIP sheet steel[C]//Streicher A M, Speer J G, Matlock D K, et al. International Conference on Advanced High Strength Sheet Steels for Automotive Applications-Proceedings. Warrendale: AIST, 2004: 51-62.

[28] Azevedo de Araújo, Ana Luiza. Effects of microalloying on hot-rolled and cold-rolled Q&P steels[J]. Dissertations & Theses-Gradworks, 2016.

[29] Wang X D, Zhong N, Rong Y H, et al. Novel ultrahigh-strength nanolath martensitic steel by quenching-partitioning-tempering process[J]. Journal of Materials Research, 2009, 24(1): 260-267.

[30] Kang S, Jung J G, Lee Y K. Effects of niobium on mechanical twinning and tensile properties of a high Mn twinning-induced plasticity steel[J]. Materials Transactions, 2012, 53(12): 2187- 2190.

[31] Cho L, Kang H, Lee C, et al. Microstructure of liquid metal embrittlement cracks on Zn-coated 22MnB5 press-hardened steel[J]. Scripta Materialia, 2014, 90-91: 25-28.

[32] Kennett S C, Findley K O. Strengthening and toughening mechanisms in martensitic steel[C]//Advanced Materials Research. Switzerland: Trans Tech Publications Ltd, 2014, 922: 350-355.

[33] Kennett S C, Krauss G, Findley K O. Prior austenite grain size and tempering effects on the dislocation

density of low-C Nb–Ti microalloyed lath martensite[J]. Scripta Materialia, 2015, 107: 123-126.

[34] Wang J, Enloe C, Singh J, et al. Effect of prior austenite grain size on impact toughness of press hardened steel[J]. SAE International Journal of Materials and Manufacturing, 2016, 9(2): 488-493.

[35] Mohrbacher H. Metallurgical optimization of martensitic steel sheet for automotive applications[C]//Weng Yuqing, Dong Han, Gan Yong. Proceedings of International Conference on Advanced Steels. Beijing: Metallurgical Industry Press, 2010: 9-11.

[36] Lin L, Li B, Zhu G, et al. Effect of niobium precipitation behavior on microstructure and hydrogen induced cracking of press hardening steel 22MnB5[J]. Materials Science and Engineering: A, 2018, 721: 38-46.

2009~2019 年中国汽车微合金化钢的发展

陆匠心[1]，王　利[1]，路洪洲[2]，王文军[2]，陈伟健[3]，赵征志[3]

（1. 宝钢股份中央研究院，中国上海，201999；2. 中信金属股份有限公司，中国北京，100004；
3. 北京科技大学，中国北京，100083）

摘　要： 介绍了中国汽车工业的发展趋势及汽车用材的变化情况，包括乘用车车身用材的变化，商用车车体、大梁、车轮和桥壳用材的变化。详细分析了近十年汽车微合金化钢的开发与应用，重点讨论了热成形钢、相变诱发塑性钢、淬火配分钢、双相钢、高强度低合金钢、孪晶诱发塑性钢、中锰钢、轻质含铝钢、复相钢、马氏体钢、大梁及挂车用钢、车轮钢、桥壳用钢、驾驶室用钢等钢种的应用和最新研究动态。分析了中国汽车工业在新的发展时期所面临的挑战和机遇，以及汽车新发展时期对材料的需求，讨论了汽车微合金化钢的未来发展方向。

关键词： 汽车钢；铌微合金化；高强化；轻量化

陆匠心先生

1　中国汽车工业的发展及其对微合金化钢的需求

中国汽车工业发展迅速，汽车产销量自 2009 年首次超越美国以来，已经连续 11 年蝉联全球第一。汽车需求的快速增长，在丰富人们物质文化生活的同时，也带来了能源的大量消耗以及环境的持续恶化，节能环保和轻量化发展已成为汽车产业发展的必然趋势[1]。中国汽车工业的高速发展及对汽车用材的需求极大地推动了汽车用钢的发展，尤其推动了微合金化钢的发展。我国 2000~2018 年中国汽车销量变化情况详见图 1。中国汽车钢的用量从约 3300 万吨（2009 年）增加到约 5700 万吨（2017 年），增长了 73%。汽车行业所使用的钢材以板材（占 40%~60%）和特钢（占 35%左右）为主，再配以带钢、型材、钢管等

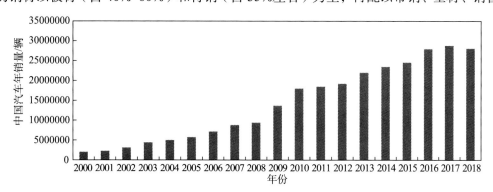

图 1　2000~2018 年中国汽车销量变化

其他钢材。随着汽车安全法规的日益严格，汽车微合金化钢的用量也呈现迅速稳步增长的趋势，铌微合金化汽车钢板从 2013 年的 900 万吨[2]增至 2018 年的 1300 万吨，约占整体汽车钢板的 30%。中国汽车用钢不仅数量增长，而且在品种结构上也发生了很大变化，逐渐从软钢、普通高强度钢向先进高强度钢和超高强度钢转变[3]。

1.1 乘用车车身用材变化

随着国内汽车工业和轻量化技术的不断发展，汽车车身用材也在不断的发生变化。传统冷轧低碳钢的应用比例在逐渐缩小，先进高强钢、铝型材、铝板、压铸铝、镁合金等材料的应用比例呈快速增长趋势。近年来，国内自主品牌乘用车高强钢以及超高强钢的应用比例持续增加，尤其是热冲压成型钢，如图 2 所示，2012 年车身用高强钢的比例不足 50%，到 2017 年已达到 65%以上，达到或超过同级别合资品牌的高强钢应用水平。相对于镁铝合金材料，高强钢的成本、性能和技术成熟度优势明显，在可预见的未来，高强钢将依然是车身的主要材料[4]。由于钢铁材料在强度、塑性、抗冲击能力、回收使用及低成本方面具有综合的优越性，"以钢为主，多材料混合"仍是燃油车轻量化的主流技术路线[1]，高强度钢和超高强度钢的应用还将有较大的增长空间。

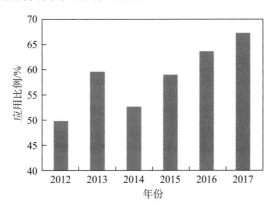

图 2　汽车车身用高强钢比例变化趋势

随着汽车轻量化的发展，在实际车身制造方面，近年来先进高强钢的应用比例不断提高，国内外开始不断研究先进高强钢的种类和特性，并开展了相关的成型和应用技术研究[5]。国际钢铁协会（IISI）先进高强钢应用指南中将高强钢分为传统高强钢（conventional HSS）和先进高强钢（AHSS）。传统高强钢主要包括碳锰（C-Mn）钢、烘烤硬化（BH）钢、高强度无间隙原子（HSS-IF）钢和高强度低合金（HSLA）钢；先进高强钢主要包括双相（DP）钢、相变诱发塑性（TRIP）钢、马氏体级（M）钢、复相（CP）钢、热成型（HF）钢和孪晶诱发塑性（TWIP）钢。根据 AHSS 研发历史及其特点，将 AHSS 分为三代：第一代 AHSS 钢微观组织结构基本上是以铁素体（软相）为主要基体，基体基本上是以 BCC 为其组织结构，另外含有少量贝氏体及 5%~15%的残余奥氏体甚至不含，其强塑积为 15 GPa·%以下，主要包括 DP 钢、TRIP 钢、CP 钢、马氏体钢和热成型钢；第二代 AHSS 的微观组织结构主要是软相奥氏体，基本上是以 FCC 为组织结构，其强塑积可达 50 GPa·%以上，主要包括 TWIP 钢和奥氏体不锈钢；第三代 AHSS 钢以马氏体、回火马氏体、亚微米晶/纳米晶组织或沉淀强化的高强度 BCC 组织，强塑积为 20~40 GPa·%，主要包括中锰钢（medium

Mn-TRIP）, TBF 钢（TRIP aided bainitic ferrite steel）, Q&P 钢（quenching-partitioning steel）。基于车辆碰撞安全性和轻量化技术发展的需求，车身汽车钢应具有两类性能特点：一类是高强塑积，另一类是超高强度。高强塑积汽车钢不仅具有高强度同时还具有良好塑性，用于车身吸能区域时可提高碰撞吸能效果，用于车身安全件时可提高超高强度钢零件的成型能力，良好的塑性保证了高强度钢具有优异的冷成型能力，这一类汽车钢如第二代、第三代先进高强钢；而超高强度钢主要用于车身结构件和安全件，碰撞时不发生变形，从而保护乘员安全，如马氏体钢和热成型钢[6-7]。

根据近年来的趋势，新款车型将更多地选用先进高强度钢（AHSS）作为白车身以及其他零部件的原材料。如图 3 所示，到 2020 年，先进高强钢的用量将在 2009 年的基础上增加 2 倍。举例来说，2015 款讴歌 TLX 的车身结构中就使用了 6 种不同等级的高强度钢，雪佛兰 Colorado 和通用 Canyon 中型卡车应用了超过 70% 的高强度钢作为车身结构，而克莱斯勒 200 中型轿车为车身构架选用了超过 60% 的先进高强度钢。

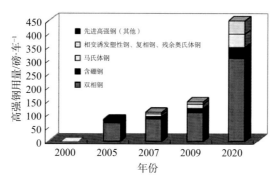

图 3　先进高强钢在汽车上的用量
（1 磅(lb)=0.45359 kg）

目前，我国乘用车车身用钢品种和强度级别覆盖低强度钢、高强度钢和超高强度钢全部系列，形成了 340~600 MPa 级 HSLA 钢、450~1180 MPa 级 DP 钢、780~980 MPa 级 CP 钢、1000~1700 MPa 级马氏体钢，以及 1300~2000 MPa 级热成型钢，这些汽车钢在品种和强度级别等方面与国外发达国家相当，质量稳定性控制水平低于欧美和日本等领先水平。

在汽车轻量化的整体要求下，美国政府宣布在 2017~2025 年期间将汽车能效标准提高至 54.5 英里/加仑（23.2 km/L），为此美国能源部投资多个项目以加速下一代汽车用先进高强度钢和高强度合金等"更强、更轻"材料的开发，欧洲 SSAB、日本新日铁以及韩国浦项等钢铁企业也加快了研发新一代先进高强度汽车用钢的进程。2017 年，我国启动的"十三五"重点研发计划项目"高性能超高强汽车用钢的开发与应用"（编号 2017YFB0304400），提出探究含亚稳奥氏体多相组织钢变形与断裂机理的关键科学问题，并在此基础上开发出抗拉强度为 1000 MPa、1200 MPa 和 1500 MPa，强塑积分别不小于 20 GPa·% 和 30 GPa·% 的第三代汽车钢，从成分设计、组织调控原理、工业生产、零部件的先进成型、使役性能评价等几个方面开展研究，从而实现高性能汽车钢的应用。目前该项目进展顺利，利用 Q&P 钢和中锰钢思路分别进行了强塑积为 20 GPa·% 和 30 GPa·% 高强塑积钢的研究和生产[6]。

1.2　商用车用材变化

受到"排放法规"、"燃油税"、计重收费、治理超载以及油价不断攀升等的影响，加之排放标准的日益严格，商用车轻量化需求已迫在眉睫。据不完全统计，在我国的汽车结构中商用车保有量占比约为 10%，但我国商用车的总体燃料消耗量占汽车燃料总消耗量的 55%~60%。降低商用车的自重，可以有效降低燃油消耗的总量，因此，商用车的轻量化意义重大，商用车轻量化逐步上升到国家战略层面。

商用车车体主要包括大梁模块（牵引车大梁、半挂车大梁）、上装模块（车厢）、传动模块（桥壳、轴管）和行走模块（车轮）四部分。在商用车用材结构中，钢铁材料占比 80% 以上，是商用车制造的基础材料，因此，钢铁材料的高强减薄化成为商用车轻量化最有效的措施之一。经过多年的发展，商用车轻量化已经受到行业全产业链的关注，并取得了长足进步，但商用车轻量化要滞后于乘用车。近年来，国内商用车的用材水平得到了显著的提升，先进高强钢、铝合金、镁合金、非金属复合材料等在国产商用车上已经屡见不鲜，促进了商用车的轻量化以及安全性、可靠性，但是我国目前商用车先进材料的应用比例和应用的成熟度相较国外先进水平还是比较低的。以白车身（驾驶室）为例，国内大部分商用车是以低碳软钢板为主，少量采用了 340 MPa 以上级别的低合金高强度钢板，高强度钢板占白车身质量的 10%~15%。而国际先进商用车的白车身 340 MPa 以上级别的先进高强钢用量达 40%~60%，甚至更高。

商用车大梁的减重是实现商用车轻量化的有效手段。但作为主要承重部件，大梁用钢对材料的强度、塑性、低温冲击韧性、疲劳性能、可焊性及冷冲压性能均有严格要求。目前国内是以 510~610 MPa 级大梁钢板为主，少部分车型采用了 700~800 MPa 级别的大梁钢板，甚至热处理车架。国际上先进商用车的车架普遍用钢强度已达到 700~800 MPa 级别水平。700 MPa 及以上强度级别大梁钢冲孔损伤所带来的疲劳问题是应用更高强度大梁钢的主要难题，目前中信金属与宝钢（武汉）、钢铁研究总院、中国汽研、东风汽车等正在对该技术瓶颈进行攻关。

商用车轮以钢制车轮为主，其中钢制车轮分为型钢车轮和辊型车轮。由于商用车轻量化的需求，商用车车轮开始采用更高级别的车轮钢，共性问题为焊接开裂和疲劳性能不足。由于国内车轮企业设备状况差异，高强车轮钢和焊机的匹配性较差，当屈服强度不低于 400 MPa 时，轮辋焊接开裂率明显增加，最高可达 20%。轮辋轮辐组合焊时，由于轮辋厚度较薄，过高的热输入量易造成轮辋焊接部位的软化，导致车轮径向疲劳性能的降低。轮辐轮辋用材的强度匹配也是影响车轮疲劳性能的重要因素。由本溪钢铁公司与中信金属、钢铁研究总院等联合开发的铌微合金化 RS590 已经在兴民智通等主流车轮企业大批量应用，减重效果明显[8]。

在桥壳用钢方面，由于桥壳成型的复杂性，其生产方式多以热压工艺为主，将钢材经 800 ℃ 冲压后空冷，此工艺下材料强度会有 50~100 MPa 的降低，因此桥壳钢多采用高碳当量设计，材料的可焊性较差。因此，国内外开始研发冷压工艺，国外冷压桥壳钢强度级别可达 460 MPa 级，国内处于研发阶段，该工艺生产的桥壳存在焊后热影响区软化造成疲劳失效问题。

2 2009~2019 年汽车微合金化钢的开发与应用

2.1 热成型钢

热成型钢作为目前应用最高强度级别的汽车用钢近几年来得到快速的发展。热成型钢通过在奥氏体温度区间（850~950 ℃）加热，在高温软化状态下冲压成型，而后使零件在模具中冷却强化。热成型技术通过将超高强钢室温下恶化的冷成型性转化为高温状态良好的热加工性能，解决了复杂零件的冲压开裂、回弹严重及尺寸精度差等问题。目前在汽车车身上应用最广泛的热成型钢为 22MnB5，主要应用在汽车前保险杠、后保险杠、A/B/C 柱、车顶构架、车底框架、车门内板和车门防撞杆等对碰撞要求较高的部件，部分替代了高强度 TRIP 钢和 DP 钢的使用。

国内热成型钢的研发及应用始于 2000 年左右，起始多数产线以进口为主，2005 年 6 月，德国本特勒在长春设计制造了第一条热冲压产线。2007 年底，宝钢热冲压零部件有限公司正式成立，从瑞典 AP&T 公司引进两条热冲压生产线。2013 年 10 月，湖北永喆投资集团有限公司投资建设的国内首条热冲压生产线投产。截至目前，国内运营良好的热冲压生产线达到 140 条，未来 1~2 年，国内的热成型生产线预计能达到约 180 条（含在建）。

瑞典 SSAB 首先开发了一系列热成型硼钢（22MnB5、30MnB5 和 33MnB5 等），热成型后零件的抗拉强度可达到 1500~1800 MPa。在国内，宝武钢铁集团成功开发了 1800 MPa 级热成型钢，并实现小批量供货。首钢与北京科技大学联合开发的 1600 MPa 级热成型钢，已成功为宝马和大众等实现了供货。2016 年，纳米析出 2 GPa 热成形钢车门防撞梁热冲压件成功焊接装车，同时进行实车碰撞性能测试，溃缩 10 mm 弯曲变形未发生断裂，验证了该材料的高强韧性，并于 2017 年用于北汽新能源纯电动两座车型 "LITE" 上。通过相关强韧化机理的深入研究，北京科技大学开发了超高强韧热成型钢 38MnBNb，其抗拉强度不低于 2000 MPa 的同时总伸长率可达 6%~9%。此后，唐钢和攀钢分别实现了 2000 MPa 级热成型钢试制与生产，与普遍使用的 1500 MPa 级热成型钢相比，可实现零件减重 10%~15%。

宝马和奔驰公司依据德国 VDA238–100 标准，分别提出热成型钢的极限尖冷弯角应大于 60°和 65°的要求，但目前淬火态 22MnB5 钢的极限尖冷弯角很难达到 60°，并且氢致延迟断裂敏感性比较严重[9]。为此很多研究者在 22MnB5（1500MPa）和 30MnB5（1800MPa）的化学成分体系中引入铌、钒和钼等微合金元素，其中铌微合金化热成型钢的研究比较成熟。在热成型钢中添加适当的铌元素，与碳元素形成 NbC 析出物，NbC 在高温奥氏体化过程中（NbC 在钢中的固溶温度约为 1150 ℃，在约 930 ℃奥氏体化温度下为析出状态）能有效阻止晶粒长大，使得淬火后实验钢能够获得细小的板条马氏体组织，从而增强其在冷弯过程中拉应力区的协调变形能力，大幅度提高极限冷弯性能，如图 4 所示，可以看出铌微合金化显著提高热成型件的尖角冷弯性能。另外，NbC 析出物本身是不可逆氢陷阱，可有效捕获进入组织中的氢原子，阻碍其扩散和聚集，从而有效改善超高强热成型钢的氢脆敏感性，如图 5 所示，从实验钢的宏观（图 5(a)）和微观（图 5(b)）分别进行对比研究[10-11]，可以得出铌微合金化可提高热成型零部件的抗氢脆能力，并明确了 NbC 的氢陷阱机理[11]。中信金属率先与宝钢、北京科技大学等进行了铌微合金化热成型钢的机理研究[10]，2015 年宝钢（武汉）首发了铌微合金化热成型钢。中信金属与马钢、中国汽研、长安汽车、江淮汽车等联合开发的高弯曲性能、高抗氢致延迟断裂的铌钒复合热成型钢及零部件获得成功，得到了大批量应用，相关研究成果获得了 2019 年度中国汽车工业科技进步奖一等奖。

住友、蒂森、浦项、奥钢联、安赛乐米塔尔等公司已经开发出具有 GI/GA 合金化镀层的钢板，这种钢板具有良好的焊接性能和涂镀性能，并具有较好的牺牲性保护性能，从而能够有效防止加热过程中钢板的氧化起皮和脱碳。然而，GI/GA 合金化镀层在热冲压过程中会使裂纹扩展到基板中，从而影响钢板的使用。目前，耐高温的铝硅涂层热成型钢应用最为广泛，Al-Si 涂层可以有效避免钢板表面氧化和脱碳，省略了喷丸和喷砂工艺，同时耐蚀性也得到了提高。该涂层技术由安赛乐米塔尔公司最早提出并成功应用于工业钢板，典型的合金成分（质量分数）为 87%Al-10%Si-3%Fe。近几年，国内在 Al-Si 涂层研究方面取得突破，马钢近期发布了一款新的 Al-Si 涂层技术，其工艺和原理与安赛乐米塔尔公司不同，加之采用铌钒复合微合金化，该 Al-Si 涂层热成型钢的极限尖冷弯性能比传统的 Al-Si 涂层热成型钢提高 15%。

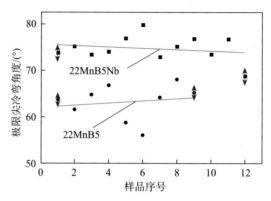

图 4　铌微合金化提高了热成型件的尖角冷弯性能

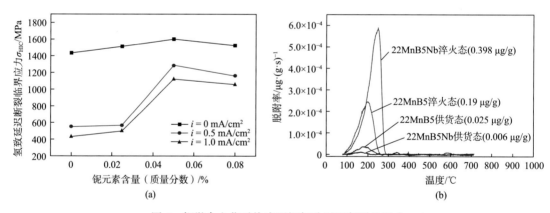

图 5　铌微合金化对热成型钢氢致延迟断裂的影响
（a）铌微合金化可提高热成型零部件的抗氢脆能力；
（b）22MnB5 和 22MnB5Nb 的淬火态和供货态氢热分析（TDS）试验结果

2.2　相变诱发塑性钢

相变诱发塑性（TRIP）钢具有初始加工硬化率高，良好的强度和延性匹配、良好的成型性以及较高的碰撞能量吸收能力等特点，常常用于制作货车和轿车上成型困难和焊接性要求很高的零部件。TRIP 钢的典型显微组织主要由铁素体、贝氏体、残余奥氏体组成，可能还有少量马氏体。TRIP 钢良好的均匀伸长率是由相变诱发塑性导致的。当 TRIP 钢在变形时，应变集中区域的残余奥氏体将相变为马氏体，因为马氏体强度远高于奥氏体，加之相变的体积膨胀导致周围铁素体塑性变形和加工硬化,使相应部位材料继续形变变得困难,并且使得马氏体相变转移到其临近区域,导致宏观颈缩现象的延迟,因此得到了高的均匀伸长率和总伸长率。

在国外,韩国浦项、日本新日铁及神户制钢、安赛乐米塔尔等已开发出 TRIP600、TRIP800 和 TRIP1000 等系列冷轧品种和 TRIP800 等热轧品种。在日本,TRIP 钢已经被运用于很多汽车底盘的零件制造,与其他普通车钢板相比,TRIP 钢制作的汽车零件可以明显减小车重,可以得到更高的经济效益。目前国内宝钢、首钢和鞍钢等主要钢厂可以批量生产 TRIP600、TRIP700、TRIP800 系列的冷轧和热镀锌 TRIP 钢板,目前正在研发 1000 MPa 以上级别的 TRIP 钢。

2.3 淬火配分钢

淬火配分(Q&P)钢作为第三代先进高强钢的典型代表首先由美国科罗拉多矿业大学 John Speer[12-14]教授提出。其工艺为首先将钢铁材料加热至奥氏体化温度等温后快速淬火冷却到 M_s~M_f 温度范围内的某一马氏体淬火温度保温,以得到一定比例的马氏体和奥氏体。随后在该温度等温或加热到 M_s 点以上的配分温度一定时间进行配分处理,使马氏体中过饱和的碳向未转变奥氏体扩散,形成富碳的奥氏体,从而提高奥氏体的稳定性,最后快速冷却至室温,部分未完全稳定的奥氏体将再次转变为马氏体组织,最终得到具有高比例的残留奥氏体与马氏体基体的混合组织。Q&P 钢是一种新型的高强度、高塑(韧)性的马氏体钢,可以达到的力学性能范围为:抗拉强度 800~1500 MPa,伸长率 15%~30%。Q&P 钢具有优异的强度和塑性综合性能,其强塑积高于 DP 和 CP 钢。Q&P 钢可用于横梁、纵梁、车窗框架、保险杠及地板加强件等汽车结构件,通过减薄零件厚度,可大大减轻车体质量,有效实现节能降耗,增强车体抵抗撞击的能力,提高汽车运行的安全性,具有良好的发展前景。

国内的宝钢率先实现了 Q&P 钢产业化,2010 年宝钢实现 QP980 全球首发,其工业成品板屈服强度不低于 600 MPa,抗拉强度不低于 980 MPa,断后伸长率可达到 25%以上,综合性能表现优异。其中折弯、回弹等性能更优,1.6 mm 后的钢板临界相对弯曲半径降至 1.5 mm 左右,90°折弯回弹角可达到约 14°,伸长率达到了同级别 DP 钢的两倍以上。使用 QP980 替代 DP600,工件厚度由 1.2 mm 减薄至 1.0 mm,减重可达 10%~20%。2019 年 1 月,抗拉强度达 1500 MPa 的高性能冷轧淬火配分钢 QP1500 在宝钢股份成功下线。这是继 2010 年全球首发 QP980 产品以来,宝钢股份在第三代先进高强钢方面的又一重要突破。QP1500 的伸长率是同级别马氏体钢的 2~3 倍,且成分与同级别超高强钢相近,具有良好的易用性。采用 QP1500 后,可实现较为复杂形状零部件的冷冲压制造,与现有冷冲压超高强钢相比,可实现减重 10%~20%,同时,汽车安全性显著提高,在正常碰撞下人员死亡率大幅度下降。目前中信金属联合宝钢、上海交通大学、悉尼大学等正在开展含铌 Q&P 钢的性能优化工作。

2.4 双相钢

双相(DP)钢是指低碳钢或低碳合金钢经过临界区热处理或控制轧制工艺而得到的,主要由铁素体(F)和马氏体(M)组成的先进高强度钢。双相钢具有高的抗拉强度、高原始加工硬化速率、低屈强比和无室温时效等特点,在汽车工业中的应用越来越多,尤其是适用于制造高强度、高抗撞吸收能和对成型性能有要求的汽车零部件（保险杠、纵梁、横梁、车轮、悬挂系统及其加强件等）。

随着双相钢开发与研究的深入，世界知名钢铁公司安赛乐米塔尔、蒂森、新日铁和浦项等生产的双相钢覆盖了450~1180 MPa多个强度级别的冷轧、热轧、热浸镀锌和电镀锌系列产品。在 ULSAB-AVC 项目中，双相钢 DP500、DP600、DP700、DP800 和 DP1000 在 C-Class 系列车身结构占比分别为 7.98%、9.65%、4.19%、22.56%和30.02%，双相钢总占比达到 73.7%。欧洲钢厂 SSAB 针对汽车进行了结构的材料设计，DP 钢主要用作汽车结构件，如汽车碰撞时的吸能盒、前后防撞梁、侧围加强件以及门踏板等。DP 钢是我国汽车用高强钢产品中用量增长最快的钢种，国内宝武集团、鞍钢、首钢等企业均可以批量供货。DP600 和 DP800 级别产品一般用于 A 柱铰链板、A 柱本体、中通道等零件，而 1000 MPa 级 DP 钢可以应用于座椅横梁、门槛加强板、发动机托架和车门防撞梁等汽车零部件。随着先进工艺装备的完善，宝钢成功开发强度级别为 450~1180 MPa 的冷轧双相钢及相应热镀锌产品，首钢可生产强度级别为 450~980 MPa 的冷轧和热镀锌双相钢。

为进一步提升 DP 钢强度和成型性能，安赛乐米塔尔以双相钢为原型研发的 Fortiform 轻量高强钢，具有 980 MPa、1050 MPa、1180 MPa 三个强度级别，具有良好的焊接性与减重效果，并且具有良好的碰撞吸能能力。北欧知名钢厂瑞典钢铁（SSAB）也在此推出了 Docol DH（VDA 标准下第三代高强钢）以及 Docol HE（热轧高扩孔性高强度钢）供客户使用。我国首钢和宝钢也分别实现了高成型性 DH 钢研发与生产。

为提高双相钢的成型性，改善双相钢的力学性能稳定性，目前，780 MPa 及以上强度级别的 DP 多采用铌微合金化。通过微合金化元素铌的加入，双相钢 DP780 的成型性能明显提升，尤其是弯曲和扩孔性能，扩孔性能结果如图 6 所示。

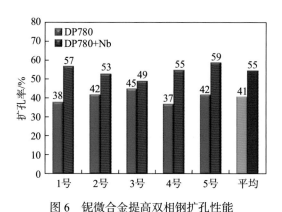

图 6　铌微合金提高双相钢扩孔性能

日系主机厂多采用低碳当量双相钢以提高车身的焊接性能，其低碳当量双相钢主要采用铌微合金化成分设计。图 7 展示了随着碳含量提高带来的焊点撕裂强度的变化，图中 TSS（tensile shear strength）代表焊点拉伸撕裂强度，CTS（cross tensile strength）代表焊点十字接头层方向撕裂强度。可见，无论是 590 MPa 级别的双相钢还是 780 MPa 及 980 MPa 级别的双相钢，随着碳含量的增加，CTS 明显降低，而相反，随着碳含量（碳当量）的降低，CTS 明显提高，这即是低碳当量铌微合金化设计的显著优势。

2.5 高强度低合金钢

高强度低合金（HSLA）钢是高强度汽车用钢另外一个重要的产品系列，主要应用部位是汽车车架，包括立柱、门窗框、各种纵横梁等安全构件。一般采用复合合金化设计，以 Nb、Ti 合金化为基础，添加 Si、Mn 等元素提高钢板强度，具有高强度和细小的晶粒组织。长期以来，由于低合金高强钢的生产工艺较为简单，生产成本较低，同时兼具有较高力学性能和一定的成型性，在工程结构用钢中备受青睐，其强化机理一般以沉淀强化、细晶强化和固溶强化为主。

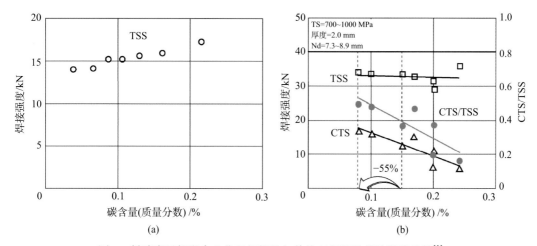

图 7 低碳当量铌微合金化双相钢的与传统双相钢的焊接强度比较[1]
(a) 传统双相钢；(b) 铌微合金化双相钢

对于低合金高强度钢近年的发展来看，已经不再是依靠单一的合金元素作用来生产，而是依靠成分和工艺共同作用的综合体，这样可以发挥出材料本身的最大潜力。特别是在对工艺的不断改进中，不仅能够提高钢的综合力学性能，而且有助于减少钢中合金元素的添加，对于在节约能源和控制成本方面有着很大的作用。中信金属与马钢开展了 HSLA 钢的性能稳定化研究工作，取得了技术突破，将 HSLA 的强度波动大幅度降低。如图 8 所示，采用铌微合金化成分设计，可将冷轧低合金高强钢同卷钢板强度波动控制在 20 MPa 范围

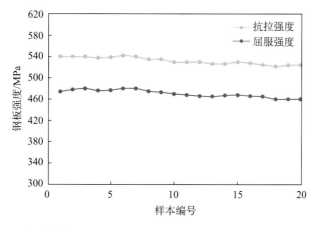

图 8 采用铌微合金化成分设计和控轧控冷的 H420LA 钢板性能波动

内。中信金属与宝钢等开展的研究得到了类似的结果，即 Nb、Ti 复合成分可以弥补强度波动的不足，配合较低的卷取温度，将获得更好的综合力学性能。

2.6 孪晶诱发塑性钢

孪晶诱发塑性（TWIP）钢相对于 DP 钢和 TRIP 钢，其兼具有高强度（600~1100 MPa）、高塑性（伸长率 50%~95%）、高的应变硬化性、高的能量吸收能力、优良的低温性能和良好的成型性能，其强塑积大于 50 GPa·%，是普通 DP 钢、TRIP 钢的两倍以上，是一种理想的抗冲击结构材料和吸能材料（图 9 是 TWIP 钢与其他汽车用钢构件对撞击动能吸收能力的对比），可应用于汽车、军工、电力、航空、石油开采等领域[15]。

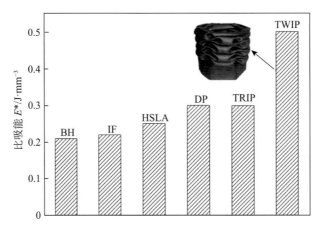

图 9　各种汽车用钢构件对撞击动能吸收能力的对比

TWIP 钢由于较高的锰含量，在室温下通常为较低层错能的奥氏体单相组织，在受到外力变形产生大量的机械孪晶，在外力的作用下，形变主要以孪生方式进行，这是因为对于低层错能的奥氏体晶粒，微小的变形就能使其内部产生大量的位错与层错缺陷，在切应力作用下位错源所产生的大量位错沿滑移面运动时遇到了障碍，位错被钉扎造成位错的塞积和缠结，随着应力的增大位错不断堆集，应力集中越来越大，滑移系很难再滑移运动，不能再通过滑移方式来继续塑性变形，当应力集中在孪生方向达到临界应力值时，晶体就开始进行孪晶变形。随着应变量的增加，材料的显微组织中出现大量的高密度形变孪晶，并产生二次孪晶。初生孪晶与次生孪晶交互穿越、切割基体，增加运动的障碍，起到了细化晶粒的作用，极大提高了高锰钢的强度。高应变区首先形成的孪晶界阻碍了该区滑移的进行，促使其他应变较低区域通过滑移进行形变直至孪晶的形成，这使试样发生均匀变形，显著推迟了缩颈的产生。同时对位错运动的阻碍也在一定程度上减少了加工硬化现象的发生，也使塑性变形能够持续进行，获得更大的延伸效果，发生 TWIP（twinning-induced plasticity）效应，故也称为高锰 TWIP 钢。

早在 1994 年，韩国浦项就成功开发了 Fe-25Mn-0.5C-1.5Al 型 TWIP 钢，抗拉强度高于 800 MPa，伸长率达到 60%。后来在降低 Mn 含量，加入 Al、Nb、V、Ti、Mo、Cu、P、Pd、RE 等进行合金化或微合金化的基础上，开发的"精锰"型 TWIP 钢，具有更优良的综合性能，为克莱斯勒、通用、大众等汽车公司提供了 TWIP 钢样品，并用于菲亚特公司小型车 New Panda 的防撞梁。汽车用钢主要的欧洲供应商安赛乐米塔尔公司和蒂森公司的研发部门从 2005 年开始共同研制了一系列的 Fe-Mn-C 系及 Fe-Mn-Al-C 系 TWIP 钢，并将其命名为"X-IP"钢，目前该系列钢已经被应用在 B 型门柱上以增加汽车侧面受冲击时的安全性。2011 年，鞍钢打通了"电炉—模铸—热轧—冷轧"的工艺路线，成功生产出中厚板、热轧冷轧系列 TWIP 产品，并成功将 TWIP 钢应用于汽车纵梁及悬挂弹簧底座。此外，宝钢也实现了 TWIP 钢的试制与生产。随着理论的不断完善，成分体系和制备工艺不断成熟，TWIP 钢正在由实验室研发走向批量生产与应用，展现出良好的应用前景。当前的高锰 TWIP 钢的钢级和汽车应用示例如下：

（1）TWIP 500/900A-柱，驾驶舱，前侧梁；

（2）TWIP 500/980 车轮，下部控制杆，前防撞梁和后防撞梁，B 柱，车轮轮辋；

（3）TWIP 600/900 地板横梁，驾驶舱；

（4）TWIP 750/1000 车门防撞梁；

（5）TWIP 950/1200 车门防撞梁。

2.7 中锰钢

中锰钢的锰质量分数在 3%~12%之间，采用了复合配分与亚稳控制的思路来获得高强高塑性。利用逆相变原理，碳、锰复合配分控制亚稳态奥氏体含量。通过中锰合金化，利用 C 和 Mn 在逆相变过程中的复合配分到奥氏体中，形成体心立方（BCC）的铁素体组织与面心立方（FCC）残余奥氏体的复合组织，其中铁素体基体与残余奥氏体均是亚微米的晶粒尺寸，亚稳态残余奥氏体的含量可以大幅提高至 20%~40%。由于中锰钢中亚稳奥氏体的 TRIP 效应，抗拉强度为 750~2200 MPa，总伸长率范围在 15%~85%，强塑积可达 30~70 GPa·%，性能远超第一代先进高强钢[16]。目前针对中锰钢开展研究较多的国外机构有德国马普所、韩国延世大学、浦项科技大学等，国内有钢铁研究总院、北京科技大学、东北大学等。中锰钢中 C、Mn 元素是扩大奥氏体区和稳定奥氏体的合金元素，特别是 Mn 元素对奥氏体的稳定性具有相当强的作用，在热处理过程中，Mn 元素的再次配分将对奥氏体的稳定性起到重要的作用，因此对临界区退火过程中 C、Mn 元素的扩散规律进行研究是十分必要的。在采用奥氏体逆转变工艺时，由于是在完全马氏体或部分马氏体组织基础上，通过退火最终得到室温稳定的奥氏体组分，为了获得超细晶基体，必须抑制马氏体板条的过分粗大，因此应该选用置换原子而不是纯粹的间隙原子来进行合金化设计，需要适当提高 Mn 元素的含量[17]。另外，根据生产工艺和使用要求还会加入适量的 Nb、Ti 等微合金元素。Nb 具有显著的细化晶粒的作用，并能提高材料的屈服强度和抗拉强度。

2015 年 6 月，宝钢成功开发出冷轧 CR 980 MPa 级、热镀锌 GI 980 MPa 级和热镀锌 GI 1180 MPa 级中锰钢。目前该钢种已用于"后地板左右连接板"零件的工业试制。由于该钢种强度在 980 MPa 以上的同时，塑性与低强度的先进高强钢相当，因而适用范围比一般超高强钢更为广泛，其应用前景包括汽车 A 柱、B 柱、防撞梁和门槛加强件等众多车身结构件。相关报道指出，中锰钢还可以被用于低温热冲压成型工艺，因为其具有较低的 A_{c3} 温度，与传统的 22MnB5 钢相比，中锰钢拥有更好的性能和一些独特的优势，如节能、低成本等。

2.8 轻质含铝钢

汽车轻量化在材料方面有两种途径：一是提高强度，以减薄厚度；二是直接降低密度。

由于汽车板刚度限制，厚度不能无限度减薄，因此降低密度是汽车轻量化的重要途径。Fe-Mn-Al 系轻质含铝钢为含有较高 Mn、Al、C 的合金化钢板，集高强度、高韧性、低密度、高加工硬化率等优点于一身，是满足未来汽车用钢要求的新型高强钢。轻质含铝钢的抗拉强度一般为 700~1100 MPa，断后伸长率达到 60%，较高的 Mn、Al、C 等轻质合金含量在保证其优良的成型性能和抗碰撞性能的前提下，将钢板的密度降低到 6.5~7.0 g/cm^3。Fe-Mn-Al 系轻质含铝钢以其较高的强度、高的加工硬化系数、低密度以及良好的碰撞耐蚀性能将广泛用于汽车的保险杠、车门、车轮以及车体的纵向横梁等各种安全零件中，将为汽车减重提供巨大空间。

近些年来，国际的科研机构与钢铁公司纷纷开展高强韧轻质汽车钢的研究，包括德国马普所、韩国浦项制铁公司、伊朗德黑兰大学等。我国对于高 Mn、Al 轻质高强钢的研究逐渐受到重视，目前东北大学、北京科技大学以及宝钢等在该领域开展了大量的研究工作，逐渐开发不同成分体系的轻质钢。Fe-Mn-Al 钢按照基体相组成可分为三类：奥氏体 Fe-Mn-Al 钢、铁素体基 Fe-Mn-Al 钢、奥氏体基双相 Fe-Mn-Al 钢。通过研究发现，奥氏体 Fe-Mn-Al-C 钢是一种应用前景广阔的低密度钢，不仅密度低（Al 的质量分数每增加 1%Al，密度降低 1.3%），而且具有优异的综合力学性能（屈服强度：400~1000 MPa，极限抗拉强度：600~2000 MPa；伸长率：30%~10%），由于钢中加入了高含量的 Al，导致奥氏体的层错能增加，从而抑制了 TRIP 效应和 TWIP 效应，又因为 κ 碳化物导致的滑移面软化现象，平面滑移成为奥氏体变形主导机制，这种变形机制导致具有类似于 TWIP 效应的应变硬化行为，从而导致了较高的强塑性。除了较好的力学性能外，这些合金还具有许多吸引人的性能，如室温和低温下的高强度和韧性，良好的疲劳性能以及高温下良好的抗氧化性能。宝钢从 2009 年开始开发铁素体低密度钢，并在最近率先生产出 800 MPa 级别的铁素体低密度钢。通过铸造、热轧、冷轧和连续退火生产，这种钢的密度能够降低约 6%。钢中 0.8 μm 的残余奥氏体晶粒尺寸和 20% 的残余奥氏体含量可以使低密度钢的强塑积达到 30G Pa·%。为满足该钢种的下游使用，尚需进行多种性能评估[18]。

2.9 复相钢

复相（CP）钢的显微组织主要为以铁素体和（或）贝氏体组织为基体，并且通常分布少量的马氏体、残余奥氏体以及弥散析出的第二相粒子。通过添加微合金元素 Nb 或 Ti，形成细化晶粒或析出强化的效应。因此，通过晶粒细化、贝氏体和马氏体以及析出强化的复合作用，CP 钢具有非常高的抗拉强度，其抗拉强度可达 800~1200 MPa，与同等抗拉强度的双相钢相比，其屈服强度明显要高很多。先进高强钢的广泛应用使得钢材需要满足形成复杂部件的要求，需要进行低曲率半径弯曲，凸缘拉伸等一系列加工过程，为此局部的应力应变行为变得非常重要。通常情况下，增加钢材的强度会使其伸长率降低，虽然 DP、TRIP 钢可以有强度和伸长率的良好结合，但越高的强度、越高的边裂敏感性和越低的扩孔率，这就阻碍一些部件的设计和冲压技术。复相钢主要组织为细小均匀的铁素体和高比例的硬相(马氏体、贝氏体)，含有铌、钛等元素，因而具有较高的扩孔性能，能够满足复杂成型的要求。图 10 为复相钢组织示意图和热轧复相钢的金相图。

与相同抗拉强度的 DP 钢相比，CP 钢具有更高的屈服强度和加工硬化特性。另外，CP 钢具有高的能量吸收能力和高的残余形变量，特别适用于要求良好抗冲击性能的汽车零件，如车门防撞杆、保险杠和 B 立柱等安全零件。德国蒂森公司研究开发了热轧和冷轧 CP 钢产品，并实现了批量供货。蒂森公司所开发的冷轧 CP 钢厚度范围为 0.8~1.5 mm，宽度范围为 1000~1200 mm，用于替代微合金钢板制作 B 柱，可使其防撞能力提高两倍。由于底盘零件成型复杂性，高端车企对高强钢的伸长率和扩孔性能提出更高的要求。目前国内宝钢、首钢等企业都实现了 800 MPa 级 CP 钢的研发与生产，首钢实现了德国奔驰的认证。两家企业正在研发 1000 MPa、1200 MPa 级 CP 钢。中信金属与宝钢联合研究开发了 CP1200GI，结果表明相同工艺下，随着 Nb 含量增加，4 种原型钢的屈服强度、抗拉强度和断裂伸长率均随之上升，如图 11 所示。

图 10　复相钢组织示意图(a)及金相图(b)

图 11　Nb 含量和快冷温度对 CP 钢强度和断裂伸长率的影响
（a）屈服强度；（b）抗拉强度；（c）伸长率

2.10　马氏体钢

马氏体钢是通过对高温奥氏体组织进行快速淬火使其转变为板条状马氏体组织，可以通过热轧、冷轧后连续退火或者成型后退火来实现。马氏体钢的化学成分含有 C、Si、Mn、Mo、V、Nb、Ti 等合金元素，马氏体钢的组织全部由板条状马氏体所组成，因而马氏体钢的抗拉强度很高，屈强比高，伸长率相对较低，目前其最高强度可达 1700 MPa 级。马氏体钢是目前商用冷成型高强度钢中强度级别最高的钢种，一般主要用于成型性能较低的汽车零部件的制作，可以降低生产成本。大量的高密度位错胞组成了低碳马氏体钢的板条束，添加一定量的微合金元素可以组成间隙固溶体，这种方式可以提高强度，从而形成板条状位错马氏体和细小的金属间化合物的析出强化相，另外还可以提高钢的韧性。

由于马氏体钢具有很高的强度、较好的焊接性能以及优异的抗碰撞性能，其在车门防护梁、车门加强件、保险杠等零部件上得到了广泛的应用。马氏体钢特别适合辊压工艺生产，在 1200 MPa 以上级别的应用前景良好，但在使用过程中，马氏体钢应特别关注焊接工艺和弯曲工艺设计，还需重点关注氢致延迟开裂行为。宝钢在马氏体钢辊压应用方面可以提供从零件设计、材料选择、成型工艺及性能评估全套解决方案，目前，宝钢已经实现了 1300 MPa、1500 MPa、1700 MPa 级马氏体钢系列产品的生产与应用。

2.11 大梁及挂车用钢

汽车大梁钢主要用于制造卡车的横、纵梁及其他结构件。由于汽车大梁板的制造（冷冲压）要求以及汽车在行驶过程中要受到各种冲击、扭转等复杂应力的作用，因而车架的制造和服役条件要求相当苛刻。所以对钢板不仅需要具有较高的强度，而且还需要具有良好的塑性、韧性，优良的冷弯性能、焊接性能和抗疲劳特性，同时要求板形好，尺寸精度高。

汽车大梁是汽车的主要承重结构件，对它的性能要求很高，一般向大梁钢中加入一些微合金元素，达到提高综合性能作用，主要是通过细晶强化、析出强化和相变强化来实现超高强度的目的。在欧美等发达国家，奔驰、沃尔沃、曼斯堪尼亚等重卡车架普遍采用厚度 8~9 mm、屈服强度大于 650 MPa 的单层结构的大梁（钢板主要采用瑞典 DOMEX600-700MC、德国 QSTE650TM-QSTE690TM 等）。在我国早期，由于路况较差及严重超载，长期以来中重卡车架采用屈服强度 355~500 MPa 级别、厚度 8 mm 主梁加 5 mm/6 mm/8 mm 衬梁的双层结构大梁（钢板主要采用 510L、590L、610L、QSTE340-500TM、FAS355-500L-Z 等）。采用双层结构大梁，既是为满足用户"多拉快跑"和超载的使用需求，又是受限于比较落后的设计、装备和制造水平。因此，2015 年以前我国中重型卡车的大梁以双层结构为主，钢板以 510 MPa 为主，部分卡车采用厚度为 8 mm、屈服强度为 590 MPa/610 MPa 的钢板为主梁，厚度为 5 mm、屈服强度为 510 MPa 的钢板为衬梁。

中信金属连续撰写全国两会提案，如 2015 年提交的《关于鼓励使用轻量化商用汽车产品以促进节能减排、减缓空气污染的提案》、2016 年提交的《关于改善物流载货车辆市场需求和结构调整的提案》等。2016 年 8 月，国家部委发布新 GB 1589 并全面限超。经过行业上下游的协同和近十年的技术攻关，大量的新型零部件、新材料得以应用，商用车整体减重约 15%，降低了能耗和排放、提高了产品性能和质量。随着我国高速公路的迅速发展，车辆设计水平及装备制造水平的不断提高，汽车轻量化得到推行，一汽解放、东风中国重汽、上汽依维柯红岩等企业开始在半挂牵引车上使用屈服强度为 600~700 MPa 级的单层梁（一汽解放在 J6M 上采用宝钢 B700L、重汽在 HOWOA7 上采用宝钢 ZQS700L），每辆车平均用高强度大梁板约 400 kg。中国重汽于 2003 年率先在国内开始研发屈服强度为 700 MPa 的单层梁车架，2005 年重汽采用宝钢 BS700MCK2 研制出单层梁车架样车，2006 年开始小批量生产单层梁半挂牵引车，2007 年采用宝钢为重汽专门研发的 ZQS700L 批量化生产单层梁半挂牵引车，该车架采用厚度为 8 mm、屈服强度为 700 MPa 单层梁结构，平均每辆车用钢板约 400 kg。一汽解放长春本部于 2006 年开始研发屈服强度为 700MPa 的单层梁车架，主要采用宝钢 B700L 牌号，用于解放牌 J6M 型轻量化半挂牵引车。2009 年江淮汽车集团开始在格尔发重卡车架上采用高强度大梁，车架大梁内层采用宝钢厚度为 8 mm、屈服强度为 650 MPa 级的 QSTE650TM，大梁外层采用宝钢厚度为 10 mm、抗拉强度为 550 MPa 级的 B550L。在 2010 北京国际车展上，上汽依维柯红岩推出的"杰狮"轻量化重卡使用了屈服强度为 650 MPa 级的大梁，集瑞联合卡车推出的重卡样车也使用了屈服强度为 700 MPa 级的大梁。图 12 为 2013 年和 2017 年不同级别大梁钢所占市场比例变化，可以看出高强度级别的大梁钢所占比例显著增大。

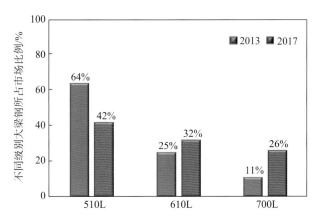

图 12　2013 年和 2017 年不同级别大梁钢的比例演变
（基于 260 万吨大梁钢统计结果）

挂车是指由汽车牵引而本身无动力驱动装置的车辆，由一辆汽车（货车或牵引车、叉车）与一辆或一辆以上挂车的组合。挂车用钢主要指挂车箱体和挂车大梁用钢。挂车大梁的工艺与牵引车大梁不同，牵引车大梁主要是辊压梁或者冲压梁，而挂车大梁采用焊接工艺焊接成工字梁。在 2009 年以前，我国挂车箱体主要采用 Q235 和 Q345 为主，挂车大梁也主要采用 Q345 或者 510L，随着商用车轻量化和限超的管制，510L、610L、Q550、Q700、Q750 等逐渐被大批量采用。中信金属于 2012 年与安阳钢铁、北京航空航天大学、中集华骏车辆、环达汽车等联合开展了 AG700 和 AG750 的开发和优化，其成分和焊接工艺见表 1 和表 2，并先后开发了轻量化轿运挂车、厢式挂车、中置轴轿运车、中置轴物流车、仓栏车等，减重均在 10% 以上。

表 1　典型高强度挂车用钢的成分　　　　　　　　　　　　(mass fraction, %)

内部牌号	C	Si	Mn	P	S	Al$_t$	Nb	Ti	V	Mo	N
AG700L	0.06~0.09	≤0.15	1.50~1.60	≤0.018	≤0.005	0.020~0.060	0.020~0.040	0.085~0.110	—	—	≤0.006
AG750L	0.06~0.09	≤0.15	1.70~1.80	≤0.017	≤0.005	0.020~0.060	0.040~0.050	0.100~0.120	—	0.14~0.20	≤0.006
AG800L	0.05~0.08	≤0.15	1.80~2.00	≤0.017	≤0.005	0.020~0.060	0.050~0.070	0.100~0.120	0.080~0.120	0.15~0.20	≤0.006

表 2　700 MPa 级挂车用钢的焊接匹配

焊接材料	板拉伸		冷弯（D=3a）		焊缝中心冲击吸收功 KV_2/J			熔合线冲击吸收功 KV_2/J		熔合线 5 mm 冲击吸收功 KV_2/J	
	R_m/MPa	断裂位置	正弯	反弯	0℃	−20℃	−40℃	0℃	−40℃	0℃	-40℃
ER50-6	735, 745	母材	合格	合格	97, 106, 100 平均值：101	45, 34, 37 平均值：42	37, 44, 80 平均值：54	—	56, 21, 30 平均值：36	—	38, 30, 40 平均值：36
CHW-70C	755, 745	母材	合格	合格	66, 46, 52 平均值：54	30, 60, 54 平均值：48	46, 39, 40 平均值：42	61, 52, 13 平均值：42	39, 34, 42 平均值：38	42, 42, 45 平均值：43	36, 34, 34 平均值：35

2.12　车轮钢

车轮是汽车中重要的部件，是介于轮胎、车轴的连接结构的部件，承载着较大的载荷，是汽车传动的重要关节。钢制车轮一般由轮辐和轮辋焊接组成，轮辐是车轮的主要支撑结构，轮辐主要应用旋压成型，轮辋采用辊压成型。

20 世纪 80 年代后期，乘用车车轮用钢由传统屈服强度在 240~350 MPa 低强度钢转变为屈服强度在 450 MPa 左右的低合金钢，随后钢铁行业加强车轮用钢研发，开发出了具有强度更高、可塑性和疲劳性能更好的贝氏体高强钢。贝氏体高强钢的应用使得每个车轮减重 5%，从而被丰田、本田和克莱斯勒等广泛应用。进入 21 世纪，更高强度级别的微合金钢（HSLA）和双相钢（DP）被应用于钢制车轮行业。新型高强度微合金钢的合金含量比通常的合金或低合金钢中的合金含量要小一个等级，但其强度（抗拉强度为 550~650 MPa）和韧性却大大提高，因而微合金钢得到广泛应用。目前，中国宝钢已经研制出 HR60 轮辋用微合金钢，HR60 钢中含有微量铌元素，其可以抑制热轧过程中奥氏体再结晶，细化钢材晶粒尺寸，同时，微量元素的存在降低了碳当量，在提高钢材强度的同时，也显著提高了钢材的焊接性能，使之更适用于车轮轮辋的对焊工艺。DP 钢是先进高强钢的代表，其主要组织是铁素体和马氏体，其中马氏体的含量在 5%~20%，在奥氏体两相区 825℃进行淬火处理可得到双相钢的显微组织。目前宝钢已经研发出适合轮辐生产用的含铌 DP650 级双相钢，成型性能良好，并与兴民智通、中信金属等联合开发了高通风孔车轮，其车轮的美观程度接近铸造铝合金车轮的水平。另外，首钢等钢铁企业将常规的 330CL、380CL 采用"低锰微铌"处理，提升了材料的性能稳定性。唐钢开发的汽车车轮钢 TB550CL 主要用于制作汽车轮辋，该钢种要求具有较高强度、良好的抗疲劳性能、较高的表面质量和可成型性。通过在普通车轮钢成分基础上提高了 Mn 含量，同时添加了微合金元素，同样强度的情况下可减少材料厚度，符合汽车轻量化的发展趋势，并且进一步拓宽了汽车钢市场领域。

2009 年前，国内商用车车轮钢以 380 MPa 和 420 MPa 级别为主，2016 年以后国内已广泛采用抗拉强度为 490~600 MPa 级高强钢板制造商用车车轮。由本溪钢铁与中信金属、钢铁研究总院等联合开发的铌微合金化 RS590 以及车轮的焊接工艺优化和车轮的结构优化的成果获得了 2018 年中国汽车工业科技进步三等奖。商用车的车轮轻量化效果通常比乘用车更明显。高强钢商用车轮辋的塑性成型难度大、焊接工艺窗口窄，导致废品率高，已成为制约高强钢使用的技术瓶颈。针对这些问题，通过研究钢材对闪光对焊的适应性以及参考管线钢的成分设计理念，优化钢材成分和工艺，在国内车轮钢行业创新性地采用"多边形铁素体+针状铁素体"的混合组织结构，发明了低碳含量、微铌处理的新型 590 MPa 级车轮钢，在提高强度的同时提高了产品的成型性能，特别是延伸凸缘性，同时还改善了其焊接性能。高强钢轮辋材料与普通低碳钢相比，在轮辋制造过程中出现的问题有：焊缝强度降低，导致焊缝在随后的扩孔、辊型中开裂、减薄；焊后出现微裂纹，产生损伤源。导致产品的返修率高达 50%，废品率达 10%~20%，严重影响高强车轮钢的应用。针对这些问题，通过研究高强钢闪光对焊热循环、温度场分布特性以及对焊接区显微组织影响的规律，明确了高强车轮钢闪光对焊难度增加的根本原因。在此基础上，选取了闪光流量、顶锻留量、带电顶锻时间、顶锻力等对焊缝质量影响大的工艺参数，进行单参数试验，掌握对焊缝的力学性能以及焊缝显微组织影响的规律。然后，通过正交试验，优化出合理的工艺参数范围，同时，采用新的预热工艺，通过改进预热闪光对焊技术，将适于普通低碳钢的 1 Hz 左右的预设频率调整至 7~8 Hz，准确地控制了焊接过程中的热输入量，有效地改变闪光对焊温度场的分布，使之达到符合高强车轮钢焊接的状态。

2.13 桥壳用钢

汽车桥壳是汽车传动系和行驶系统的重要组成部分，是汽车重要的承载件和传力件，主要作用是支撑并保护主减速器和半轴等部件。在汽车行驶过程中，由于道路条件不同，桥壳受到车轮与地面间产生的冲击载荷影响，可能出现变形或折断。可以说，合理设计制造桥壳是提高汽车行驶稳定性的重要措施。因此，汽车桥壳用钢要求产品有足够的强度、刚度和良好的冲压成型性能，以及优异的焊接性能。

商用车桥壳从结构上主要可分为整体式桥壳和分段式桥壳两大类，整体式桥壳因制造方法不同又有多种形式，常见的有整体铸造、钢板料冲压焊接、钢管扩张成型等。板料冲压焊接式桥壳具有质量小、制造简单、材料利用率高、抗冲击性能好以及成本低等优点，并适于大批量生产。目前桥壳采用钢板料冲压成半桥壳再经焊接而成的制造工艺正在逐步推广，有关桥壳的冲压成型研究也日渐成为研究热点。就桥壳生产工艺而言，汽车冲焊桥壳根据钢板的厚度分为冷冲压成型与热冲压成型，重型和中型车商用车列车车桥料厚度在 12~20 mm 之间时，主要采用热冲压成型。国外一般为控切割下料—加热（中频炉）—压型、整形（30000 kN 以上双工位液压机）—空冷—抛丸—焊接，而国内汽车桥壳普遍采用剪板机下料—加热（中频炉、电炉）—热冲压（3000~10000 kN 液压机）—空冷—校直—修边（气割或刨平）—焊接工艺来进行生产。由于国外在热冲压生产桥壳时压型和整形在同一工序完成，所以桥壳质量稳定、寿命长，而我国大多数产线矫直或整形温度偏低，从而导致所生产的桥壳质量不稳定。桥壳的形状和结构特点决定了其所用材料必须具有很高的强度、良好的弯曲和拉延成型性及优异的焊接性能。目前，已有日本的 SAPH440、SHP45、GW3300 等，德国的 TL-VW1114Ti、TL-VW1128TL-VW1206、TL-VW1490 等桥壳专用钢牌号，目前国外普遍采用的桥壳钢抗拉强度为 600 MPa，而国内大量应用的则为 Q345、16MnL 等抗拉强度在 500 MPa 以下的钢板，这些钢板普遍存在的问题是带状组织比较明显，所以在冲压加工及后续使用过程中存在皱褶、弯曲和开裂现象。

近期国内货车限载的强制措施大大推进了高强度桥壳钢板的研发和应用，受到环保及成本等因素影响，目前桥壳逐步转为冷冲成型。国内宝钢、首钢、太钢等纷纷开发了 600 MPa 以上铌微合金化桥壳钢，以实现桥壳轻量化（可减重 10% 以上）和提高桥壳使用寿命的目的。宝钢已经在与山东蓬翔车桥厂进行合作开发铌微合金化的 800~900 MPa 级重型货车桥壳钢的开发和应用工作，采用新的桥壳钢后，桥壳可减重 50 kg，减重率达 20% 以上。与原有 500 MPa 级碳-锰钢相比，新的更高级别的桥壳钢都采用了铌微合金化技术，充分利用了铌在钢中细化晶粒、调节奥氏体非再结晶温度、析出强化、延迟加热时奥氏体晶粒长大等作用，不仅使钢板轧制工艺更加稳定，同时显著消除了钢中带状组织，在提高桥壳强度的同时，提高了桥壳的韧性，从而大大地提高了桥壳的使用寿命[19]。

2.14 驾驶室用钢

驾驶室是商用车重要的组成部分，通过合理地应用轻量化材料，提高商用车驾驶室白车身的动态性能，并减轻白车身质量，实现白车身的轻量化设计，有利于驾驶人员的安全和节能减排。目前国内商用车驾驶室用钢主要以普通钢为主，与乘用车车身相比，高强度钢的应用比例明显偏低，600 MPa 及以上钢材用得少，热成型、辊压成型、激光拼焊等技术的应用也很少。

冷轧钢板是组成汽车驾驶室的主要材料，如外板、内板、强度构件等。驾驶室的内外板多采用 DC01~DC04，其中 DC04 居多，发动机周围复杂采用 DC06，厚度为 0.8~1.2 mm。驾驶室骨架多采用 DC01~DC04，厚度 1.5 mm 居多，也采用 20 号钢来制造驾驶室骨架。对驾驶室外板来说，有必要通过提高强度来增强抗凹陷能力。但驾驶室外板常常是形状复杂的零件，其冲压工艺性能要求较高。驾驶室外板一般属于大型覆盖件，其中间部位变形小，加工硬化作用不明显，四边需经过弯曲、拉延等变形，要求冲压工艺性高。烘烤硬化钢板能满足这种要求。烘烤硬化钢板在冲压加工前强度较低、加工工艺性好，冲压加工和焊接成驾驶室本体后，驾驶室本体在喷漆烘干时产生高温时效，使屈服强度得到提高，从而提高了抗凹陷能力。对于强度构件可通过提高钢板的强度，减薄钢板厚度，达到减轻汽车自重，降低钢材消耗的目的。如左、右门槛下挡板、前围左右支柱撑板、法兰等零件，均需要冲压性能与 08Al 相当，而强度比 08Al 高的含磷高强度冷轧钢板。目前，美国、日本、德国等国已大量使用了含磷冷轧深冲板。国内一汽集团公司、东风汽车公司、北汽等企业通过含磷高强钢板的推广应用，取得了良好的轻量化效果，并带来了较好的经济效益。

随着节能减排需求的提高，我国高强度钢用量有所提高，如一汽汽车驾驶室用高强度钢比例约 15%，东风汽车用高强度钢用量也在 15% 左右，而陕西汽车集团有限责任公司汽车驾驶室用高强度钢比例则小于 10%。高强度钢主要是以高强度合金钢（HSLA）和烘烤硬化钢为主。而通过 Benchmark 分析了解到，最新奔驰商用车驾驶室的高强度钢比例达到了 25% 以上，应用了大量的 HSLA 钢，这些钢材均采用铌微合金化来强化钢材性能。近年来，国内主机厂与相关研究机构进行了驾驶室轻量化的研究和开发，但多停留在结构拓扑优化的层面，应该采用高强度轻量化材料、先进成型技术和结构拓扑优化的结合，达到更佳的轻量化效果，同时通过轻量化来降低钢材采购成本，进而抵消一部分高强度钢的采购成本[19]。

3 汽车微合金化钢的未来发展

3.1 中国汽车正在经历新的发展时期

随着政策的执行和推出，汽车使用环境对汽车消费的约束越来越明显，加之我国汽车产销量已接近 3000 万辆，基数很大，汽车工业已经进入相对平稳的增长期。未来几年交通拥堵、油价上涨和限购仍将是影响乘用车市场新增需求的重要因素，且影响程度逐渐增大，网约车、城市轨道交通的快速发展，在一定程度上抑制了部分购车需求，同时国家鼓励发展新能源，限制传统能源，未来乘用车市场新能源占比将持续增大。

新能源汽车是战略性新兴行业之一。2018 年全球新能源乘用车共销售 200.1 万辆，其中中国市场占 105.3 万辆，超过其余国家总和。中国新能源汽车产业已从导入期迈入成长期，未来发展空间巨大。2015 年后，由于销量基数变大与补贴退坡等原因，我国新能源汽车产销增速有所放缓，但仍处于快车道。作为我国战略性新兴产业之一，政府高度重视新能源汽车产业发展，先后出台了全方位的激励政策，从研发环节的基金补助、生产环节的双积分，到消费环节的财政补贴、税收减免，再到使用环节的不限牌不限购，运营侧的充电优惠等，几乎覆盖了新能源汽车整个生命周期。从供给端看，新能源乘用车生产企业按照背景可分为三大阵营：传统自主品牌、造车新势力、外资品牌。近年来我国新能源汽车技术水平取得较大进步，即整车续航里程增加、电耗降低。电池能量密度提升，电机基本实现国产替代，电控部分核心零部件取得国产突破，但对外依存度仍高，智能网联取得一定进展，但部分领域技术较为薄弱。我国充电桩保有量从 2014 年的 3.3 万个快速增长到 2018 年的 77.7 万个，4 年复合增长率为 220%。

3.2　汽车新发展时期对材料的需求

值得注意的是，新能源汽车与传统汽车的不同不仅在于使用能源的不同，整车的制造工艺及材料也发生了很大变化。新能源汽车正在快速发展，而续航里程的短板仍然是车企的"心头之患"。在这一情况下，汽车轻量化方案面临更多的需求。多项研究数据显示，就传统动力汽车而言，汽车自重每减少 10%，可降低油耗 6%~8%，降低二氧化碳排放 13%。而对于新能源汽车来说，轻量化同样可以降低能耗，从而提高续航里程。整车质量的增加会引起滚动阻力、加速阻力等的增加，从而导致能耗的提高，反之，轻量化则可以显著降低新能源车整车能耗率。数据显示，在市区的运行工况下，平均车重 1600 kg 的电动车如果减重 20%，能量消耗可以减少 15%。以具体车型为例，宝马 i3 整备质量仅为 1195 kg，比逸动纯电动车轻 415 kg。若逸动纯电动车达到宝马 i3 整备质量，则续航里程可提升 12%（200 km），能耗率可以降低约 12%（13.76 kW·h/km）。

在不断严苛的排放法规、提高安全性和新能源汽车提高续航里程的迫切需求的影响下，对新能源汽车材料生产和应用提出了更高的要求。高强钢、轻合金材料、塑料、复合材料等在汽车上的应用也越来越多。汽车材料技术研究已经上升至国家战略层面，《中国制造 2025》已明确将新材料作为十大重点技术领域之一。在《节能与新能源汽车技术路线图》有关轻量化材料的发展目标中指出，到 2030 年，高强钢应用比例大幅增加，单车用铝量超过 350 kg，单车用镁合金达到 45 kg，碳纤维使用量占车重 5%。研究表明，相比于其他材料，高强度钢可以在同密度、同弹性模量而且工艺性能良好的情况下，达到截面厚度减薄的效果。由于镁、铝合金轻量化材料本身的局限性，在现阶段汽车制造中钢的使用量仍然占主导地位，但用量有所变化。当然，随着更多轻量化材料在成本、技术等方面优势的提升，这些材料用量将随之增加，而这将不可避免地挤压钢材的用量。据相关统计，近几年生产的一辆普通轿车，其主要材料的质量构成比大致为：钢铁 65%~70%，有色金属 10%~15%，非金属材料 20%左右。毋庸置疑，在新能源汽车中，钢材同样是目前用量最多的一种材料，并且在一定时期内，这一情况不会发生改变。一汽高工田洪福曾在接受盖世汽车记者采访时明确指出，在 2025 年，钢材在汽车中的应用比例仍然会达到在 50%以上。

相较于传统燃油车汽车，新能源汽车除了对于钢材的需求量有所变化，在所使用钢材的种类上也有所区别。新能源汽车由于电池大质量块的存在以及车身底板结构不同，在安全方面提出了更高要求。除乘员安全外，电池的碰撞安全在新能源汽车中是重中之重，在正/后碰、侧/柱碰过程中均要求电池外框架尽可能少的变形，以避免着火等危险情况。因此除了在产品结构（乘员舱下车体结构）设计中合理地规划碰撞路径外，还需要关键受力路径上的材料有较高的碰撞性能，这就对汽车用钢板强度和伸长率提出了更高的要求，从而起到抵抗变形及提高碰撞吸能的效果。采用高强钢的车身，在车身碰撞安全、刚度、强度等车身性能开发具有优势。静态扭转刚度可提高 80%，静态弯曲刚度提高 52%，车身强度及安全性能得到极大的提升。先进高强度钢在欧洲的生产和应用非常普遍，600~1200 MPa 级别 DP、CP 等冷成型先进高强钢已商业化应用于 A、B、C 柱加强件，车顶横梁/纵梁，窗框，前后部顶梁，座椅导轨，座椅骨架，保险杠加强件，车门防撞梁等零件中。日本先进高强度钢板及其冷成型技术相对较发达，590~1470 MPa 级别一般加工用钢、1300~1700 MPa 级别马氏体高强度钢均已成功实现商业应用。而在国内，590~980 MPa 级别冷成型先进高强钢也已经普遍商业应用。比亚迪"宋"笼式车身的高强钢占 30%，超高强度钢占 40%，安全件如 A、B 柱，防撞梁等部件均采用热成型工艺，抗拉强度超过 1200 MPa，实现了零部件的大幅减重。2018 年 1 月 9 日，一汽集团在北京人民大会堂郑重发布了"新红旗"品牌发展战略。为大幅提高电动汽车的巡航里程，除需改善电池性能之外，材料轻量化是重要的技术路线之一。但国内企业生产的产品在质量稳定性和性能一致性方面，与国外优秀企业产品相比，仍有较大的差距。因此，当新能源汽车工业发展到一定阶段后，随着市场对钢材需求的改变，将会导致钢铁生产企业加大研发力度，转变产品结构，相关企业压力加大。

新能源汽车加入的汽车市场对于钢材的整体用量是增是降，目前还没有具体的结论。但不可否认的是，随着新能源车的快速增长，接下来的情况可能会有所不同。一方面，虽然纯电动车增加了电机使用的硅钢片的消耗，但由于其取消了发动机、变速箱及其他相关的部件，这将明显减少这些系统的钢材消费。另一方面，混合动力汽车将增加电机系统，不仅没有减少原有发动机系统的钢材消费，还相应要增加电机的硅钢片消耗。根据公开资料显示，汽车行业近年来的用钢需求仍较为稳定，一般在 5500 万吨左右，占国内钢材消费的比例约为 8.1%，占全部钢材消费的比例约为 7.3%。由此来看，目前，新能源汽车的发展对于钢材的需求量并未带来明显的变化。但新能源汽车更加看重车身的轻量化。材料性能的提升对于减重尤为重要，采用高强钢是实现汽车轻量化的有效措施，将合适的材料用到合适的位置，用合适的工艺制备出最优的结构，这一点已经在新能源汽车上有所体现。因此，快速增长的新能源汽车消费市场将引领高强度汽车用钢的发展趋势。

新能源汽车的快速发展也带动了驱动电机用高性能电工钢的发展。众所周知，驱动电机系统是新能源汽车的三大核心部件之一，是新能源汽车行驶的主要执行机构，其驱动特性决定了汽车行驶的主要性能指标。而无取向电工钢作为驱动电机的关键材料，其性能又影响了驱动电机的驱动特性和服役表现，因而驱动电机用高性能电工钢的研发与应用对于新能源汽车产业的发展尤为重要。为满足各类电机的设计和运用需要，新能源汽车的驱动电机对所采用的电工钢有如下要求[20]：（1）为了良好的驾驶体验，电机需要提供高扭矩用于启动，要提高扭矩必须提高驱动电流和所用电工钢的磁感；（2）要提高能源转换效率，在最经常使用的驾驶模式下电机效率一般在 85%~93%，要求电机所用电工钢片具有优秀的磁性能，即中低磁场下的高磁感和高频下的低铁损；（3）高行车速度需要电机转子高速运转（6000~15000 r/min），要求所使用的电工钢片具有足够高的强度抵抗离心力，这就要求使用高强度电工钢，特别是对于永磁驱动电机，磁极镶嵌于转子之中，因此保证转子的强度至关重要；（4）缩小转子和定子之间的间隙可有效提高磁通密度，这要求电工钢薄片具有良好的冲片性；（5）在汽车使用周期内，处于服役期的高速旋转的电工钢片不能发生疲劳破坏，即高的疲劳寿命。根据不同的性能要求，相应的电工钢产品可分为低损耗系列（具有低铁损、高强度系列化的特点）、高效系列（磁感、铁损、强度三者综合性能优异）、高磁感系列（更高的磁感，满足高转矩、电机小型化的需求）、高强度系列（高强度，应用于高转速或超高转速转子）和薄带系列产品（中高频下低铁损，应用于高转速或超高转速电机）。

今后新能源汽车的需求增加会直接造成驱动电机用高性能电工钢的需求增加。针对这一巨大市场需求，日本的新日铁、JFE、韩国浦项钢铁公司，以及我国的宝钢、太钢和首钢等企业纷纷加大投入力度，开展相关的研发与应用工作。由于日本在新能源汽车方面处于全球领先位置，新日铁、住友金属生产的驱动电机配套的无取向硅钢片已经实现了工业化生产和应用，且生产技术日趋成熟。我国宝钢从 2009 年开始研发，已经走过了 10 年的自主创新之路。从 2010 年加入央企电动车产业联盟，到 2012 年被列入国家"836"项目，到 2016 年参与编制电动汽车用钢国家标准，宝钢的无取向电工钢产品实现了向新能源汽车等高端领域的输出。

通常中高档轿车至少有 30~50 个电机马达，一般车型也不少于 10 个电机马达。货车和客车等车型的电动马达体积稍大，对冷轧电工钢的用量较多。汽车行业的发展，对冷轧电工钢的需求日趋扩大，特别是"十三五"期间，电动汽车是发展方向，全国各地区要建立汽车充电站，对高牌号无取向电工钢需求量不断加大。目前 35W210~50W250 等产品国内产量较小，随着电机高效化的逐步推进，替代中低牌号无取向电工钢的用量将逐步加大。随着新能源电动汽车的发展，对于中高频电机用量迅速增长，预计电工钢产品需求量将达到 80 万吨，加之未来中国汽车出口的目标，必然给高性能电工钢产业带来更大的市场空间。

3.3　汽车微合金化钢的发展

随着汽车产业的不断发展以及人们对汽车环保性、节能性、安全性及舒适性的要求越来越高，在多材料车身的发展趋势下汽车用材仍以钢为主，主要用于制造车身结构件、安全件、覆盖件等。高强度化是汽车钢的重要发展趋势，国际上从 20 世纪末开始的一系列高强度钢发展计划促进了超高强度汽车钢的生产和应用，我国也已经形成了如 HSLA、DP、CP、QP、马氏体钢和热成型钢等系列化汽车钢产品。

从汽车用钢的发展历程来看，经历了低碳（超低碳）钢、传统高强钢和先进高强钢几个阶段，并不断向高强度和高使役性能方向发展，汽车用钢的强度-塑性图如图 13 所示。传统高强钢通过固溶强化、晶粒细化和析出强化来提高强度，先进高强钢还要充分发挥相变强化的作用，通过设计和控制其微观组织构成，包括马氏体、贝氏体和残余奥氏体来提高其强韧性。无论是哪一种强化机制，都离不开微合金化元素的作用。为此，国内外对钢中加入微合金元素以获得高强度、高韧性以及良好的冷加工成型性和可焊性的汽车微合金化钢的研究极为重视。微合金元素的第二相析出粒子会钉扎原始奥氏体晶界，抑制原始奥氏体晶粒在热处理时长大，产生细晶强化的效果，细晶强化是同时提高强度和塑性的强化方式。析出强化同样是汽车微合金化钢中非常重要的一种强化机制，Nb、V 和 Ti 等的纳米级别析出物会起到强韧化的效果，并且微合金元素的析出物可有效地抑制氢的扩散和聚集，起到很好的抗氢致延迟开裂性能[11,21]，这一点在靠马氏体的固溶碳含量来保证超高强度的热成型钢和马氏体钢中尤为重要。

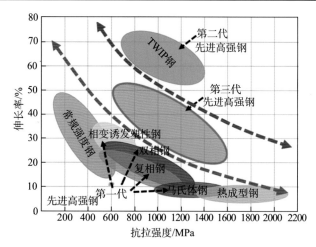

图13 先进汽车用高强钢板

目前,DP 钢、TRIP 钢、马氏体钢和热成型钢等第一代先进高强度钢已在汽车中得到大量应用,但其成型性仍有待于提高以满足日益提升的汽车设计需求。TWIP 钢的强塑积可达 60 GPa·%,但其高合金含量使其工业生产难度大、成本高,因而未能得到广泛应用。Q&P 钢和中锰钢是最具潜力的第三代先进高强度钢。利用马氏体组织强化和亚稳残留奥氏体的增塑机制,宝钢全球范围内率先实现了 Q&P 钢的产业化应用,但其综合性能还不能完全满足汽车轻量化发展的需求。同样作为第三代先进高强度钢的典型代表之一,中锰钢结合了第三代高锰 TWIP 钢的良好力学性能优势以及第一代先进高强度钢的低成本优势,引起了科研工作者的广泛关注,但其关键生产工艺控制技术和使役性能研究仍需要进一步取得突破。

以美国、德国、日本、瑞典为代表的工业化国家对钢铁和汽车工业的进步做出了重要贡献,极大地促进了汽车微合金化钢的发展。为进一步提升汽车轻量化效果,很多国家都制定了汽车轻量化技术路线,发展超高强度钢及先进成型工艺成为主要发展趋势[7]。如美国提出 2025 年和 2030 年分别完成 1500~2000 MPa 和 2500~3000 MPa 级低密度高模量汽车钢的开发,日本着重发展高延性钢、高冲压性能钢板及冲压技术,英国提出了通过超高强度钢、液压成型、热成型实现汽车小幅轻量化的目标,中国也提出了发展超高强度第三代汽车钢及应用 2000 MPa 超高强度钢的发展目标。

4 总结

我国的汽车产业发展迅猛,在日益严苛的节能、低排放环保标准和安全性要求下,轻量化已经成为汽车行业发展的必然趋势。新能源汽车的崛起和发展同样对汽车用材提出更高的要求,对于材料的研发与应用、零部件设计制造、装备等都带来新的挑战和机遇。以钢为主、多种材料的集成应用仍将是汽车用材的发展方向,汽车用铌微合金化钢的研发与应用还将有较大的增长空间。但乘用车和商用车的车身用材都在逐渐进行"以高代低"的方式"换血",适应市场需求的产品必须要综合考虑技术适用性和成本,满足轻量化-成本-用户期望的协同发展,高使役性能和低成本化是未来汽车微合金化钢的发展趋势。我们可以预期，在物理冶金学和化学冶金学的理论研究、生产工艺控制技术与流程装备技术进步的基础上，未来将会有更多、更好的汽车微合金化钢出现。

参考文献

[1] 世界汽车车身技术及轻量化技术发展研究编委会. 世界汽车车身技术及轻量化技术发展研究[M]. 北京: 北京理工大学出版社, 2018.

[2] 李军, 路洪洲, 易红亮, 等. 乘用车轻量化及微合金化钢板应用[M]. 北京: 北京理工大学出版社, 2014.

[3] 路洪洲, 李军, 王智文, 等. 国内外乘用车车身轻量化材料应用历史和发展预测[J]. 新材料产业, 2015(12): 31-37.

[4] 李军, 孙垒, 冯昌川. 中国自主乘用车车身用材发展历程[J]. 新材料产业, 2019: 44-49.

[5] 康永林, 朱国明. 中国汽车发展趋势及汽车用钢面临的机遇与挑战[J]. 钢铁, 2014, 49(13): 1-7.

[6] 王存宇, 常颖, 周峰峦, 等. 高强度高塑性第三代汽车钢的 M^3 组织调控理论与技术[J]. 金属学报, 2020, 56(4): 400-410.

[7] 马鸣图, 赵岩, 路洪洲, 等. EVI 和先进高强度钢的发展[M]//中信微合金化技术中心, 中国汽车工程研究院股份有限公司. 中国汽车 EVI 及高强度钢氢致延迟断裂研究. 北京: 北京理工大学出版社, 2018: 1-14.

[8] Lu Hongzhou, Zhang Lilong, Wang Jiegong, et al. The development of lightweight HSS wheels for commercial vehicles[C]//Proceedings of HSLA 2015. Microalloying 2015 & Offshore Engineering Steels 2015. Hoboken: WILEY/TMS, 2016: 597-604.

[9] Ma M T, Zhao Y, Lu H Z, et al. The cold bending cracking analysis of hot stamping door bumper[C]//The International Conference on Advanced High Strength Steel and Press Hardening. 2016: 724-731.

[10] Zhang Shiqi, Huang Yunhua, Sun Bintang, et al. Effect of Nb on hydrogen-induced delayed fracture in high strength hot stamping steels[J]. Materials Science & Engineering A, 2015, 626: 136-143.

[11] Chen Yisheng, Lu Hongzhou, Liang Jiangtao, et al. Observation of hydrogen trapping at dislocations, grain boundaries, and precipitates[J]. Science, 2020, 367(6474): 171-175.

[12] Speer J G, Edmonds D V, Rizzo F C. Partitioning of carbon from supersaturated plates of ferrite, with application to steel processing and fundamentals of the bainite transformation[J]. Current Opinion in Solid State and Materials Science, 2004, 8(3-4): 219-237.

[13] Speer J G, Streicher A M, Matlock D K, et al. Quenching and partitioning: a fundamentally new process to create high strength trip sheet microstructures[C]//Symposium on the Thermodynamics, Kinetics, Characterization and Modeling of: Austenite Formation and Decomposition. 2003: 505-522.

[14] Speer J G, Assunção F C R, Matlock D K, et al. The "quenching and partitioning" process: Background and recent progress[J]. Materials Research, 2005, 8(4): 417-423.

[15] 徐梅. 高屈服强度 TWIP 钢动态变形及其构件压溃吸能行为的研究[D]. 北京: 北京科技大学, 2018.

[16] 徐娟萍, 付豪, 王正, 等. 中锰钢的研究进展与前景[J]. 工程科学学报, 2019, 41(5): 557-572.

[17] 董瀚, 曹文全, 时捷, 等. 第 3 代汽车钢的组织与性能调控技术[J]. 钢铁, 2011, 46(6): 1-11.

[18] 王利, 钟勇, 陆匠心. 宝钢先进高强钢近期开发和应用进展[J]. 世界金属导报, 2017, B10: 1-8.

[19] 路洪洲, 王文军, 郭爱民, 等, 铌微合金化高强度钢在轻量化商用车列车上的应用[J]. 新材料产业, 2015(6): 42-49.

[20] 何忠治, 赵宇, 罗海文. 电工钢[M]. 北京: 冶金工业出版社, 2012: 220-232.

[21] 冯毅, 赵岩, 路洪洲, 等. 微合金化对热成形钢抗氢致延迟断裂性能提升的作用机理研究[M]//中信微合金化技术中心, 中国汽车工程研究院股份有限公司. 汽车 EVI 及高强度钢氢致延迟断裂研究进展[M]. 北京: 北京理工大学出版社, 2019: 278-296.

含铌特殊钢（包括工程用钢）的开发和应用

David Matlock, John Speer

（科罗拉多矿业大学，美国科罗拉多州戈尔登市，80401）

摘　要：本文回顾了在特殊质量的棒材中添加铌以及采用热机械轧制工艺的运用。对含 Nb 棒材采用热机械加工工艺，用于改善感应淬火响应，以获得更高强度和更高淬透性的直接淬火钢，以及用于在真空或低压渗碳相关的更高温度下渗碳的齿轮钢。在本文所有引用的示例中，添加 Nb 以及进行温度控制或热机械处理工艺可以促进性能提升，其原因是 Nb 的沉淀析出促进形成细化稳定的微观结构。

关键词：热机械加工；感应热处理；渗碳；疲劳

David Matlock 先生

1　引言

经过热处理以生产独特性能的高性能棒材是发电和输电、运输、石油和天然气以及其他行业中多种关键应用的首选材料。具体的汽车和重型设备示例包括变速箱齿轮、差速器、曲轴、悬架和转向系统部件、车轴等。不同的术语用于描述相同的高性能棒材。在美国，这些特殊棒材产品通常被称为"特殊棒材（SBQ）"，而在欧洲和亚洲，它们被称为"工程用钢"[1]。这些类别中的产品范围很广，有人建议采用更具描述性的分类，将特殊钢描述为"为苛刻应用而设计的长材产品"[1]。特殊钢的材料和性能要求包括良好的粗糙度和表面质量、高强度、增强的抗疲劳性能和高韧性。

在由棒材生产的高性能部件中，最终微观结构和性能主要由最终热处理产生，但根本上取决于合金含量和加工工艺。典型的加工包括锻造和/或机械加工，然后进行热处理以控制内部和表面性能，以及后续的后处理，包括喷丸、深滚压或表面磨削等。由于微观结构和性能主要取决于最终加工工艺，生产棒材的操作通常包括常规轧制工艺，旨在经济有效地控制总体产品质量和最终产品尺寸。然而，应用热机械加工（TMP）和微合金化策略生产具有特定微观结构特征的棒材，旨在增强后续最终加工操作的效果，特别是热处理和表面硬化[2-5]，目前，随着制造业致力于优化材料和组件的性能，这些技术正在得到广泛关注和运用。

TMP 和微合金添加剂的使用的基本原理，特别是铌碳氮化物的溶解和沉淀，在整个加工过程中控制微观结构，已经得到很好的确立，并被运用于细晶低碳板材产品的生产中[2,3]。在更高的碳含量下，就像许多特殊棒材产品一样，Nb 在给定温度下的溶解度降低[2,6]。此外，与板材轧制相比，棒材轧制具有更高的应变速率、更低的再热温度和显著更低的道次间隔时间[2]，因此传统上的利用微合金沉淀控制微观结构的扁平材产品生产策略需要进行调整和优化。

最近几项研究评估了微合金化[7]和 TMP 在棒材轧制[3,8-10]中的应用，以改善轧制性能，并对棒材产品进行预处理，以进行后续加工。本文回顾了 Nb 添加的 TMP 棒材的研究结果，以展示通过控制原始显微组织（包括 TMP 过程中微合金沉淀物的特征）来增强后续热处理效应的效果。此处包括的三个示例是用于改善感应淬火效应的 TMP 含 Nb 棒材[8-13]，用于使直接淬火钢具有更高强度和更高淬透性的 TMP 含 Nb 棒材[14]，以及用于高温渗碳的含 Nb 齿轮钢[6,15-23]。

2 Nb 对 TMP 棒材感应淬火效应的改善

感应淬火棒材是汽车传动系部件的基本材料。例如，它们广泛应用于轴承，轴承采用感应淬火，通过表面硬化提高轴的扭矩能力，并在保持芯部坚韧的同时提高抗弯曲疲劳性。适用的合金是中碳钢，如 AISI 1045。本文总结了作者自己实验室的多份研究报告中的最新研究工作，以说明 TMP 工艺和铌微合金化提高感应淬火轴承力学性能的潜力[8-13]。研究有两个主要目标：（1）确定微合金化和热机械加工如何影响棒材轧制过程中的高温强度和微观结构演变；（2）评估 TMP 棒材增强后续感应热处理效应和生产具有更优力学性能的材料的潜力。

表 1 中为选择的三种含碳量 0.45%棒材钢的成分汇总，用于分析 TMP 工艺和微合金化对晶粒细化的综合影响。晶粒细化是一种重要的微观结构特征，已被证明可增强后续感应硬化效应。这些钢包括一种基础钢（1045，含 0.02%Al）、一种含钒钢（10V45，0.09%V）和另一种同时含有 V 和 Nb 的微合金钢（10V45Nb，0.09%V 和 0.02%Nb）。按照图 1 中示意图所示的工艺对钢材进行工业轧制，以生产在 1000 ℃下完成的热轧（HR）棒材和在 800 ℃下完成的 TMP 棒材。具体的生产工艺细节在其他地方进行了总结[10]。

表 1　模拟感应淬火研究用试验钢的化学成分　　　　　（质量分数，%）

钢级	C	Mn	Si	Ni	Cr	Mo	Ti
1045	0.45	0.72	0.24	0.08	0.12	0.04	0.001
10V45	0.45	0.82	0.28	0.07	0.15	0.03	0.001
10V45Nb	0.46	0.85	0.27	0.08	0.14	0.03	0.001

钢级	Nb	V	Al	N	S	P	Cu
1045	0.001	0.003	0.021	0.0097	0.025	0.010	0.13
10V45	0.001	0.084	0.000	0.0127	0.027	0.011	0.15
10V45Nb	0.020	0.092	0.000	0.0124	0.030	0.018	0.16

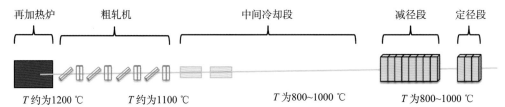

图 1　工业棒材轧制工艺示意图

出加热炉后，钢坯进入一系列 2 辊粗轧机架。粗轧机架后的可选水箱提供中间冷却能力，以分别达到 1000 ℃或 800 ℃的热轧（HR）或热机械加工（TMP）终轧温度。一系列三辊减径机架和定径机在空气冷却前完成棒材轧制过程[10]。

合金化和加工对近表面微观结构的影响如图 2 中的一系列光学显微照片所示，所有这些照片都表明最终的微观结构由铁素体和珠光体组成。正如最近总结的[9]，合金添加对热轧（HR）棒材的最终微观结构没有可测量的影响（图 2(a) (c)和(f)），先共析铁素体的分布表明，最终的粗大组织是由等轴奥氏体的转变引起的。相比之下，对于每种合金 TMP 工艺生产的棒材，其微观结构（图 2(b) (d)和(f)）与相应的 HR 微观结构相比都有所细化，TMP处理后在 10V45Nb 中获得了最细的微观结构。工业轧机生产的棒材产品的数据结果为以下讨论的，以 Gleeble®3500 热模拟器进行的一系列实验室研究提供了一个比较框架。

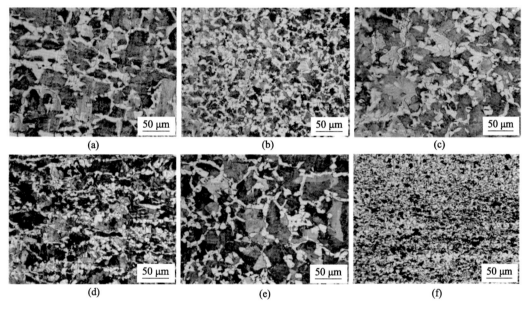

图 2　表 1 中和图中所示的 0.45%C，经过工业轧制后空冷得到的棒材的
近表面光学显微照片[9,10,12]（样品采用硝酸侵蚀）

(a) 1045，高温热轧；(b) 1045，热机械轧制；(c) 10V45，高温热轧；(d) 10V45，热机械轧制；
(e) 10V45Nb，高温热轧；(f) 10V45Nb，热机械轧制

图 1 所示的轧制工艺参数，作为在 Gleeble®3500 上进行测试的输入参数。与图 1 保持一致，选择了两种轧制温度：HR 温度为 1000 ℃，目标是产生具有等轴晶粒结构的奥氏体，TMP 温度为 800 ℃，目的是形成扁平组织结构。所有 Gleeble®3500 测试均使用能够施加与棒材轧制相关的高应变且不会失败的扭转样品。扭转试样的使用还提供了监测轧制过程中温度和合金化对流变应力影响的机会，其结果对轧机设计至关重要，因为 TMP 加工将导致显著更高的轧机负荷。图 4 以等效真应力与等效真应变（根据测得的扭矩与扭转数据计算）的形式展示了一组 1045 基础合金在多道次 HR 轧制的流变应力数据示例[12]。在1200 ℃下的粗轧模拟过程中，峰值流变应力随每道次略有增加。在过渡到 1000℃的精轧温度时，流变应力显著增加。与图 3 中 1000 ℃下变形的结果相比，800 ℃下的峰值流变应

力大约高出 2 倍，这一增加也将转化为轧制过程中所需的更高轧机负荷。样品的控制冷却速率相当于在轧制中测量的直径为 35 mm 的棒材的表面冷却速率[12]。

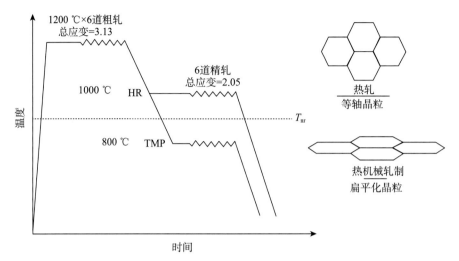

图 3　模拟棒材轧制的 HR 和 TMP 轧制规程[10]
（轧制后，利用氩淬火来保持奥氏体晶粒结构）

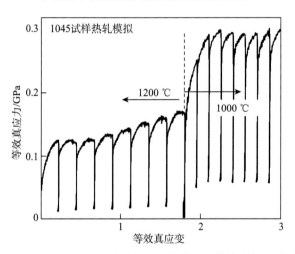

图 4　1045 试样经图 3 所示热轧多道次热扭转模拟的等效真应力-真应变关系[12]
（数据是在 Gleeble®3500 上获得的）

在 Gleeble®模拟之后，评估了每种合金在 HR 和 TMP 处理条件（图 2）下的微观结构，以及每种钢在 1200 ℃下未变形奥氏体化的样品。图 5 比较了产生的原始奥氏体晶粒尺寸（PAG），并表明 HR 和 TMP 后，与奥氏体化样品相比，PAGS 显著细化。此外，与 HR 处理相比，TMP 处理显著细化了 10V45Nb 钢的晶粒尺寸，这一观察结果与图 1 中的结果一致。

通过独特的分析，在 Gleeble®中使用热扭转样品还提供了直接观察变形过程中剪切应变累积的机会。该方法称为切向剖切技术，也提供了评估变形期间再结晶程度以及施加的变形温度与临界处理温度（例如再结晶停止温度）之间关系的机会[11]。其他地方总结了该技术的细节[11]，但图 6(a)显示了平行于扭转样品轴线的观察切割平面示意图。示意图中还显示了三种变形晶粒，其变形过程中没有发生再结晶。如果发生连续动态再结晶，则产生的晶粒结构基本上是等轴的。然而，如果发生部分动态再结晶，则产生的晶粒结构将显示等轴和变形晶粒的混合，剪切变形的程度（以及所选横截面中相关的晶粒延伸/旋转）取决于最终再结晶后的应变量。图 6(b)和(c)分别显示了 10V45 和 10V45Nb 合金在图 3 中 TMP 处理后产生的 PAGS 微观结构。图 6(b)显示了在添加 V 的 10V45 合金中存在细小的再结晶晶粒与严重变形的粗大奥氏体晶粒的混合。相比之下，图 6(c)显示了 10V45Nb 合金中变形的薄片状微观结构，没有新的再结晶晶粒，并确认 0.02%Nb 的存在足以提高"未再结晶"（或"再结晶终止"）温度高于 TMP 工艺中施加的 800 ℃精轧温度。因此，TMP 棒材加工中存在的 Nb 提供了与传统 TMP 钢板加工中观察到的一致的晶粒组织控制效果[2-3]。

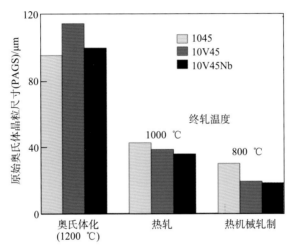

图 5　在 1200 ℃下保温 20 min，在 1000 ℃下热轧或在 800 ℃下热机械轧制后，
三种钢的原始奥氏体晶粒尺寸[10]
（所有试样均通过 Gleeble®3500 获得）

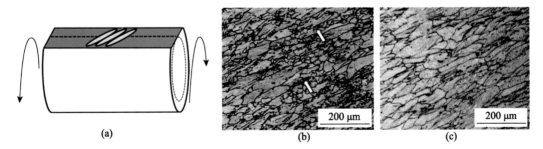

图 6　显示热扭转试样平面方向的示意图，所选试样用于评估微观结构变化，以及变形过程中
施加在原始奥氏体晶粒尺寸上的变形示意图（a），热扭转变形后 10V45（b）和
10V45Nb（c）的光学显微照片，TMP 加工工艺总结在图 3 中（苦味酸蚀刻）
（样品在图 2[11]所示的控制轧制加工最终道次后淬火）

在 Gleeble®处理的样品上评估了三种实验合金在 HR 和 TMP 处理后的感应淬火效果，以确定 TMP 产生的细化微观结构是否也影响感应加热和淬火后的最终微观结构。Gleeble®

上的模拟感应处理使用了先前处理过的扭转样品，该样品经历了加热历程，其设计与感应硬化圆柱棒表面以下 0.5 mm 处的预期热历程相匹配，以产生 2 mm 的表面深度[12]。图 7 显示了 PAGS 测量值与图 5 中 HR 和 TMP 测量值的比较。如前所述，图 7 研究表明，奥氏体晶粒的进一步细化是快速加热的结果。更重要的是，与微合金化和热机械轧制相关的轧制状态下的显微组织细化是通过感应淬火工艺进行的。更细的铁素体加珠光体显微组织提供了更多的奥氏体晶粒形核位置，导致更细的奥氏体。轧制态微观结构中形成的微合金析出物也可能有助于在模拟感应淬火后观察到的细化组织，这是通过其对奥氏体形成后晶粒长大的延迟作用实现的。在含有钒和铌添加剂的钢中，热机械轧制后获得最细的微观结构。通过微合金化和热机械加工实现的奥氏体细化被认为有可能提高感应硬化部件的抗断裂性[9,12]。

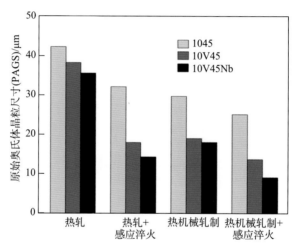

图 7　表 1 中总结的三种 1045 钢合金热轧或热机械轧制后的平均原始奥氏体晶粒度（PAGS）以及模拟感应淬火后的相关 PAGS[9,12]

在一个单独的试验中，考虑了感应处理诱导晶粒细化的潜在好处，该试验处理的矩形棒的尺寸足以加工缺口弯曲梁断裂样品，本段总结了早期研究的结果[12]。10V45Nb 合金和 1045 合金棒的样品在实验室炉中在不同温度下进行热处理，以形成原始奥氏体晶粒尺寸在 10~70 μm 之间的样品，其成分与表 1 中的 1045 钢相似，但不含 0.02%Al。随后在 Gleeble® 上对矩形棒进行处理，加热过程设计用于模拟感应硬化部件中 2 mm 或 6 mm 渗碳层深度的演变。图 8(a)显示了断裂时的峰值压缩载荷与原始奥氏体晶粒尺寸的断裂性能。10 mm× 10 mm×55 mm 缺口梁断裂样品的照片作为插图提供。在感应热处理之前，对于两种模拟的深度，断裂载荷和韧性随着奥氏体晶粒尺寸的减小而增加。图 8 中还包括 10V45Nb 钢（图 8(b)）和 1045 钢（图 8(c)）的扫描电子显微照片，这些钢经过热处理以模拟 2mm 渗碳层的深度，这些箭头将观察到的断口图与曲线峰值载荷测量值相关联。图 8(b)显示了 10V45Nb 合金中由于孔洞合并而发生的韧性断裂，而图 8(c)显示了 1045 合金主要多面结构中存在的细小孔洞，其特征是脆性断裂，可能是由于沿原奥氏体晶界的分离。相应地，图 8(a)所示的最高断裂峰值载荷与 10V45Nb 合金的韧性断裂相关，而粗大晶粒 1045 合金的韧性则低得多。这些结果表明，感应淬火前的晶粒细化直接影响感应淬火后产生的韧性。

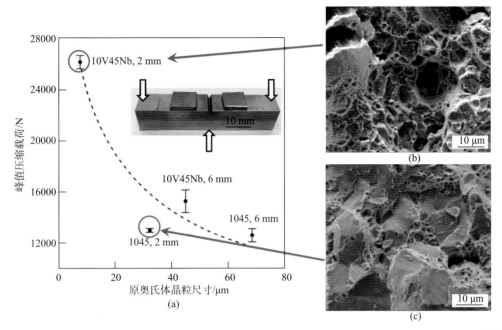

图 8　表 1 中常规 1045 钢和 10V45Nb 钢样品的三点缺口弯曲梁（插图为样品照片）实验结果[12]
（样品均经奥氏体化和空气冷却以获得尺寸广泛分布的奥氏晶粒，随后在 Gleeble 3500 上
模拟感应淬火循环，以形成 2 mm 或 6 mm 的渗碳层深度）

(a) 断裂时的峰值载荷与原奥氏体晶粒尺寸；(b) 10V45Nb 钢的扫描电子断口图；(c) 10V45 钢的扫描电子断口图

综上所述，本文的研究结果表明，在 0.45%碳钢中添加 Nb 可促进微观组织的细化，TMP 后的晶粒结构细化证明了这一点。微观结构细化的好处还表现在进行旨在模拟与感应热处理相关的快速加热和短时退火的处理过程。与非微合金钢相比，铌微合金化与 TMP 和感应热处理相结合，提高了抗断裂性能。本文介绍了相关的实验技术，这些实验可用于今后研究铌对 TMP 工艺生产棒材在后续加工过程中的影响。

3　TMP 工艺含 Nb 棒材使钢材具有更高的强度和更高的淬透性

最近，Esterl 等人[14]在其题为《热机械处理和铌微合金化对超高强度钢淬透性的影响》的论文中报告了在 0.17%碳钢中添加 V 和 Nb 的微合金化之间的相互关系。本部分基于该研究两种钢材中得出的要点，将其作为说明利用 TMP 工艺和 Nb 微合金化来改变除传统板材产品外的钢材的微观结构和性能的第二个案例。表 2 总结了实验钢的成分。这些钢采用锰、铬和硼进行合金化，以延缓奥氏体向铁素体的转变，从而确保在适当的冷却条件下形成马氏体微观结构。两种钢的区别仅在于在一种钢中添加了 0.04%的 Nb，以评估 Nb 对 TMP 后淬透性的影响。

表 2　试验用 0.17%C 钢的基体和添加 Nb 的化学成分[14]

钢种	C	Mn	Si	Cr	Nb	Al	Cu	Ti	B
基础钢	0.17	2.3	0.2	0.25		0.05	0.08	0.02	0.002
基础钢+Nb	0.17	2.3	0.2	0.25	0.04	0.05	0.08	0.02	0.002

如图 9 所示，选择了三条加工路线进行分析。淬火和回火（Q&T）路线涉及对实验室铸造和轧制产品进行奥氏体化，然后以 1~100 ℃/s 的速率进行控制冷却。设计了两条五步轧制的 TMP 路线，详见图 9，均从 1250 ℃ 保温 5 min 开始。轧制规程包括 950 ℃ 或 875 ℃ 的终轧温度（FRT），之后以 1~100 ℃/s 的多个速率将样品控制冷却至室温。所有加工均采用长 10 mm、直径为 5 mm 的圆柱形样品，在变形膨胀仪上进行压缩应变。合金化和加工的效果通过在膨胀仪上测试试样的金相和硬度进行评估。

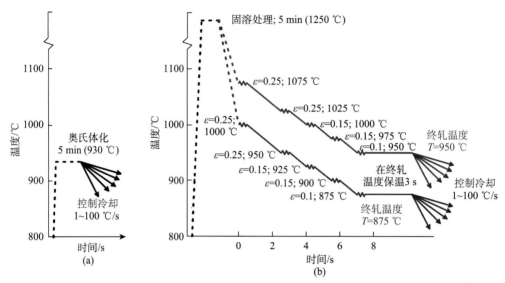

图 9　在变形膨胀仪上进行的常规淬火和回火处理以及两种热机械加工路线的示意图[14]
(a) 淬火回火工艺；(b) 热机械工艺

图 10 通过将冷却速度与图 9 中总结的不同加工过程下的两种钢的硬度相关联，评估淬透性的差异。对于不含铌的母材，冷却速度对硬度的影响基本上与加工过程无关，母材的三条曲线基本相同的事实证明了这一点。相比之下，图 10(b)和(c)显示，对于所有冷却速率，TMP 轧制的含 Nb 钢的硬度超过了基础钢的硬度。

在膨胀计实验中，根据加热和冷却期间的长度变化确定转变温度。结果表明，对于基础钢，其转变温度与热过程无关。当冷却速度高于 10 ℃/s 时，可获得完全马氏体组织；当冷却速度较低时，可获得马氏体/贝氏体混合组织。这些观察结果与图 10 中的硬度数据一致。相比而言，含铌钢的情况有所不同。对于再奥氏体化和淬火含铌钢，完全马氏体微观结构仅在冷却速率高于 30 ℃/s 时产生；在较低速率下，微观结构中存在铁素体以及贝氏体和马氏体，观察结果与图 10(a)所示的硬度数据一致。相比之下，在任一 TMP 轧制之后，在高于约 3 ℃/s 的所有冷却速率下，含 Nb 钢中获得完全马氏体微观结构（图 10(b)和(c)）。

表 3 总结了三种工艺条件并在 100 ℃/s 下冷却的样品的原始奥氏体晶粒尺寸。在所有三种条件下，含 Nb 钢显示出更细的奥氏体晶粒尺寸，这表明淬透性降低，这个效应仅在图 10(a)中总结的重新奥氏体化条件下观察到。然而，在两种终轧温度 TMP 轧制后的含 Nb 钢中观察到了淬透性的增加，这被解释为是加工硬化组织的影响。这两个样品中存在明显的扁平化饼状晶粒，饼状晶粒抵消了先前的奥氏体晶粒尺寸细化降低淬透性的影响。TMP 的这种效应不同于铁素体-珠光体钢中的常规行为，在铁素体-珠光体钢中，由于形核位置

数量的增加，奥氏体调节加速了向铁素体的转变，图 10 中的结果可能反映了固溶 Nb 对形核位置潜能的影响。如图 11 中的扫描电子显微照片所示，对于 875 ℃终轧 100 ℃/s 下冷却的样品，基础钢的微观结构粗大且呈球状，而含 Nb 钢显示出非常细的板条结构，与图 10(c)中所示的较高硬度一致。Estel 等人[14]的研究结果表明，与再奥氏体化和淬火后的相同钢材相比，TMP 轧制后直接淬火可显著提高强度。虽然此处未介绍，但也评估了 V 和 Nb 复合添加的潜在优点[14]，并获得了与仅添加 Nb 相似的结果。根据这项最新研究，可以得出结论，将 TMP 工艺与微合金化结合起来，可以开发获得高强度马氏体钢。

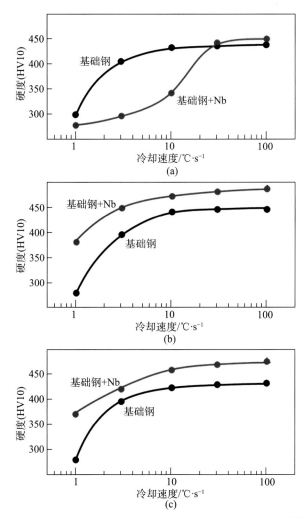

图 10　冷却速度对基础钢和含 Nb 0.17%碳钢硬度的影响[14]
（其加工过程如图 9 所示）
(a) 930 ℃淬火；(b) 热机械轧制-875 ℃终轧；(c) 热机械轧制-950 ℃终轧

表 3　表 2 中 0.17%碳钢通过不同加工路线获得的晶粒尺寸[14]

钢种	930 ℃淬火/μm	875 ℃终轧/μm	950 ℃终轧/μm
基础钢	26.7	11.2	21.8
基础钢+Nb	8.9	9	13

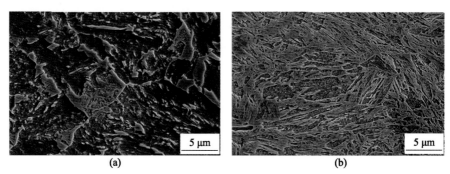

图 11　875 ℃终轧和 100 ℃/s冷却后基础钢（a）和基础钢+铌（b）（硝酸腐蚀）
的扫描电子显微照片[14]

4　可高温渗碳含 Nb 齿轮钢

不同的研究者使用多种合金化策略[6,15-23]考虑了高温渗碳钢中添加 Nb 及其沉淀析出的潜在好处。感兴趣的应用包括高性能齿轮，其增强的疲劳性能使设计更有效。在所有情况下，一个主要目标是开发具有细化奥氏体晶粒尺寸的钢，这些晶粒尺寸在渗碳过程中保持稳定，特别是在与真空或低压渗碳相关的较高加工温度下，因为渗碳钢的疲劳性能已显示出随原始奥氏体晶粒尺寸的增加而降低[16,21]。这里，AlOgab 等人[15-18,24]的一项研究结果突出显示了含 Nb 钢和 TMP 工艺生产高温渗碳强化钢的良好效果。

基于平衡热力学计算，设计了三种试验钢，在含钛 SAE 8620 钢（钛氮比约为 3.42，即化学计量比）中添加 0.02%、0.05% 和 0.11% Nb，所得成分总结在表 4 中[17-18]。这些钢在实验室进行铸造和轧制，采取热轧（终轧温度 1100 ℃）或 TMP 控制轧制（终轧温度 850 ℃）工艺。试验工艺的详细信息可参考相关文献[24]。模拟渗碳热处理（如不存在渗碳的气氛）用于评估加热速率、峰值温度、退火时间和添加 Nb 对奥氏体晶粒粗化行为的影响。

表 4　渗碳研究用试验 SAE 8620 钢的化学成分[17,18,24]　　　　　　　　　（%）

钢种	C	Nb	Ti	N	Mn	P	S
不含 Nb	0.204	0.0	0.034	$77×10^{-4}$	0.85	0.015	0.012
0.02Nb	0.21	0.022	0.030	$95×10^{-4}$	0.82	0.016	0.002
0.06Nb	0.22	0.054	0.034	$92×10^{-4}$	0.80	0.017	0.003
0.1Nb	0.22	0.109	0.032	$87×10^{-4}$	0.85	0.019	0.003
钢种	Si	Cr	Ni	Mo	Cu	Al	O
不含 Nb	0.25	0.59	0.42	0.20	—	0.027	—
0.02Nb	0.24	0.60	0.42	0.20	0.01	0.023	$24×10^{-4}$
0.06Nb	0.24	0.60	0.43	0.21	0.01	0.022	$28×10^{-4}$
0.1Nb	0.25	0.59	0.43	0.20	0.01	0.024	$24×10^{-4}$

图 12 显示了 0.02% Nb 钢的平均奥氏体晶粒尺寸与峰值处理温度之间的关系，该钢以 145 ℃/min 的温度加热至指定的峰值温度，并保持 60 min。随着温度的升高，平均奥氏体晶粒直径增大，晶粒形态发生明显转变，如图中插入的光学显微照片所示。在最低温度下，观察到正常晶粒生长（NGG）的等轴结构特征。随着温度的升高，异常晶粒生长（IAGG）

开始发生，表现为很大的晶粒（超过 200 μm）位于细晶粒的包围之中。随着温度的进一步升高，异常晶粒长大（AGG）导致平均晶粒尺寸迅速增加，出现了二相组织。在高温下，正常晶粒生长（NGG）模式得以恢复，得到较大的等轴晶粒结构。

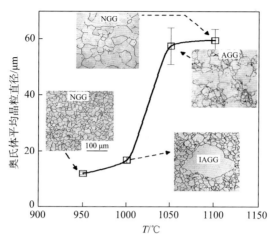

图 12　光学金相显微照片显示了退火温度对 0.03%Ti 和 0.02%Nb 添加的控制轧制 8620 钢的平均奥氏体晶粒尺寸和晶粒形态的影响[16]
（加热速度 145 ℃/min、保温时间 60 min）

　　渗碳钢中原始奥氏体晶粒尺寸的重要性如图 13 所示，图中显示了实验室样品弯曲时的疲劳断裂面[25]。疲劳裂纹萌生（如图 13 中小图所示）是由沿渗碳层表面附近的原始奥氏体晶界的晶间断裂而引起的，该晶界在弯曲试验期间承受张力。起裂后，出现了稳定的穿晶

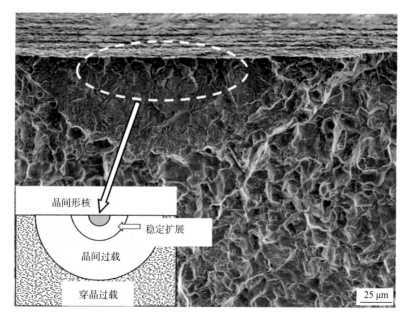

图 13　气体渗碳 4820 钢的扫描电子断口图[15,25]
（用于说明疲劳裂纹发展阶段（见图中小示意图），从原始奥氏体晶界上的晶间形核开始，随后是稳定裂纹扩展区域，然后是晶间过载）

疲劳裂纹扩展区域，直到不稳定的晶间断裂发展并导致最终断裂。由于疲劳敏感部件的大部分寿命与裂纹的萌生和萌生后的短裂纹扩展密切有关，因此通过增加裂纹萌生的难度可以显著提高寿命。在渗碳钢中，渗碳钢的疲劳极限随着原始奥氏体晶粒尺寸的减小而显著增加，因此控制奥氏体晶粒尺寸对于提高渗碳钢的疲劳抗力至关重要[16,21,25]。

图 14 说明了通过合金化和加工工艺控制原始奥氏体晶粒尺寸的可行性。图 14 显示了加热速率对表 4 中 0.06%和 0.1%Nb 控制轧制钢原始奥氏体晶粒尺寸（PAGS）的影响，试样经 20 ℃/min 或 145 ℃/min 加热至 1050 ℃下，保温 60 min 后淬火至室温[16]。这两种钢在缓慢加热时均表现出晶粒较细的正常生长，在加热速率较高时表现出异常晶粒生长。图 14 所示的加热速率的影响是加热时形成的不同析出物的结果，其中异常晶粒生长的抑制与细小 NbC 析出物的分布和在奥氏体化温度下的稳定性密切相关[16,24]。图 14 与图 12 中 1050 ℃退火的异常生长样品显微照片的比较表明，虽然 0.02%Nb 不足以抑制异常晶粒生长，但添加图 14 中所示的较高含量的 Nb 确实可以得到通常在较低加热速率样品中才形成的细小等轴晶粒生长。

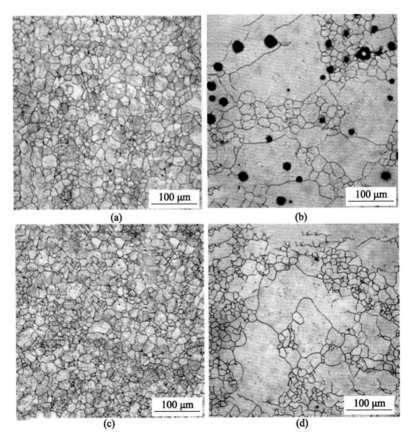

图 14　加热速率和铌含量对控制轧制 8620 钢的组织影响[16]

（1050 ℃下保温 60 min）

(a) 0.06%Nb, 20 ℃/min; (b) 0.06%Nb, 145 ℃/min; (c) 0.1%Nb, 20 ℃/min; (d) 0.1%Nb, 145 ℃/min

最近的几项研究考虑了替代合金化策略，并评估了添加 Nb 与 Mo[19-20]、Al[22]和 Ti[23]的协同作用。例如，图 15 所示的光学显微照片显示了 0.04%或 0.1%Nb 含量、以及含和不含 0.3%Mo 的 4120 钢中的合金化效果。图 15(a) 中显示了不含 Mo 的 0.04% Nb 钢的异常晶粒生长。然而，与图 14 中讨论的结果一致，Nb 增加到 0.1 %时消除了在所考虑的退火条件下发生异常晶粒生长的趋势。此外，如图 15(c) 所示，添加 Mo 后，形成了更均匀的等轴晶粒组织。基于透射电子显微镜的结果详细评估了合金化和加工工艺对析出相的尺寸、分布和成分的影响[19]。结果表明，Mo 降低了含 Nb 析出物的粗化率，优化了析出物的尺寸和分布，从而使异常晶粒生长的趋势最小化，并促进了细小而均匀的晶粒组织的形成，如图 15（c）所示。作者的实验室正在对含 Mo 和 Nb 钢中形成的粒子的细节进行进一步的分析[20]。

图 16 显示了渗碳钢中控制奥氏体晶粒尺寸的益处，特别是在与真空渗碳相关的较高工艺温度（即高于 1000 ℃）下。该图显示了表 4 中总结的含 Nb 渗碳钢样品近表面（每张图

图 15　不同微合金化设计对 4120 钢组织的影响[19]
（1100 ℃保温 60 min 后淬火）
(a) 0.0%Mo, 0.04%Nb; (b) 0.0%Mo, 0.1%Nb; (c) 0.3%Mo, 0.1%Nb

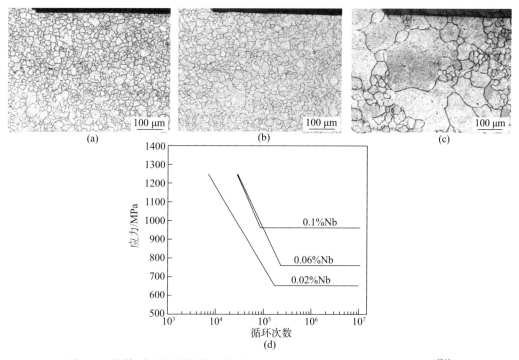

图 16　不同铌含量控制轧制和渗碳 8620 钢的显微组织及其室温疲劳性能[21]
（试样经 114 ℃/min 加热至 1050 ℃渗碳，采用添加界面活性剂和 HCl 的苦味酸腐蚀）
(a) 0.1%Nb; (b) 0.06%Nb; (c) 0.02%Nb; (d) 室温弯曲疲劳（30 Hz）数据汇总

像顶部是试样的自由表面）的光学显微照片，以及在设计用于模拟齿轮根部弯曲疲劳的特殊试验样品上获得的弯曲疲劳结果[21]。试样在以 114 ℃/min 速率加热至 1050 ℃后，在商用渗碳炉中进行真空渗碳。图 16 显示了所产生的渗碳微观组织取决于 Nb 含量：图 16(a) 显示了 0.1%Nb 钢中本质是等轴的晶粒组织；图 16(b)显示在 0.06%钢中主要是等轴晶粒组织，但存在一些较大的晶粒，表明钢中出现了异常晶粒生长；图 16(c)显示在 0.02%Nb 钢中出现了显著的异常晶粒生长及其相关的混晶组织。与图 13 的讨论一致，图 16(d)显示抑制异常晶粒长大可显著提高疲劳寿命极限，疲劳极限主要取决于疲劳裂纹的形核。

5　结论

　　本文回顾了几项研究，揭示了 Nb 微合金化和热机械加工（TMP）对高端棒材产品的微观组织和性能的重要性。通过铌微合金化，确定了生产先进"工程用钢"或"棒材特钢"的多种途径。利用热机械加工和铌微合金化技术来促进新型高性能棒材的开发具有广阔的前景。

致谢

　　作者要感谢企业赞助商对先进钢铁工艺和产品研发中心的支持，该中心是位于科罗拉多矿业大学的一个工业企业和高校的合作研究平台。

参考文献

[1]　Fryan R, TimkenSteel. https://www.timkensteel.com/what-we-make/high-performance-steel/sbq-steel-bars-and-billets[2019-11].

[2]　Uranga P, Rodríguez-Ibabe J M. Thermomechanical processing of steels[J/OL]. Metals, 2020,10(5): 641. https://doi.org/10.3390/met10050641.

[3]　López B, Pereda B, Bastos F, et al. Challenges of Nb application in thermomechanical processes of steels for long products[J/OL]. Materials Science Forum, 941(2018) 386-393. https://doi.org/10.4028/www.scientific.net/MSF.941.386.

[4]　Matlock D K, Speer J G, Jansto S G, et al. Microalloyed steels for heat treating applications at higher process temperatures[J]. J. of Iron and Steel Research International, 2011, 18(suppl 1-1): 80-89.

[5]　Wang H, Li J, Zhang C, et al. Effects of niobium on network carbide in high-carbon chromium bearing steel by in situ observation analysis[J/OL]. Ironmaking & Steelmaking, 2021, 48(2): 155-160. https://doi.org/10.1080/03019233.2020.1744339.

[6]　Matlock D K, Speer J G. Microalloying concepts and application in long products[J/OL]. Materials Science and Technology, 2006, 25(9): 1118-1125. https://doi.org/10.1179/174328408X322222.

[7]　Klinkenberg C, Jansto S G. Niobium Microalloyed Steels in Long Products[C]//Proceedings International Conference on New Developments in Long and Forged Products: Metallurgy and Applications. Speer J G, Damm E B, Darragh C V. Warrendale, PA, USA: AIST, 2006: 135-141.

[8]　Whitley B M, Speer J G, Cryderman R L, et al. Effects of microalloy additions and thermomechanical

processing on austenite grain size control in induction-hardenable medium carbon steel bar rolling[J]. Materials Science Forum, 2016(879): 2094-2099. https://doi.org/10. 4028/www.scientific.net/msf.879.2094.

[9]   Speer J G, Whitley B M, Kaster S L, et al. Selected developments in Nb microalloyed long products and forgings[C]//Proceedings of the 11th International Rolling Conference (IRC 2019). São Paulo, Brazil, 2019: 585-591.

[10]   Whitley B M, Easter C T, Cryderman R C, et al. Thermomechanical simulation and microstructural analysis of microalloyed medium carbon bar steels[C]//Advances in Metallurgy of Long and Forged Products. Findley K O, Speer J G, Anderson P, et al. Warrendale, PA: AIST, 2015: 48-58.

[11]   Whitley B M, Araujo A L, Speer J G, et al. Analysis of microstructure in hot torsion simulation[J/OL]. Materials Performance and Characterization, 2015,4(3): 307-321. https://doi. org/10.1520/MPC20150012.

[12]   Whitley B M. Thermomechanical processing of microalloyed bar steels for induction hardened components[D]. Golden, Colorado, USA: Colorado School of Mines, 2017.

[13]   Cryderman R L, Whitley B, Speer J G. Microstructural evolution in microalloyed steels with high-speed thermomechanical bar and rod rolling[C]//Proceedings of International Federation of Heat Treating and Surface Engineering. ASM, April 18-21, 2016, Savannah, GA, ASM International, Materials Park, OH, 2016: 181-187.

[14]   Esterl R, Sonnleitner M, Schnitzer R. Influences of thermomechanical treatment and Nb micro-alloying on the hardenability of ultra-High strength steels[J/OL]. Metallurgical and Materials Transactions A, 2019, 50(7): 3238–3245. https://doi.org/10.1007/s11661-019-05235-8.

[15]   Matlock D K, AlOgab K A, Richards M D, et al. Surface processing to improve the fatigue resistance of advanced bar steels for automotive applications[J]. Materials Research, 2005, 8(4): 453-459.

[16]   AlOgab K A, Matlock D K, Speer J G. Microstructural control and properties in Nb-modified carburized steels[C]//Proceedings, New Developments on Metallurgy and Applications of High Strength Steels, ed. by Perez T. Warrendale, PA: TMS, 2008: 963-976.

[17]   ALOgab K A, Matlock D K, Speer JG, et al. The influence of niobium microalloying on austenite grain coarsening behavior of Ti-modified SAE 8620 Steel[J/OL]. ISIJ International, 2007, 47(2): 307-316. https:// doi.org/10.2355/isijinternational.47.307.

[18]   AlOgab K A, Matlock D K, Speer J G, et al. The effects of heating rate on austenite grain growth in a Ti-modified SAE 8620 steel with controlled niobium additions[J/OL]. ISIJ International, 2007, 47(7): 1034-1041. https://doi.org/10.2355/isijinternational.47.1034.

[19]   Enloe C M, Findley K O, Speer J G. Austenite grain growth and precipitate evolution in a carburizing steel with combined niobium and molybdenum additions[J/OL]. Metallurgical and Materials Transactions A, 2015, 46A(11): 5308-5328.

[20]   Seo E J, Speer J G, Matlock D K, et al. Effect of Mo in combination with Nb on austenite grain size control in vacuum carburizing steels[C]//Proceedings of the 30th ASM Heat Treating Society Conference, Detroit, Michigan, Oct 15-17, 2019, ASM International, Materials Park, OH, 2019: 115-122.

[21]   Thompson R E, Matlock D K, Speer J G. The fatigue performance of high temperature vacuum carburized Nb modified 8620 steel[J/OL]. SAE Transactions, Journal of Materials and Manufacturing, 2007, 116(5): 392-407. https://doi.org/10.4271/2007-01-1007.

[22] Kripak G, Sharma M, Kohlmann R, et al. Development of an aluminum-reduced niobium-microalloyed case hardening steel for heavy gear manufacturing[J/OL]. HTM J. Heat Treatment and Materials, 2019, 74(1): 36-49. https://doi.org/10.3139/105.110367.

[23] An X, Tian Y, Wang H, et al. Suppression of austenite grain coarsening by using Nb–Ti microalloying in high temperature carburizing of a gear steel[J/OL]. Advanced Engineering Materials, 2019, 21(8). https://doi.org/10.1002/adem.201900132.

[24] AlOgab K A. Austenite grain size control at elevated temperature in microalloyed carburizing steels[D]. Golden, Colorado, USA: Colorado School of Mines, 2004.

[25] Krauss G, Matlock D K, Reguly A. Microstructural Elements and Fracture of Hardened High-Carbon Steels[J/OL]. Materials Science Forum, 2003(426-432): 835-840. https://doi.org/10.4028/www.scientific.net/msf.426-432.835.

近共析钢中铌的作用

雍岐龙[1]，张正延[1]，李昭东[1]，曹建春[2]

（1. 钢铁研究总院，中国北京，100081；2. 昆明理工大学，中国昆明，650093）

摘　要： 铌：为最常见的微合金化元素之一，在低碳钢中的作用机理乃至在工业生产中的应用已获得非常成功的研究和应用[1-3]，而在中高碳钢中的研究相对较少。中高碳钢大多属于机械制造用钢，广泛用于机械、汽车、铁路、船舶、航空航天等行业大量使用的齿轮、弹簧、轴承、轴类、钢轨、工具等零部件，随着我国国民经济发展从基础设施建设向高端装备制造业的转变，机械制造用钢的需求量和质量性能要求将显著提高，钢铁工业发展的重点将由工程结构用钢逐渐转移到机械制造用钢[4]。由于 Nb(C,N)在奥氏体中的固溶度积相对较小，长期以来普遍认为铌在高碳钢中的作用甚微，高碳钢中加铌的主要作用就是利用未溶的 Nb(C,N)来阻止奥氏体晶粒长大，而这方面的作用效果显然

雍岐龙先生

不如 V(C,N)，因此，高碳钢中广泛用钒合金化而很少用铌。近年来我们对铌在近共析钢中的作用进行了深入研究，相关研究结果表明，高碳钢中可以保持 0.02%~0.03%微量固溶的铌，由此对钢的共析相变特征、淬透性、抗脱碳行为等产生重要的影响，从而对钢的力学性能和使用性能产生有利的作用，铌在高碳钢中的微合金化及应用具有重要的发展前景[4]。

关键词： 近共析钢；铌；共析相变

1　中高碳钢中 NbC 在奥氏体中的固溶度积

中高碳钢中由于 C 含量显著高于 N 含量，Nb(C,N)的平衡固溶行为非常接近于 NbC，故主要考虑 NbC 在奥氏体中的固溶度积并由此确定钢中固溶的铌量。

采用公认较为准确的纯物质的热力学数据[5]及 Nb-Fe、Fe-C 二元相图的相关数据，可推导出无合金元素影响的 NbC 在奥氏体中的平衡固溶度公式为[6]：

$$\lg\{[Nb][C]\}_\gamma = 3.555 - 8800/T \tag{1}$$

再综合考虑相关研究者[7-10]得到的铌、碳及其他合金元素在奥氏体中的 Wagner 相互作用参数，可得到包括各种合金元素影响的 NbC 在奥氏体中的平衡固溶度公式为：

$$\lg\{[Nb][C]\}_\gamma = 3.555 - 8800/T + (1320/T - 0.044)[C] +$$
$$(1369/T - 0.899)[Mn] + (-731/T + 0.346)[Si] +$$
$$(1110/T - 0.690)[Cr] + (148/T - 0.091)[Ni] +$$
$$(45/T - 0.088)[Mo] \tag{2}$$

式中，[M]为 M 元素的平衡固溶量（质量分数），%；下标 γ 表示在奥氏体基体中；T 为绝

对温度，K。

将早期铌微合金钢的典型成分 0.16%C-1.4%Mn-0.25%Si 代入式（2），可得到：$\lg\{[Nb][C]\}_\gamma = 2.376 - 6855/T$，与广泛采用的低碳微合金钢中 NbC 在奥氏体中的固溶度积公式 $\lg\{[Nb][C]\}_\gamma = 2.96 - 7510/T$ [11]和 $\lg\{[Nb][C]\}_\gamma = 2.26 - 6770/T$ [12]的比较见图 1，可以看出是非常吻合的，这表明式（2）是可信的，由此推导 C 含量对固溶度积的影响是可行的。

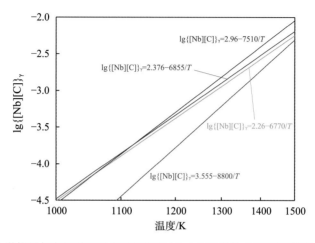

图 1　热力学推导与广泛采用的实验测定的 NbC 在奥氏体中的固溶度积公式的比较

根据式（2），可得到不同 C 含量时钢中 NbC 在奥氏体中的固溶度积公式，将其绘制成图 2，可以看出，钢中 C 含量的增加导致 NbC 在奥氏体中的固溶度积明显增大，1%的 C 含量在 1250 ℃（1523 K）时可使 NbC 的固溶度积增大 0.82 个数量级，而在 900 ℃（1173 K）时可增大约 1.08 个数量级。当 NbC 在奥氏体中的固溶度积是一恒定值时，C 含量增加必然导致固溶 Nb 量[Nb]单调减小；但当 C 含量增加同时导致 NbC 的固溶度积增大时，固溶 Nb 量[Nb]的变化规律将变得较为复杂，当 C 含量增大 NbC 的固溶度积的作用程度大于 C 含量本身的增加程度时，确定温度下 Nb 在奥氏体中的固溶量就将不降反升，如图 3 所示。

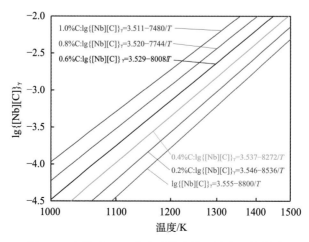

图 2　C 含量对 NbC 在奥氏体中的固溶度积的影响

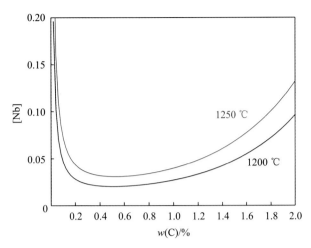

图 3　铌在奥氏体中的固溶量[Nb]随钢中 C 含量的变化

由图 3 可以看出，钢中 C 含量较低时，确定温度下固溶铌量[Nb]随 C 含量增加迅速减小，这正是低碳微合金钢中普遍公认的事实，若该规律在中高碳钢中仍然保持，则钢中固溶铌量[Nb]在通常的高温均热温度下将低于 0.01%，固溶铌的作用非常微弱，这是长期以来在高碳钢中很少采用铌的主要原因。然而，由于 C 含量增加将导致 NbC 在奥氏体中的固溶度积增大，由此使得固溶铌量[Nb]随钢中 C 含量的变化呈现先降低后升高的规律，当温度分别为 1200 ℃和 1250 ℃时，最小固溶铌量[Nb]分别出现在 C 含量为 0.50%~0.55%时，1200 ℃时仅为 0.0203%，1250 ℃时也仅为 0.0308%。其后固溶铌量[Nb]将随 C 含量增大而升高，1200 ℃、1250 ℃时 0.8%C、1.0%C 的高碳钢中铌的最大固溶量分别达到 0.023%、0.027%和 0.034%、0.040%。因此，高碳钢在采用合适的均热温度和合理的轧制及轧后冷却工艺制度（保证 NbC 不发生沉淀析出）条件下，将可保证有 0.023%~0.040%的固溶铌存在于奥氏体中从而发挥相应的作用。

2　固溶铌对共析相变临界点的影响

试验钢由 25 kg 真空感应炉冶炼，其化学成分表见表 1，其中无铌钢不含铌，0.04%Nb、0.06%Nb 钢为含铌钢，为突出铌在高碳钢中的作用，在合金设计时，其他合金元素的含量尽可能控制在了较低的范围。将试验钢锻造为 ϕ40 mm 棒材，锻后空冷至室温。然后于 1200 ℃加热固溶，随后进行轧制，轧制过程中不让 NbC 沉淀析出（保持钢中的固溶铌量不改变），最后在 730℃进行终轧以促进基体组织达到平衡，轧后空冷。

表 1　试验钢的化学成分　　　　　　　　　　（质量分数，%）

样品编号	C	Nb	S	N	Si	P	Mn
0.00%Nb	0.70	<0.01	0.0061	0.0028	0.074	0.0074	<0.1
0.04%Nb	0.75	0.040	0.0052	0.0019	0.057	0.0076	<0.1
0.06%Nb	0.78	0.064	0.0051	0.0011	0.030	0.0080	<0.1

为保证试验钢微观形貌组织测定的准确性，将部分试验钢进行完全退火处理，完全退

火工艺为 800 ℃加热奥氏体化,炉冷至 550 ℃使之在缓冷过程中发生平衡相变。将轧态和退火态试验钢试样在金相显微镜中观测其组织形貌,通过 SISC IAS V8.0 金相分析软件测定非共析组织的体积分数,并对轧态中非共析组织在载荷设为 5 kg 时进行显微硬度的测试。

三炉试验钢轧制状态和完全退火后的组织金相照片如图 4 所示,从低倍组织可看出,组织中存在大量均匀分布的非共析组织。对非共析组织进行显微硬度测试,分别为 HV170.16,HV176.27,HV173.79,通过钢的热历史和显微硬度可确定其为先共析铁素体。用 SISC IAS V8.0 金相分析软件测定了退火态先共析铁素体的体积分数,结果见图 5。

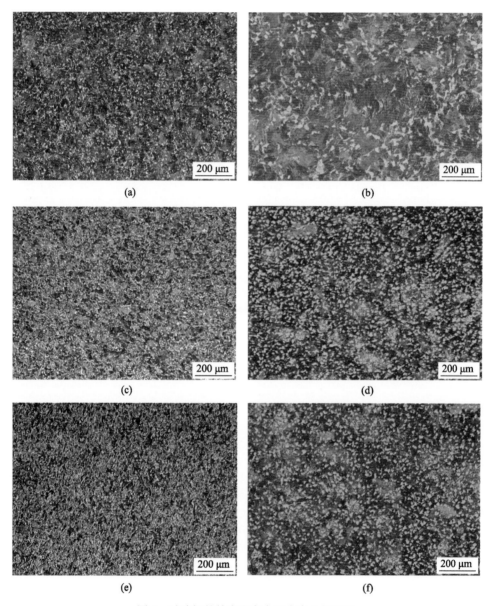

图 4 试验钢的轧态和完全退火态金相组织

(a) 0.00%Nb,轧态组织;(b) 0.00%Nb,完全退火态组织;(c) 0.04%Nb,轧态组织;
(d) 0.04%Nb,完全退火态组织;(e) 0.06%Nb,轧态组织;(f) 0.06%Nb,完全退火态组织

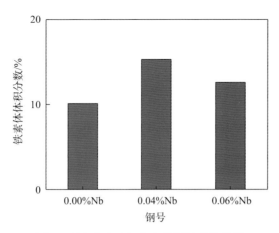

图 5　退火态实验钢中先共析铁素体的量

　　完全退火态金相组织的定量测定结果可看出，三个钢中均存在一定体积分数的先共析铁素体。由于 0.00%Nb 钢的 C 含量低于共析成分，出现一定量的先共析铁素体是正常的，其比例大致应为$(0.77-0.70)/(0.77-0.0218)=9.36\%$，与试验测试结果相符。0.04%Nb 钢中先共析铁素体量应为$(0.77-0.75)/(0.77-0.0218)=2.67\%$，而 0.06%Nb 钢则不应该存在先共析铁素体，但试验测试结果表明含铌钢中先共析铁素体量比按 0.77%共析碳含量的计算值分别增大了 12.63%和 12.60%，这表明微量铌的加入改变了钢的共析成分。由此计算出 0.04%Nb 钢和 0.06%Nb 钢的共析碳含量分别为 0.8815%和 0.8893%，扣除未溶 NbC 固定的 C 量 0.0023%和 0.0053%，则共析碳含量分别为 0.8792%和 0.8840%。由式（2）可计算得到试验含铌钢在 1200 ℃时铌的固溶量分别为 0.0222%和 0.0227%，即大致 0.01%的固溶铌将使共析碳含量升高约 0.05%。

3　固溶铌对先共析铁素体尺寸及分布的影响

　　从图 4 可看出，低温轧制使奥氏体晶界锯齿化将导致先共析铁素体晶粒得到明显细化且分布较为均匀，尺寸较为细小（小于 10 μm）。不含铌的钢存在一定的分布于奥氏体晶隅的倾向，且铁素体晶粒尺寸略微粗大；而铌的加入强化了低温轧制的作用，使铁素体晶粒的分布更为均匀，且铁素体晶粒尺寸更为细小。

　　低温轧制后在 800 ℃进行退火并不改变先共析铁素体的分布状态，铁素体晶粒仍然保持较为均匀的分布，但由于形变储能的消失和奥氏体晶界非锯齿化，铁素体晶粒尺寸明显变大，且先共析铁素体的出现位置更趋于沿原奥氏体晶界分布。可以看出，无铌钢中得到的先共析铁素体往主要沿奥氏体晶界分布，多为晶隅多角形或沿晶界拉长的形状，量大时呈块状。而固溶铌使先共析铁素体的形貌与分布发生了显著的改变，其晶隅分布特征明显趋弱甚至消除，铁素体晶粒分布非常均匀；同时，含铌钢的先共析铁素体晶粒较为细小。

　　先共析铁素体形貌的改善对钢的性能特别是塑韧性的提高具有重要的作用。

4　固溶铌对基体珠光体转变动力学的影响

　　将退火后的钢加工成热膨胀所需规格 ϕ3 mm×10 mm 的小圆柱试样，采用 Formastor-FⅡ

全自动相变测量仪进行试验钢的相变临界点的测试，如表2所示，结果表明，微量铌不影响钢在加热时的相变温度，但使冷却时的相变温度略有提高。

表2　试验钢的临界点温度测定结果

样品编号	临界点			
	A_{c1}/℃	A_{c3}/℃	A_{r1}/℃	A_{r3}/℃
0.00%Nb	730	760	670	700
0.04%Nb	730	755	680	710
0.06%Nb	730	755	690	725

将退火态试样加热到800 ℃后冷至725 ℃、700 ℃、675 ℃、650 ℃保温以测定无铌钢与含铌钢的过冷奥氏体等温转变曲线，如图6所示。无铌钢的珠光体转变鼻子点温度在650 ℃以下，且最快转变时间小于1 s；而含铌0.04%的钢（固溶铌量0.022%）的鼻子点温度大约在700 ℃，最快转变时间为9 s，比无铌钢推迟了1个时间数量级以上。

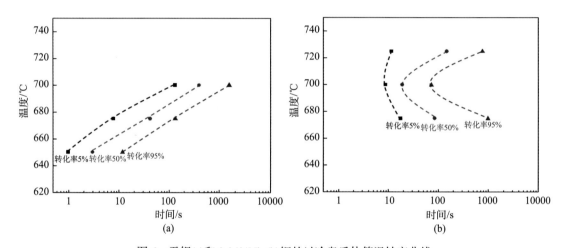

图6　无铌(a)和0.04%Nb (b)钢的过冷奥氏体等温转变曲线

总之，约0.02%固溶铌的存在将使钢的TTT曲线明显向右上方移动，使珠光体相变的孕育期增长，因此，在一定的冷速下珠光体相变将被显著推迟或钢容易避开珠光体相变区域而发生低温相变；同时，铌的加入还提高了珠光体转变的鼻子点温度，这与前述加铌后A_{r1}温度升高的结果相一致，这使得含铌钢在连续冷却时较为缓慢的冷却速度曲线也能避开珠光体转变。两者综合作用的结果，将明显提高钢的淬透性。

5　固溶铌对珠光体相变产物形貌的影响

退火态试样进行扫描电镜观测，可进一步了解共析相变产物的显微组织形貌，如图7所示，可以看出，无铌钢中珠光体呈典型的片层状组织（渗碳体片的平均展弦比大于15），而含铌钢中珠光体的形貌发生了明显的异化，渗碳体片的展弦比显著减小（渗碳体片的平均展弦比小于5），明显由片状向颗粒状转变。

珠光体中渗碳体展弦比的减小有利于渗碳体的球化，对需要以球化态供货的高碳钢具有重要的实际应用价值。

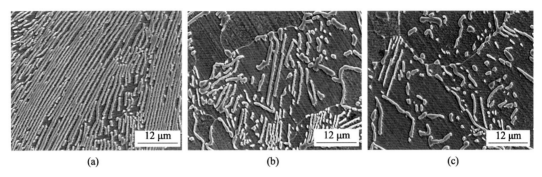

图 7　无铌(a)和 0.04%Nb (b)、0.06%Nb (c)钢的退火态珠光体形貌

6　结论

（1）由于碳对 NbC 在奥氏体中固溶时的 Wagner 相互作用参数的影响，增大了 NbC 在奥氏体中的固溶度积，1200℃时高碳钢中仍可有 0.022%左右的铌可处于固溶态。

（2）高碳钢中微量铌的加入使得近共析高碳钢中的先共析铁素体量明显增加，这表明铌的加入使钢的共析碳含量升高，大致 0.022%的固溶铌将使共析碳含量升高约 0.11%。

（3）微量固溶铌的存在可使先共析铁素体的分布显著改善，由无铌时的沿原奥氏体晶界的晶隅分布转变为均匀分布，且先共析铁素体晶粒尺寸有所细化。

（4）微量铌的加入基本不改变高碳钢加热过程的相变温度，但使冷却相变时的相变温度有所升高。

（5）微量固溶铌可使珠光体相变的最快相变温度有所提高，且最快开始相变时间比不含铌钢推迟 1 个数量级以上，由此可显著提高钢的淬透性。

（6）微量固溶铌可使珠光体相变产物的形貌发生明显变化，珠光体中渗碳体片的展弦比显著下降。

参考文献

[1] DeArdo A J. Niobium science and technology[M]. Warrendale: TMS, 2003.

[2] 付俊岩. Nb 微合金化和含铌钢的发展技术进步[J]. 微合金化技术, 2009, 9(3/4): 140-146.

[3] 雍岐龙, 马鸣图, 孙珍宝. 微合金钢-物理和力学冶金[M]. 北京: 机械工业出版社, 1989.

[4] 雍岐龙, 刘正东, 董瀚, 等. 先进机械制造用结构钢的发展[J]. 金属热处理, 2010, 35(1): 2-8.

[5] 叶大伦, 胡建华. 实用无机物热力学数据手册[C]. 北京: 冶金工业出版社, 2002.

[6] 雍岐龙. 钢铁材料中的第二相[M]. 北京: 冶金工业出版社, 2006.

[7] Sharma R C, Lakshmanan V K, Kirkaldy J S. Solubility of niobium carbide and niobium carbonitride in alloyed austenite and ferrite[J]. Metall Trans, 1984, 15A: 545-553.

[8] Ohtain H, Hasebe M, Nishizawa T. Calculation of the Fe-C-Nb ternary phase diagram[J]. Calphad, 1989,

13: 183-204.

[9] 米永峰, 曹建春, 张正延, 等. 碳含量对钢中碳化铌在奥氏体中固溶度积的影响[J]. 钢铁, 2012, 47(3): 89-93.

[10] 曹建春. 铌钼复合微合金钢中碳氮化物沉淀析出研究[D]. 昆明: 昆明理工大学, 2006.

[11] Nordberg H, Aronsson B. Solubility of niobium carbide in austenite[J]. JISI, 1968, 206: 1263-1266.

[12] Irvine K J, Pickering F B, Gladman T. Grain refined C-Mn steels[J]. JISI, 1967, 205: 161-182.

铌在高强抗震钢筋中的应用

曹建春[1]，陈　伟[2]，张卫强[2]，张永青[3,4]，阴树标[1]，

刘　星[1]，雍岐龙[1]，郭爱民[3]

（1. 昆明理工大学，中国昆明，650093；2. 昆明钢铁股份有限公司，中国昆明，650302；

3. 中信金属股份有限公司，中国北京，100004；4. 钢铁研究总院，中国北京，100081）

摘　要：本文分析了铌微合金化钢筋现状，总结了采用铌微合金化技术生产钢筋过程的组织演变和关键参数控制，并结合生产实践分析了铌在钢筋中的强化机制和效果。研究结果表明，铌微合金化高强钢筋生产中主要的工艺参数是铸坯再加热温度、轧后冷速，影响相变和组织的主要因素是奥氏体晶粒尺寸和固溶的铌量。采用铌微合金化技术可成功批量生产高强抗震钢筋，铌主要通过细晶强化、沉淀强化和组织强化作用来提高钢筋的强度。500 MPa和 600 MPa级高强钢筋生产应采用铌钒复合微合金化生产，利用铌可提高强屈比，达到抗震性能的要求。

关键词：铌；组织演变；相分析；抗震性能

曹建春女士

1　引言

钢筋产品是我国粗钢产量最大的单一品种，自 2013 年以来我国钢筋产量维持在 2 亿吨规模以上，占粗钢总产量的近 25%。随着建筑行业的不断发展，大型公共建筑和高层建筑等复杂结构对钢筋承载能力的要求越来越高，高强度钢筋的生产引起了普遍关注。在发达国家中，英国、德国及日本等，已经大规模推广和使用 500 MPa 级及以上高强钢筋，北美使用 420 MPa（英标）的高强钢筋已有近 50 年的历史。西方国家均把高强钢筋作为研究和使用方向，以提高钢筋强度，达到节省用材、降低成本、减少钢筋密集度、方便施工等目的。

在我国"十二五"期间，工信部和住建部成立高强钢筋推广组，并下发高强钢筋推广应用指导意见，"十二五"末推广目标：加速淘汰 335 MPa 螺纹钢筋；优先使用 400 MPa螺纹钢筋，积极推广 500 MPa 螺纹钢筋。根据钢铁工业协会报道，我国"十二五"末完成指导意见确定的目标任务，除了铁路和地铁仍少量采用 HRB335 级别钢筋，高层建筑、民用建筑全部淘汰 HRB335 级别钢筋。2016 年 11 月 14 日工信部下发的《钢铁工业调整升级规划》（2016—2020 年）中明确指出，继续深入推进高强钢筋应用，全面普及应用 400 MPa（Ⅲ级）高强钢筋，推广 500 MPa 及以上高强钢筋，探索建立钢筋加工配送中心[1]。

2017 年 HRB400 及以上高强钢筋占总量的 90%以上（图 1）。显而易见，强度级别越高，社会、经济效益越显著。

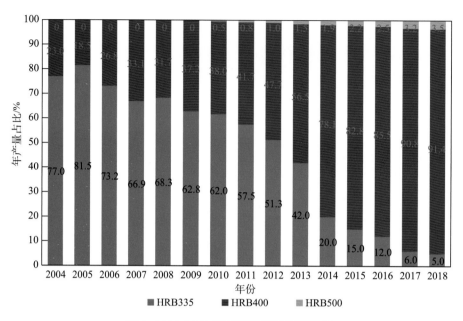

图1　2004~2018年不同级别钢筋发展状况

在2018年颁布实施的热轧带肋钢筋新标准GB 1499.2—2018中增加了HRB600钢筋牌号，为加强抗震性能增加了带E的钢筋牌号，增加了宏观金相、截面维氏硬度、微观组织及检验方法。新标准可防止穿水钢筋代替热轧钢筋，促使采用微合金化技术生产高强钢筋倍受关注。铌作为最典型的微合金化元素，可与钢中的碳、氮形成碳化物、氮化物或碳氮化物，铌的固溶和析出对钢筋生产过程中的组织演变产生显著影响，可起到细晶强化、沉淀强化和组织强化的作用。采用铌或铌钒复合微合金化技术生产400 MPa级以上高强抗震钢筋，可达到新标准对高强抗震钢筋组织和抗震性能严格要求，同时实现降本增效，有助于促进建筑业高质量发展。

本文综述了我国高强钢筋生产状况和生产工艺，结合生产和实验室研究数据分析采用铌微合金化技术生产钢筋过程中物理冶金学原理、组织演变及关键影响因素，以昆钢采用铌微合金化生产400 MPa级抗震钢筋为例介绍了生产实践情况，期望为铌在长材中的应用以及高强抗震钢筋的发展提供参考。

2　我国高强钢筋生产工艺

目前中国高强钢筋生产主要采用微合金化、超细晶粒和余热处理三种工艺。余热处理钢筋是指普通钢筋利用轧后高温直接进行淬火，然后利用钢筋自身余热进自回火，从而实现提高强度的目的。但其可焊性、机械连接性能和施工适用性能较低，应用范围受到限制，一般只适用于对变形性能及加工性能要求不高的构件中，如基础、大体积混凝土、楼板、墙体及次要的中小结构件等。超细晶粒钢筋是在国家重点基础研究发展计划"973计划"超细晶粒钢项目研究成果的基础上，研究开发的高强钢筋生产工艺。该工艺是在不需添加或少添加合金元素，通过控轧控冷，利用形变诱导相变技术，获得超细晶粒组织，从而达到提高钢筋强度的目的。但由于采用该工艺生产的高强钢筋存在焊接软化，且定义不清晰等原因，推广效果不理想，没有获得市场的广泛认可。微合金化技术是在普通低 C-Mn 钢中添加微量的合金元素（如 V、Nb、Ti 等强碳氮化物形成元素），通过微合金元素的细晶强化、析出强化等作用提高钢筋综合力学性能的一种工艺技术。通过微合金化工艺生产的钢筋，具有强度高、焊接性能好、抗震性能强的特点，是产品综合性能较好的高强钢筋生产工艺，但由于需要添加钒、铌、钛等合金元素，相应会在一定程度增加生产成本。

2018 年 2 月 6 日，新修订的热轧钢筋标准 GB 1499.2 审批通过，11 月 1 日生效。与 GB 1499.2—2007 相比，GB 1499.2—2018 主要变化如下：增加了冶炼方法，取消了 HRB335，增加了 HRB600 钢筋，增加了带 E 的钢筋牌号，增加了金相组织检验的规定，增加了宏观金相、截面维氏硬度、微观组织及检验方法。对生产工艺而言，最大的变化就是限制轧后采用强穿水工艺生产钢筋边部具有回火组织的钢筋。

基于市场潜力、产品结构，以及政府新规和新修订标准，采用微合金化工艺生产高强钢筋成为 HRB400E、HRB500E 抗震钢筋的主流工艺。国内知名大中型钢筋生产企业如武钢集团昆明钢铁股份有限公司、江苏永钢集团有限公司、承德钢铁有限公司、首钢长治钢铁有限公司、山东钢铁股份有限公司、江苏沙钢集团有限公司、河北敬业钢铁有限公司及中天钢铁集团有限公司等钢铁公司多数主要采用 V 微合金化工艺生产 400 MPa 级以上抗震钢筋[2]。2017 年中信金属的 "中国钢筋市场、结构和生产工艺" 调研报告指出国内高强钢筋 30% 产量采用 V 微合金化工艺生产，47% 采用强穿水工艺生产，20% 高强钢筋采用控轧控冷工艺生产，只有大概 3.0% 高强钢筋采用 Nb 微合金化工艺生产。但由于受资源供应、环保压力限制，VN 价格波动较大。另外，采用单一钒微合金化很难满足 500 MPa 级以上抗震钢筋的抗震指标要求。

铌微合金化工艺具有以下特点：（1）由于铌资源主要进口，对我国资源、环保冲击不大。（2）巴西矿冶公司铌资源供应有保证，能保证长期价格的稳定性。（3）尽管铌生产工艺控制严格，但一旦掌握该技术，生产和力学性能比较稳定。因此，铌微合金化工艺可以协助钢厂寻求降成本途径，其具有重大的社会、经济意义。在 2018 年利用铌微合金化技术生产 400 MPa 级高强钢筋受到企业普遍关注[3]。

3 Nb 微合金化钢筋的物理冶金学

铌微合金化技术在长材中的应用研究没有在板材中的应用研究得深入[4]。图 2 给出典型钢筋生产线和关键工艺参数，与热轧钢带相比，钢筋含碳量为 0.23% 左右，限制了铌的加入量。同时，所有轧制道次的温度都高于再结晶温度，在终轧道次具有高的应变速率和短的道次间隔时间，易产生动态再结晶。基于以上因素，对于钢筋很难通过热机械控轧处

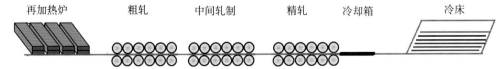

合金设计：C 含量约为0.28%

再加热温度：约1220 ℃   轧制温度：1000~1100 ℃   终轧温度：>1000 ℃   上冷床温度：>880 ℃

精轧机架速度：可达 50 m/s

图 2　典型钢筋生产线及关键温度参数

理来实现细化晶粒的效果。铌在钢中的作用与铌的存在形式有密切关系，铌的存在形式不同，其作用原理和效果就不同，铌在钢筋生产过程中的不同阶段，其存在形式不同，从而影响了钢筋的组织演变过程。下面以 400 MPa 级高强抗震钢筋用含 0.03%Nb 的 20MnSiNb 钢为例，通过与无铌的 20MnSi 碳素钢进行对比，来分析钢筋生产过程中铌的存在形式及其对组织演变和性能的影响。

3.1　Nb 对钢筋铸坯组织的影响

图 3 给出 400 MPa 级钢筋用无铌的 20MnSi 碳素钢和含 0.03%Nb 的 20MnSiNb 钢铸坯组织。由图 3 可见，铸坯组织主要以先共析铁素体和珠光体为主。对比表层到心部的组织可知，由表及里，随着冷却速度的减慢，组织越来越粗大。无铌钢由表及里先共析铁素体组织越来越多，而含铌钢由表及里的组织变化不大。对比含铌钢和无铌钢心部组织可知，含铌钢铸坯组织中晶内先共析铁素体组织量少，珠光体组织多，说明铌可以有效地抑制晶内先共析铁素体的形成。对比含铌钢和无铌钢铸坯边部组织可知，含铌钢晶粒比无铌钢的细小。

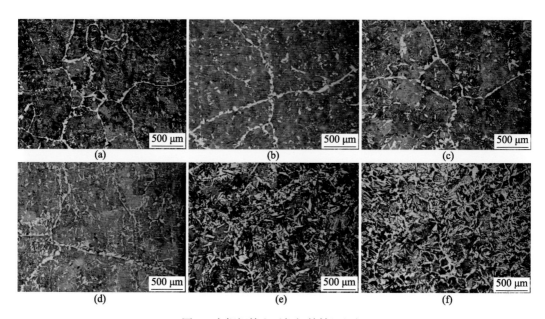

图 3　含铌钢筋和无铌钢筋铸坯组织

（a）含铌钢边部；（b）含铌钢 1/4 部；（c）含铌钢心部；（d）无铌钢边部；（e）无铌钢 1/4 部；（f）无铌钢心部

在两种钢坯中均存在裂纹，如图 4 所示。含铌钢的铸坯裂纹在铸坯心部，宽 23 mm 左右，长度贯穿整个铸坯。无铌钢的铸坯裂纹也在铸坯心部，宽 11 mm 左右，长度 137 mm 左右。含铌钢的铸坯裂纹比无铌钢的大，并且裂纹尺寸严重影响铸坯再加热过程和后续钢筋加工。

含铌钢铸坯裂纹形成与连铸坯冷却过程中 NbCN 沿原奥氏体晶界析出、冷却不均匀等情况有关。观察含铌钢凝固裂纹的情况，主要包括两种类型：大颗粒碳氮化铌（钛）附近产生裂纹并沿枝晶或晶界扩展；晶界处产生微裂纹并向晶内扩展。深入分析其产生的原因可知，铌铁熔点较高，若加入时间较晚，铌在局部区域将发生明显的富集（未完全溶解或未充分扩散），冷却过程中局部超过固溶度积将发生析出且尺寸较大（数微米），而最后凝固的枝晶间由于凝固收缩无法补缩从而导致碳氮化物颗粒与基体间脱开连接产生裂纹（尺寸与碳氮化物颗粒尺寸相当）并沿枝晶间扩展，最终导致宏观凝固裂纹出现；此外，铌与碳的亲和力较高，铌偏聚的地方往往会发生碳的共偏聚，固溶的铌和碳都是强烈提高钢的淬透性的元素，冷却过程中铌和碳共偏聚的微区有

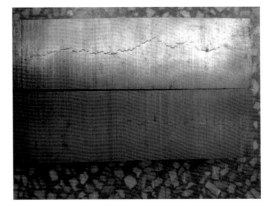

图 4　铸坯的裂纹
（图上半部是含铌钢，图下半部是无铌钢）

可能发生马氏体相变，而高碳马氏体相变由于速度很高会在原奥氏体晶界处产生冲击微裂纹（尺寸在数百纳米），尽管其后发生的自回火会将马氏体形态特征完全消除，但微裂纹却保留下来，并在其后受力时发生扩展而形成宏观裂纹。

通过前述在冶炼时早加铌铁并适当搅拌促进铌铁溶解及铌的扩散均匀化可消除大颗粒碳氮化物的出现，同时也可大幅度减轻铌的偏聚程度而降低局部发生马氏体相变的可能，此外，在二冷区适当降低冷却强度也有助于降低发生马氏体相变的可能性。

昆钢采用 R9 m 直弧型 5 机 5 流小方坯铸机浇铸成断面 150 mm×150 mm 小方坯，中包钢水采用低过热度（15~30 ℃）和典型拉速（2.6~2.8 m/min）浇铸，二冷采用中冷配水模式，铸坯矫直温度大于 1000 ℃，确保铸坯无裂纹。

3.2　再加热温度与铌的固溶对奥氏体化的影响

对于含铌钢筋，最关键的是控制铌的固溶和析出。为了最大化发挥铌在钢中的作用，需要钢筋中加入的铌在高温处于固溶状态，以便更好地发挥其对形变奥氏体再结晶和冷却过程中相变的影响以及在低温析出发挥沉淀强化作用。

在铸坯再加热过程中，影响奥氏体化和铌的固溶的主要工艺参数是再加热温度（均热温度）。无铌钢（20MnSi）与含铌钢（含铌 0.03%）铸坯不同再加热温度下保温 30 min 后的奥氏体晶粒度尺寸随再加热温度变化的关系如图 5 所示[5]。再加热温度在 1050~1150 ℃区间，两种钢奥氏体晶粒尺寸均随温度的升高而逐渐增大，含铌钢奥氏体晶粒尺寸比无铌钢的细小。1200 ℃时含铌钢开始出现部分奥氏体晶粒异常长大的

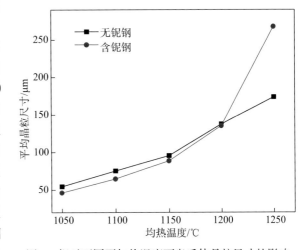

图 5　铌对不同再加热温度下奥氏体晶粒尺寸的影响

现象。均热温度升至 1250℃时，含铌钢奥氏体晶粒明显粗化，其晶粒尺寸远大于无铌钢的。在 1100 ℃时含铌钢的奥氏体晶粒平均尺寸为 65 µm。

图 6 为 1050~1200 ℃再加热温度下萃取复型的未溶相的 TEM 形貌图。随再加热温度升高，未溶相减少，当加热温度升至 1200 ℃时，未溶相数量极少。对再加热温度为 1050~1250 ℃的含铌钢试样进行电解萃取定量分析得到各温度下 Nb 的未溶量见表 1。由表 1 中数据可知，当再加热温度为 1100 ℃，只有 0.019%Nb 处于固溶状态，0.011%Nb 未溶以化合物形式存在。

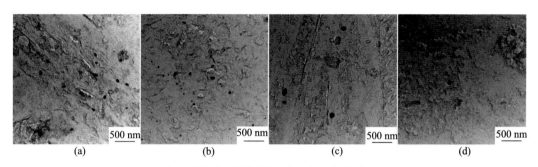

图 6　含铌钢不同均热温度下析出相的分布
（a）1050 ℃；（b）1100 ℃；（c）1150 ℃；（d）1200 ℃

表 1　利用电解萃取技术得到不同加热温度下 NbC 相的分析结果

序号	再加热温度/℃	保温时间/min	析出相中铌含量/%	固溶铌含量/%
1	1000	30	0.022	0.008
2	1050	30	0.016	0.014
3	1100	30	0.011	0.019
4	1150	30	0.0077	0.0223
5	1200	30	0.0023	0.0277
6	1250	30	0	0.030

奥氏体晶粒尺寸是受再加热温度与铌的固溶析出共同影响。从含铌钢与无铌钢 1050~1150 ℃再加热温度下奥氏体晶粒尺寸来看，再加热温度升高，铌的固溶量增加，未溶的铌含量减少，含铌钢晶粒细化的效果稳定，所以含铌钢奥氏体晶粒细化效果是由未溶碳氮化铌钉扎晶界与固溶铌原子在晶界处偏聚产生溶质拖曳作用两方面共同作用阻止奥氏体晶粒长大的结果。当加热温度升高到 1200 ℃以上，偏聚的 Nb 原子气团逐渐消散，奥氏体晶界的迁移率将突然增大，含铌钢晶界两侧化学位之差大于无铌钢的，使得含铌钢的晶界驱动力大于无铌钢的，晶粒容易长大，所以出现在 1250 ℃加热时含铌钢奥氏体晶粒尺寸反而比无铌钢奥氏体晶粒尺寸大的现象。因此，含铌钢筋铸坯再加热温度建议低于 1200 ℃。

3.3　不同道次轧制后形变奥氏体再结晶

由图 2 可知，钢筋轧制生产过程中，轧制温度在 1000 ℃以上，道次间隔时间短，不同道次轧制后含铌 0.03%钢筋试样心部组织如图 7 所示。由图 7 可知，6 道次轧制后奥氏体晶粒平均尺寸为 34 µm；12 道次轧制后奥氏体晶粒比 6 道次的更均匀，但细化不明显；18

道次轧制后奥氏体晶粒动态再结晶明显，晶粒细化为 20 μm。不同道次轧制后钢筋试样组织中碳氮化铌析出相的 STEM 形貌如图 8 所示，可见轧制过程中碳氮化铌主要沿晶界和相界析出，随着轧制道次的增加有大量细小的碳氮化铌颗粒析出，颗粒平均尺寸约为 40 nm。说明固溶铌在奥氏体晶界及亚晶界的偏聚，起到溶质拖曳作用从而延迟形变奥氏体再结晶，同时，形变诱导析出的碳氮化铌钉扎晶界，进一步延迟奥氏体再结晶，两方面作用使得含铌钢筋轧制后奥氏体晶粒细化。

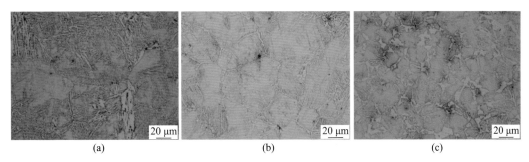

图 7　不同道次轧制后含铌钢筋组织
（a）6 道次；（b）12 道次；（c）18 道次

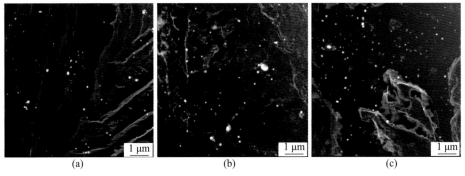

图 8　不同道次轧制后含铌钢筋中析出相的 STEM 形貌
（a）6 道次；（b）12 道次；（c）18 道次

3.4　形变奥氏体连续冷却转变及组织的控制

含铌钢中易产生贝氏体组织，当钢中贝氏体组织含量超过 20%，会出现无屈服现象，大多数终端客户认为这是不安全的，同时贝氏体组织会降低最大力下的伸长率。因此，贝氏体组织和连续屈服影响含铌钢筋的应用。新标准对钢筋组织提出了严格的要求，但没有明确限制贝氏体组织。为了进一步揭示铌和轧制工艺对最终组织的影响，我们通过热模拟试验测试了不同条件下含铌钢筋的动态 CCT 曲线。图 9 给出热模拟试验工艺路线，图 10 给出得到的动态 CCT 曲线，其中图 10(a)(b) 分别为相同工艺条件下无铌钢和含铌钢的动态 CCT 曲线，对比两种钢的 CCT 曲线可知，铌降低了先共析铁素体转变温度，促进了贝氏体形成，使贝氏体区向右移动，在 3~5 ℃/s 容易形成。对比不同加热温度下的含铌钢的动态 CCT 曲线可知，提高均热温度，使奥氏体晶粒粗大和固溶铌增加，从而促进贝氏体形成。

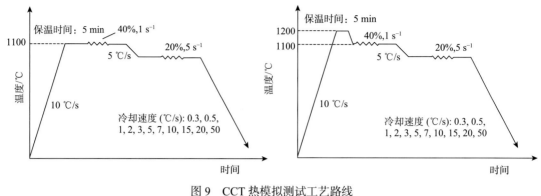

图 9 CCT 热模拟测试工艺路线

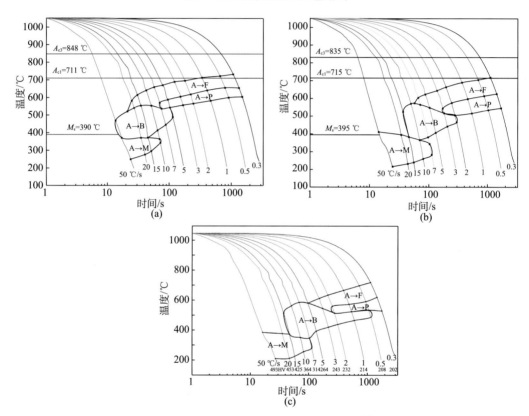

图 10 无铌钢和含铌钢的动态 CCT 曲线[6]
（a）无铌钢，1100 ℃加热；（b）含铌钢，1100 ℃加热；（c）含铌钢，1200 ℃加热

在钢筋生产过程中怎样控制贝氏体的形成？因为大部分钢筋生产线没有 TMCP，理论上讲，对于含铌钢筋生产采用低温轧制和大的压下量能诱导铁素体转变才是有效的，但是大多数钢筋生产线有轧后水冷装置，可采用弱控冷来细化奥氏体晶粒尺寸，同时也可利用固溶的铌来影响铁素体转变。图 11 给出了不同冷速下含铌钢的组织。图 12 给出了不同冷速下含铌钢中析出相 STEM 形貌。由图 12 可知，冷速越慢，细小含铌析出相越多。当冷速为 1 ℃/s，可得到铁素体+珠光体为主的组织同时可得到大量细小的析出相。奥氏体中固溶的铌对过冷奥氏体连续冷却转变的影响显著。除了铌以外，锰含量提高也会抑制铁素体

转变，促进贝氏体形成。一般钢筋中锰的加入量控制在 1.40%左右。

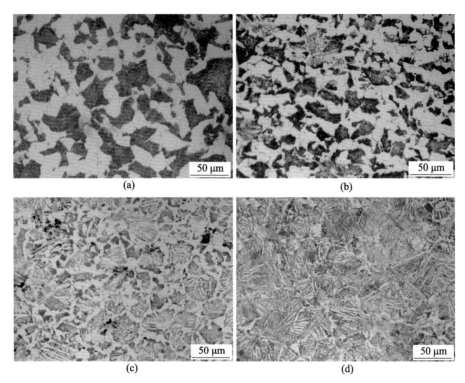

图 11　含铌钢连续冷却转变后的金相组织

（a）0.3 ℃/s；（b）1 ℃/s；（c）2 ℃/s；（d）5 ℃/s

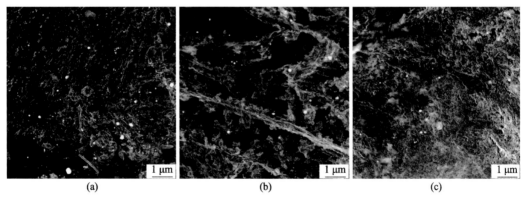

图 12　不同冷速条件下含铌钢中析出相 STEM 形貌

（a）0.3 ℃/s；（b）2 ℃/s；（c）5 ℃/s

3.5　钢筋中铌的强化效果

相同工艺条件下生产的 20MnSi 无铌钢筋和含铌 0.03%的 20MnSiNb–400 MPa 级钢筋的力学性能如表 2 所示，金相组织如图 13 所示。由表 2 数据可知，采用铌微合金化技术可达到国标对 HRB400E 钢筋抗震性能的要求，而碳素钢筋达不到要求。400 MPa 级钢筋的强化机制有细晶强化、组织强化、固溶强化、析出强化，其中细晶强化对屈服强度贡献大，组织强化对抗拉强度贡献大。对比两种钢的强化机制（图14）可知，钢中加入铌可起到细晶强化、析出强化和组织强化（珠光体或贝氏体相变强化）的作用[7]。

表 2　试验钢筋力学性能

编号	Nb 含量/%	屈服强度/MPa	抗拉强度/MPa	强屈比	屈屈比	断后伸长率/%	最大力总伸长率 A_{gt}/%
20MnSi	0	360	569	1.58	0.90	23.2	14.0
20MnSiNb	0.03	439	632	1.44	1.10	25.8	16.4

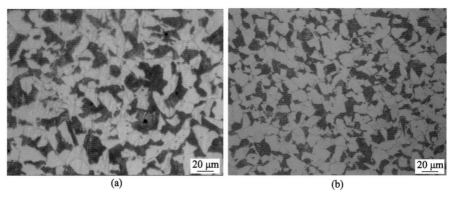

图 13　20MnSi 和 20MnSiNb 钢筋金相组织对比
（a）20MnSi；（b）20MnSiNb

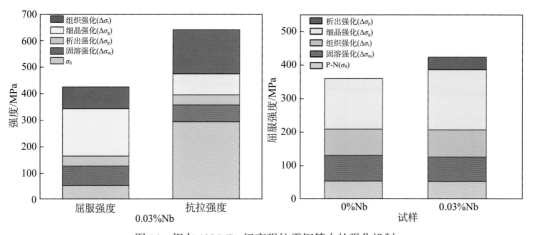

图 14　铌在 400 MPa 级高强抗震钢筋中的强化机制

（1）细晶强化。首先，根据相分析结果，在加热过程中未溶的铌能阻止奥氏体晶粒粗化，也可阻止轧制过程中奥氏体再结晶和晶粒长大。由于钢筋轧制过程中 TMCP 相对较弱或没有应用，钢筋中铌的细晶强化效果没有像在低碳钢板材生产中那么强，但对比图 13 所示的相同工艺条件下生产的 20MnSi 无铌钢筋和含铌 0.03% 的 20MnSiNb400MPa 级钢筋的金相组织可知，含铌钢筋的铁素体晶粒比无铌钢筋的更细小均匀，可起到一定细晶强化作用。

（2）析出强化。应用 TEM 和物理化学相分析法分析含铌 0.03% 的 HRB400E 钢筋中析出相。表 3 给出了 Nb(C,N) 颗粒相分析结果，可知有 0.022%Nb 析出，铌的析出率达到 70%。

固溶在铁素体中的铌只有 0.008%，其固溶强化可忽略。图 15 为析出相颗粒尺寸分布和 TEM 形貌。有大量细小的 Nb(C,N) 颗粒存在，尺寸小于 60nm 的颗粒达到了 63.7%。细小的 Nb(C,N) 颗粒可起到显著的析出强化效果。析出强化增量可采用 Orowan-Ashby 方程表示：

$$\Delta\sigma_{\mathrm{p}} = (0.538 Gb f_v^{\frac{1}{2}} / X)\ln\left(\frac{X}{2b}\right) \tag{1}$$

式中，$\Delta\sigma_{\mathrm{p}}$ 为屈服强度增量，MPa；G 为剪切模量，MPa，对于铁基 G 为 81600 MPa；b 为柏氏矢量，nm，对于铁素体 b 为 0.248nm；f_v 为析出相粒子的体积分数；X 为析出相粒子的尺寸，nm。根据析出相尺寸定量分析结果，可计算得到含铌钢筋中铌的析出强化对屈服强度的贡献为 38 MPa。

表 3　铌微合金化热轧 HRB400E 钢筋相分析结果

M(CN) 相中各元素的比例（质量分数）/%				相结构
Nb	N	C	Σ	
0.022	0.0022	0.0010	0.025	Nb ($C_{0.35}N_{0.65}$)

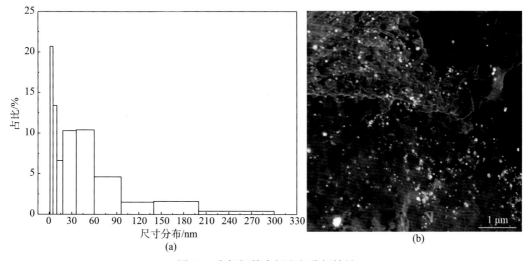

（a）　　　　　　　　　　　　　　　　　（b）

图 15　含铌钢筋中析出相分析结果
（a）NbC 颗粒尺度分布；（b）析出相 TEM 形貌

（3）组织强化（珠光体或贝氏体相变强化）。钢筋中珠光体和少量的贝氏体组织可起到相变强化的作用，钢筋中加入铌可细化珠光体组织，促进贝氏体组织形成，从而提高组织强化作用。组织强化对强度的贡献增量与珠光体（或贝氏体）的含量成正比，通过计算得到，含铌钢筋中的组织强化增量为 96 MPa，比无铌钢的高 10 MPa。组织强化对抗拉强度的贡献要大于对屈服强度的贡献，对于提高强屈比更有力。因此含铌钢筋的抗震性能更容易达标。根据 HRB500E 和 HRB600 的生产结果以及 CCT 模拟实验结果可知，相变前奥氏体中固溶的铌可提高淬透性，从而促进珠光体或贝氏体组织的形成，明显提高强屈比。

基于以上分析，析出强化、细晶强化和组织强化都能使强度提高。对于 HRB400E 钢筋，加入 0.02%~0.03% Nb 可实现强度和抗震指标的要求。对于更高级别的钢筋如 HRB500E

和 HRB600E，采用铌钒复合微合金化，发挥铌对相变和组织的影响，更有利于强屈比的提高，对于改善抗震性能是有利的，同时结合低温析出的大量细小的碳氮化钒的沉淀强化作用来提高强度，从而实现高强度和抗震性能要求。

4 生产实践

2018 年，针对 GB/T 1499.2—2018 新标准对钢筋产品质量及生产工艺提出的更高、更严格要求，针对云南省地震多发的实际，昆钢充分应用铌（钒）微合金细晶强化及析出强化理论对钢的化学成分进行设计，通过对炼钢微合金制度、连铸工艺、轧钢加热制度、控制控冷制度集成创新，开发出铌（钒）微合金控轧工艺生产 HRB400E、HRB500E 细晶高强韧抗震钢筋制造技术，实现了 HRB400E、HRB500E 抗震钢筋的低成本大批量产业化生产。

2018 年 1 月~2019 年 6 月，昆钢采用铌（钒）微合金控轧工艺累计生产 HRB400E、HRB500E(超)细晶高强韧抗震钢筋 681.97 万吨，其中 HRB400E 产量 625.18 万吨，HRB500E 产量 56.79 万吨，产品具有工艺力学性能优异稳定、显微组织细小均匀、低应变时效性、连接及疲劳性能优异等优点，各项指标全面优于 GB/T 1499.2—2018（表 4、表 5、图 16~图 18）。

表 4 昆钢铌微合金控轧工艺生产 HRB400E、HRB500E 细晶抗震钢筋力学性能指标

工艺或标准	牌号	规格/mm	工艺力学性能					
			R_{eL}/MPa	R_m/MPa	R_m^0/R_{eL}^0	R_{eL}^0/R_{eL}	A/%	A_{gt}/%
铌微合金控轧工艺	HRB400E	$\phi12\sim18$	420~485 平均值：442	585~660 平均值：620	≥1.35	≤1.25	≥21.0	≥12.5
		$\phi20\sim25$	420~490 平均值：445	590~645 平均值：610	≥1.35	≤1.25	≥20.0	≥12.0
		$\phi28\sim32$	415~475 平均值438	580~640 平均值：607	≥1.35	≤1.25	≥18.0	≥11.0
铌钒微合金控轧工艺	HRB500E	$\phi12\sim18$	525~575 平均值：543	670~735 平均值：695	≥1.26	≤1.20	≥20.0	≥12.0
		$\phi20\sim28$	515~565 平均值：538	670~725 平均值：690	≥1.26	≤1.20	≥19.0	≥11.0
GB/T 1499.2—2018	HRB400E	$\phi6\sim40$	≥400	≥540	≥1.25	≤1.30	—	≥9.0
	HRB500E	$\phi6\sim40$	≥500	≥630	≥1.25	≤1.30	—	≥9.0

注：R_m^0 为钢筋实测抗拉强度，R_{eL}^0 为钢筋实测下屈服强度。

表 5 昆钢铌微合金控轧工艺生产 HRB400E、HRB500E 细晶抗震钢筋化学成分控制

牌号	规格/mm	化学成分（质量分数）/%						
		C	Si	Mn	S	P	Nb	V
HRB400E	$\phi12\sim25$	0.21~0.25	≤0.50	≤1.50	≤0.045	≤0.045	≤0.025	—
	$\phi28\sim32$	0.21~0.25	≤0.50	≤1.40	≤0.045	≤0.045	≤0.028	—
HRB500E	$\phi12\sim20$	0.21~0.25	≤0.55	≤1.57	≤0.045	≤0.045	≤0.028	≤0.065
	$\phi20\sim28$	0.21~0.25	≤0.55	≤1.57	≤0.045	≤0.045	≤0.028	≤0.065

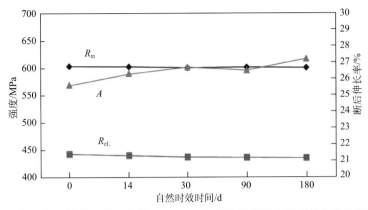

图 16　昆钢铌微合金控轧工艺生产的 HRB400E 细晶抗震钢筋自然时效力学性能变化情况

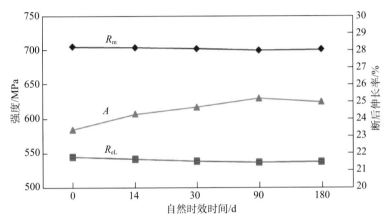

图 17　昆钢铌钒微合金控轧工艺生产的 HRB500E 细晶抗震钢筋自然时效力学性能变化情况

图 18　昆钢铌微合金控轧工艺生产的 HRB400E 细晶抗震钢筋连接试样宏观形貌
（a）焊接连接；（b）套筒直缝螺纹机械连接

5　结论

（1）钢筋中加入铌，通过碳氮化铌析出相钉扎晶界的作用和固溶铌的溶质拖曳作用可阻止铸坯再加热过程中原始奥氏体晶粒长大和轧制过程中形变奥氏体的动态再结晶，从而起到细化晶粒的作用，在 1100 ℃再加热原始奥氏体晶粒尺寸可控制在 65 μm，6 道次轧制后奥氏体晶粒尺寸为 34 μm，经过 18 道次轧制后奥氏体晶粒尺寸为 20 μm，最终铁素体平均晶粒尺寸可控制在 10 μm 以下。

（2）影响含铌钢筋过冷奥氏体相变的主要因素是固溶铌量和奥氏体晶粒尺寸，采用较低的加热温度和轧制过程中固溶 Nb，能获得细小的再结晶奥氏体组织，从而促进珠光体组织形成，提高强屈比。

（3）铌在高强钢筋中可起到细晶强化、析出强化和组织强化作用。

（4）昆钢等钢厂采用 0.02%~0.03% Nb 微合金化技术已经成功批量生产满足新标准要求的 400MPa 级高强度抗震钢筋。

（5）昆钢、永钢等钢厂采用铌钒复合微合金技术已经成功批量生产满足新标准要求的 500MPa 级高强度抗震钢筋。

参考文献

[1] Zhang Y Q, Yong Q L, Guo A M. Strengthening effects of niobium on medium carbon rebars[J]. Journal of Mechanics Engineering and Automation, 2018(2): 82-91.

[2] 陈伟, 张卫强, 吴光耀, 等. 富氮钒铌微合金化控冷工艺制备 600 MPa 级抗震钢筋应用研究[J]. 热加工, 2017, 46(4): 95-100.

[3] Zhang Y Q, Ibabe J M R, Zhang W Q, et al. Strengthening effects and processing optimization of niobium on high strength rebars. [C]//Proc of the Iron & Steel Technology Conference. Pittsburgh: Association for Iron & Steel Technology, 2019: 2013-2024.

[4] 雍岐龙, 裴和中, 田建国, 等. 铌在钢中的物理冶金学基础数据[J]. 钢铁研究学报, 1998(2): 70-73.

[5] 叶亚平, 曹建春, 高鹏, 等. 均热温度对抗震钢筋奥氏体化及铌固溶的影响[J]. 钢铁研究学报, 2019, 31(9): 830-836.

[6] 曹建春, 叶亚平, 阴树标, 等. 铌微合金化抗震钢筋形变奥氏体连续冷却转变[J]. 钢铁, 2019, 54(12): 81-88.

[7] 周煌, 刘铖霖, 曹建春, 等. 高强抗震钢筋原位拉伸的微观组织变形机理[J]. 钢铁研究学报, 2018, 30(10): 822-829.

高性能海洋用钢的材料体系与工业实践

王　华[1]，尚成嘉[2]，韩　鹏[1]，严　玲[1]

（1. 鞍钢股份有限公司，中国鞍山，114023；2. 北京科技大学，中国北京，100083）

摘　要： 借助热模拟试验机、分析电镜、微束 EDS 及 EBSD 等分析手段详细研究了 Nb 微合金化含量对再结晶的影响及超高强钢中 Nb 的应变诱导析出行为，并研究了多相组织转变行为及对止裂性能影响的机理，研究结果表明，在 950 ℃以上，0.1%Nb 和 0.063%Nb 钢的再结晶主要受到溶质 Nb 的拖曳作用影响，其再结晶形核并没有受到抑制，由于 Nb 的拖曳作用降低了再结晶速率。在 950 ℃以下，一旦出现应变诱导析出，将有效地抑制再结晶的发生，900 ℃以下，由于有大量弥散 Nb(C,N) 析出，明显地抑制了再结晶；在相同成分设计和变形量情况下，较高的变形速率对弛豫初期析出的促进作用效果明显，而长时间弛豫时影响不大；对于低碳贝氏体钢，通过控制变形量可以调控各类中温转变组织，以达到获得多相组织的目的，多相组织在变形过程中"软硬"相的作用和协同变形机制，决定了其应力应变行为，确保均匀变形和低屈强比，并直接影响塑性断裂的阻力，实现多相组织钢的高止裂韧性。

关键词： 高性能；海洋用钢；应变诱导析出；多相组织；EBSD

王华先生

1　引言

海洋用钢的发展代表了中厚板的研发能力和制造水平。由于海洋环境复杂，无论各类商船和海洋作业平台均受到国际海事组织和各国船级社的监管，对海洋用钢有严格的认证体系。海洋用钢的强度级别分为普通强度级别（235 MPa）、高强度级别（315~390 MPa）、超高强度级别（420~690 MPa）和甚高强度级别（890~960 MPa）等[1-4]。钢板厚度规格从几毫米到 210 mm，还有各类球扁钢、L 型钢、无缝管等材料。海洋用钢的制造工艺有热轧（As Rolled）、控制轧制（Control Rolled）、控轧控冷（TMCP），以及正火（N）和调质（QT）等常规热处理工艺[5-6]。当前，海洋用钢力学性能发展趋势是高强度、高韧性级别、高抗脆断性和高止裂韧性。对于低合金类型的海洋用钢，为了易于焊接，低碳含量微合金化是必然需求，采用超低碳（<0.1%）微合金化合金设计，使用连铸钢坯，通过 TMCP 工艺细化原奥氏体晶粒、细化相变产物是广泛采用的技术路线，屈服强度 235~390 MPa 级别厚度可达到 100 mm，韧性级别可到 F 级，屈服强度 420~460 MPa 级别厚度可达到 90 mm，韧性级别可达到 E/F 级，屈服强度 550~690 MPa 级别厚度可达到 50~60 mm，韧性级别同样可达到 E/F 级。对于特厚规格的超高强度海洋用钢也可以采用调质工艺生产，为了提高钢板

的淬透性能，C-Mn-Mo-B 等提高淬透性的合金元素应合理设计，通过再加热细化奥氏体晶粒、控制低温相变过程是特别重要的。

利用 TMCP 技术生产低合金中厚船板，Nb 历来是重要的微合金元素，20 世纪 60 年代以来的基础研究，充分揭示了 Nb 对于抑制静态再结晶有效实现两阶段控轧的作用，这为低碳设计条件下实现高强度奠定了基础[7]。此外，应变诱导析出的 Nb(C、N) 与奥氏体中的变形位错的交互作用对中低温相变产物的细化也起重要的作用[8]，相关 RPC 原理技术成功应用于开发超高强度海洋用钢。在我国过去 40 年间，Nb 微合金化对 TMCP 工艺过程中的作用原理开展大量研究[9]，重点体现在不同 Nb 含量低合金钢的应变诱导析出行为在不同温度、不同变形量条件下对奥氏体再结晶的影响，B、Cu 对 Nb 应变诱导析出的协同作用，Nb/Mo 对低碳贝氏体钢相变的协同作用能有效调控中厚板的相变产物得到针状铁素体或贝氏体组织，同时，通过添加 Cu，利用 Cu 连续冷却析出/相间析出也是保证超高强度钢板厚度方向性能一致的重要手段。近年来，为了实现高强度、高均匀延伸及优秀的低温韧性，多相组织低合金钢的合金设计及工艺控制原理也得到了创新性的发展，具有多相组织特征的铁素体+贝氏体通过 TMCP 工艺的精确控制，可以实现特厚规格的海洋用钢的工业化生产。

近四十年来，依托我国钢铁工业装备进步和高性能结构钢理论基础及关键工艺技术研究，在利用 TMCP 技术生产高性能海洋用钢方面取得了从技术薄弱到理论与实践协同跨越的巨大进步，已经奠定了海洋用钢的成分设计和工艺体系。本文将从基础研究到工业实践等方面回顾突出特点。

2 海洋用钢合金体系与 Nb 微合金化

2.1 TMCP 海洋用钢合金体系

易焊接低合金钢是海洋工程不可替代的钢铁材料，利用 TMCP 工艺生产的低碳微合金化钢板是低合金钢的主流产品。为了实现低碳设计前提下的高强度和高韧性，原始奥氏体晶粒细化、相变组织细化是根本的技术路线。在轧钢过程中，一方面要利用再结晶轧制细化原始奥氏体，另外一方面要增加非再结晶区变形积累，为连续冷却过程的各类相变提供更多的形核位置和形核驱动力。

为了实现不同强度级别海洋用钢高性能，低碳-Nb 微合金化钢主要有如表 1 所示的合金体系。由表 1 可见，C 是超低碳范围，主要合金体系是 C-Mn-Nb，采用 Mo、B 调控低碳贝氏体组织。

表 1 不同强度级别和厚度规格 TMCP 海洋用钢的合金体系*   （质量分数，%）

钢种	C	Si	Mn	Nb	Cr	Cu	Ni	Mo	Ti	B
FH32/36/40	0.03~0.08	0.2~0.3	1.1~1.8	0.015~0.055	<0.1	<0.35	<0.1	<0.08	0.008~0.015	
FH42/46/50/56	0.03~0.08	0.2~0.3	1.4~1.8	0.02~0.055	0.2~0.5	0.15~0.50	<1.0	<0.3	0.008~0.015	
FH62/70	0.03~0.08	0.2~0.3	1.4~1.8	0.04~0.055	0.2~0.5	0.15~0.80	<1.0	<0.3	0.008~0.015	$(5\sim20)\times10^{-4}$

* $w(P)\leq0.010$，$w(S)\leq0.005$。

该系列钢种成分设计的基本思路及特点有以下几个方面：

（1）大大地降低了 C 含量（小于 0.08%），因为当 C 含量降到 0.08% 以下时，钢中基本上避免了碳化物的出现，因此强度虽然有所下降，但很有利于获得良好的焊接性能和冲击性能。

（2）钢中加入 Nb 和 Ti 微合金元素，微量 Ti 和 Nb 与 C、N 原子形成(Nb,Ti)(C,N)析出物，在热变形后，这类析出在奥氏体中会通过应变诱导在位错线上析出，从而明显地阻碍变形后再结晶晶界的运动，提高该系列超低碳贝氏体钢再结晶停止温度。

（3）Cu 添加量的选择对该系列钢至关重要。利用 ε-Cu 析出强化可以较大程度地提高钢的强度；另外 Cu 对钢的耐蚀性、焊接性能、低温韧性、成型性与机加工性能等都非常有益。

（4）采用 TMCP 生产的海洋用钢大大降低了 Ni、Mo 和 Cr 元素的含量从而降低了合金成本。

（5）钢中的 P、S 分别控制在 0.010% 和 0.005% 以下，以改善材料的塑性与韧性。

上述合金体系的海洋用钢已通过船级社认证，形成系列产品，满足了海洋用钢的需求。

2.2　Nb 微合金化含量与奥氏体再结晶窗口

为了研究 Nb 含量对再结晶的影响，设计了如表 2 所示的三种 C-Mn-Nb 模型钢。通过测量应力松弛曲线，研究静态再结晶开始和结束时间及 Nb（C、N）析出特征。

表 2　C-Mn-Nb 模型钢的成分　　　　　　　　　　（质量分数，%）

钢	C	Mn	Nb	Ti	Ni	N
1 号	0.026	1.71	0.012	—	—	≤40×10⁻⁴
2 号	0.037	1.76	0.063	—	—	≤40×10⁻⁴
3 号	0.030	1.70	0.100	—	—	≤40×10⁻⁴

从图 1（a）是在 800℃ 时的不同 Nb 含量钢的应力松弛曲线，可以看出三种 Nb 含量钢都表现出有一定的析出行为。析出开始时间都在 12 s 左右，析出开始后，应力松弛曲线的软化率减慢。

当应力松弛发生在 850℃ 时，如图 1（b）所示。高 Nb 和中 Nb 钢中仍然有析出发生，但低 Nb 钢应力下降得十分明显，这主要是由于低 Nb 钢中 Nb 对位错的阻碍作用有限，此时 40% 较大变形会储存较高的形变能，这些能量很不稳定，在 850℃ 温度时就发生了再结晶。而中 Nb 钢和高 Nb 钢虽然位错储能也很高，但由于溶质 Nb 的作用，抑制了位错的回复过程从而阻碍了再结晶的发生。

图 1（c）给出了不同 Nb 含量的钢在 900℃ 应力松弛过程。可以看出高 Nb 钢和中 Nb 钢在前期 3s 左右都会有一个再结晶软化的过程，但在 12 s 后析出的硬化效果明显，使得软化速率减缓。这主要是由于析出阻碍了再结晶的发生。而对于低 Nb 钢来说再结晶软化的效果非常明显。

对于 950℃ 的不同 Nb 含量的应力松弛曲线分析如图 1（d）所示。高 Nb 钢会以同一软化速率下降，这表明此时再结晶和析出作用彼此相当。而对于中 Nb 钢和低 Nb 钢来说，再结晶过程占主导作用。

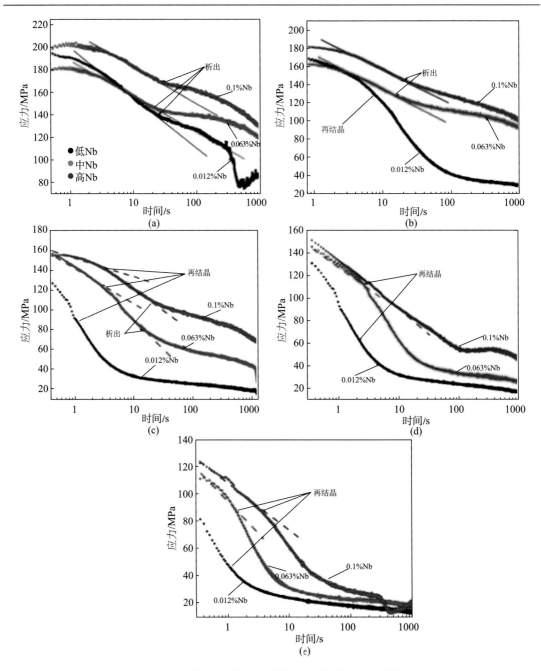

图 1　不同 Nb 含量钢在不同温度下的应力松弛曲线

（a）800℃；（b）850℃；（c）900℃；（d）950℃；（e）1000℃

1000 ℃的应力松弛曲线如图 1（e）所示。此时高 Nb、中 Nb 和低 Nb 钢都表现出明显的再结晶过程。

微合金元素 Nb 对奥氏体热加工过程中的回复和再结晶动力学过程主要特征为：

（1）0.012%Nb 钢在 800 ℃变形时会有应变诱导析出，但在 850 ℃变形 40%后会有再结晶行为发生，之后变形温度的升高，再结晶过程得到加速。

（2）0.063%Nb 钢在 800 ℃以及 850 ℃变形 40%都会有析出出现，但当温度升高到 900 ℃，先期有再结晶过程，而后又析出抑制再结晶的发生。到 950 ℃、975 ℃、1000 ℃ 和 1050 ℃则主要以再结晶过程为主。

（3）对于 0.1%Nb 钢来说，800 ℃和 850 ℃主要以析出过程为主导，再结晶被抑制；900 ℃则是先再结晶，而后析出抑制再结晶；950 ℃析出和再结晶作用相当，由缓慢再结晶行为决定；1000 ℃、1050 ℃以及 1100 ℃则以再结晶过程决定。

2.3 应变诱导析出 Nb（C、N）与非再结晶轧制窗口

微合金化与控轧控冷技术的有机结合并控制微合金元素的析出行为，能有效地改善钢的组织与性能。在这类钢中微合金元素在变形奥氏体中的析出行为对钢的组织与性能有至关重要的影响。采用 TMCP 技术和 C-Mn-Nb 合金设计体系生产超高强度级别海洋用钢，必须解决多元微合金钢中各组元成分的相互作用问题，并且对整个析出过程进行全面跟踪研究。通过研究一种包含多元微合金钢（C 0.035%，Mn 1.54%，Nb 0.076%，Ti 0.080%，Cu 0.32%，Ni 0.33%，Mo 0.33%，B 0.0020%）在热变形后的保温弛豫过程中，微合金元素的析出行为，并结合透射电镜定量或半定量研究析出物的长大、粗化及其伴随的成分变化，以此为工业生产提供精确的工艺制定依据和控制思路。

对 850 ℃变形 30%，弛豫不同时间后立即淬火样品进行萃取复型，复型试样中析出物的透射电镜观察结果如图 2 所示。从形态大小规律看，在未经弛豫的样品内（图 2(a)），观察不到析出颗粒，只有少量夹杂物，表明变形前的固溶处理已使材料中原有析出物回溶。当弛豫进行到 30~200 s（图 2(b)~(d)）时，样品中出现了纳米级的细小析出相，其颗粒大小与分布密度均随弛豫时间延长而增加。弛豫 30 s 时的析出相尺寸很小，数量较少，它们呈带状或略弯曲的直线分布，看来在应变诱导情况下析出颗粒优先在位错或密集变形带上形

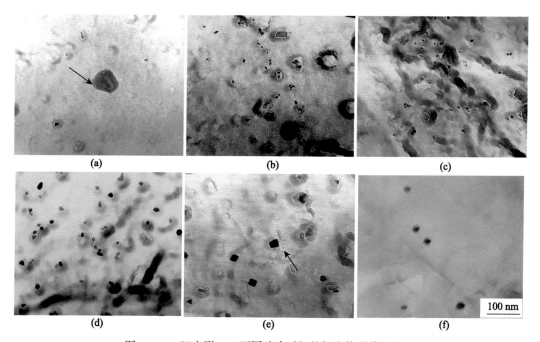

图 2　850 ℃变形 30%不同弛豫时间的析出物形貌的照片

成。当弛豫进行到大于 200 s（图 2(e)）时，析出颗粒尺寸继续增加，但析出颗粒分布密度明显减少，这表明已有析出物的粗化发生，这时新的析出过程已经结束。图 2(e)中箭头所指处正在发生大颗粒吞并周围小颗粒的现象。图 2(f)为电镜薄膜中观察到的析出相形貌。

图 3 和图 4 分别为 800 ℃变形 30%和 900 ℃变形 30%弛豫不同时间时的析出物萃取复型形貌。800 ℃变形弛豫时，由于温度较低，在弛豫 30 s 时未发现析出质点，60 s 时已观察到有析出颗粒，如图 3(a)所示。而 1000 s 时大部分析出颗粒还未粗化。而 900 ℃时发现析出颗粒尺寸在各个阶段均大于 850 ℃和 800 ℃，同样，析出颗粒的尺寸随着弛豫时间的延长而增加，但析出颗粒的密度有所下降。

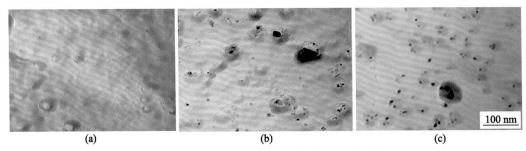

图 3　800 ℃变形 30%不同弛豫时间析出物形貌
(a) 60 s；(b)200 s；(c) 1000 s

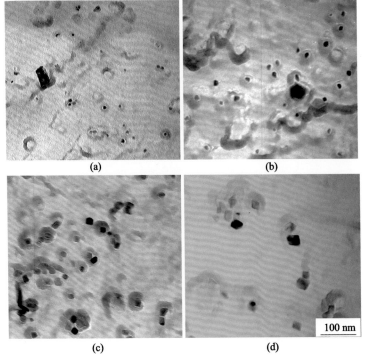

图 4　900 ℃变形 30%不同弛豫时间析出物形貌
(a) 30 s；(b) 60 s；(c) 200 s；(d) 1000 s

此外，还进行了 850 ℃变形 60%和变形 30%、应变速率为 10 s⁻¹的热模拟实验，其不同弛豫时间试样的淬火复型电镜照片如图 5 和图 6 所示。

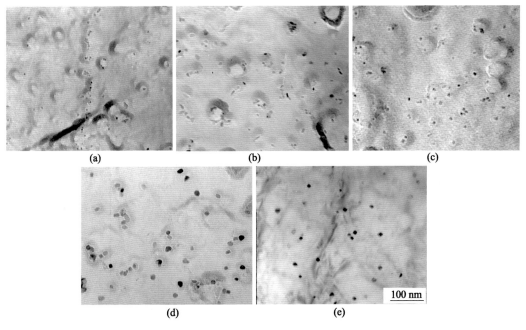

图 5　850 ℃变形 60%弛豫不同时间析出物形貌
(a) 30 s; (b) 60 s; (c) 200 s; (d) 1000 s; (e) 1000 s

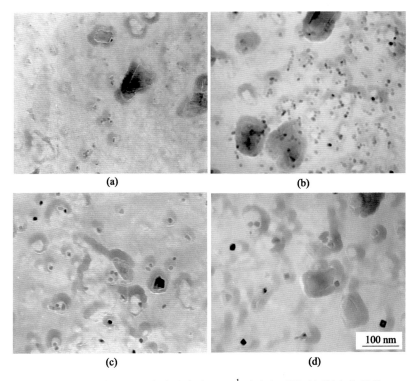

图 6　850 ℃变形 30%应变速率为 10 s^{-1} 时弛豫不同时间析出物形貌
(a) 30 s；(b) 60 s；(c) 200 s；(d) 1000 s

由图 5 可见，同样是在 850℃等温变形，当变形量为 60%时，同变形量 30%相比，析出各阶段的尺寸较小，各阶段析出颗粒的密度较高。当弛豫 1000 s 时，从析出颗粒的尺寸上看，和变形 30%并弛豫 200 s 时的大小相当，而且密度也接近。这说明较大的变形量会产生大量的位错增殖，从而能够提供更多的析出形核位置，因此，在同样的弛豫时间内，析出相体积分数增加，但析出相的尺寸减小。图 5(e)为弛豫 1000s 时的透射薄膜照片。采用变形 30%，但是变形速率为 $10\ s^{-1}$ 而不是 $1\ s^{-1}$，电镜观察发现（图 6）此时析出颗粒的密度在弛豫的初始阶段，特别是弛豫 60 s 时远高于变形速率为 $1\ s^{-1}$ 的情况，而弛豫时间为 200~1000 s 时，析出相的尺寸和密度变化不大。研究结果表明：在相同的变形量情况下，较高的变形速率对弛豫初期析出的促进作用效果明显，而长时间弛豫时影响不大。

采用分析电镜及微束 EDS 技术，能得到直径 2 nm 左右的电子束，使得直接半定量分析直径小于 5 nm 的析出颗粒成分成为可能。图 7 为 850 ℃变形 30%，分析电镜及纳米微束技术测量不同尺寸析出颗粒所对应的能谱。结果表明极少量呈椭球状的析出颗粒为只含 Nb 的析出相（能谱中的硅峰是碳膜中杂质的干扰，Cu 为铜网引起），即 Nb(C,N)。而大部分析出相形状接近不规则多边形，包含几种微合金元素。当其尺寸为 5 nm 或 5 nm 以下时，只包含 Nb 和 Ti，其中 Ti 含量超过 Nb 含量（原子数分数），随着析出颗粒尺寸的增加，Ti/Nb 比逐渐下降。

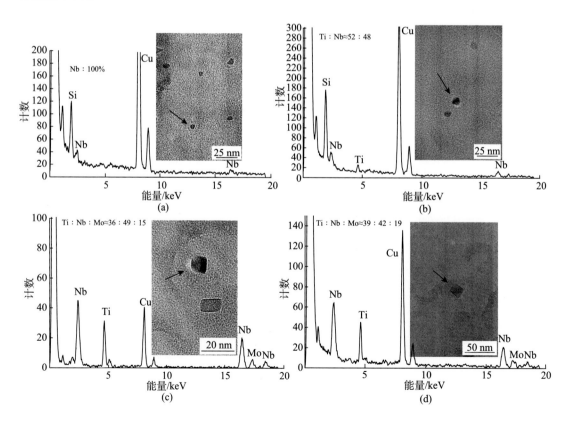

图 7　850 ℃变形 30%不同弛豫时间析出颗粒的成分变化
(a) 60 s；(b) 60 s；(c) 200 s；(d) 1000 s

3 超低碳 Nb 微合金化海洋用钢的组织与性能

3.1 低碳 Mn-Nb 系高强度海工钢的相变动力学特征与性能

实验研究了典型高强度级别低碳 Mn-Nb 系铁素体/少珠光体海洋用钢的相变特征。对于 FH32/FH40 强度级别的钢板,合金成分中 C、Mn、Nb 的含量因强度设计和厚度规格稍有微调,主要原则是随强度级别的提高,Mn 和 Nb 的含量略有增加。表 3 是 FH32 和 FH40 对应合金成分的相变点,FH40 比 FH32 钢的相变点均下降。

表 3　FH32 和 FH40 钢的相变点

相变点	FH32	FH40
A_{c1}/℃	724	706
A_{c3}/℃	909	885
A_{r1}/℃	681	654
A_{r3}/℃	825	806

FH32/FH40 的 CCT 相变曲线见图 8 和图 9,冷却速度 3 ℃/s 以下,可得到等轴铁素体组织,珠光体转变结束温度在 600 ℃左右,贝氏体相变结束温度在 450 ℃左右,可见 800 ℃以后开始冷却、600 ℃左右结束加速冷却,然后缓冷有利于得到铁素体/少珠光体组织。

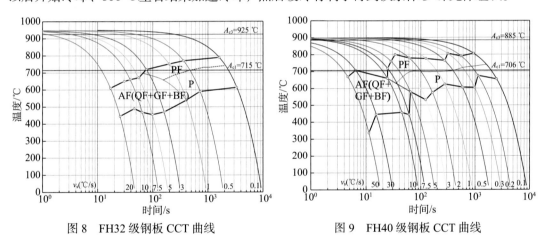

图 8　FH32 级钢板 CCT 曲线　　　　图 9　FH40 级钢板 CCT 曲线

工业生产的 14 mm、60 mm、80 mm、100 mm 钢板头尾部和横纵向拉伸性能见图 10。钢板头尾强度指标均达到要求,60 mm 以上厚度钢板的心部和 1/4 厚度的强度也均符合要求。

3.2 低碳 Mn-Mo-Nb 系超高强度贝氏体海工钢的相变动力学特征

超高强度船板钢传统的生产方法是采取高成分设计,淬火加回火工艺。降低碳含量,采用微合金设计,利用 TMCP 技术,通过细化晶粒,控制组织类型是新一代高性能结构钢的发展方向。钢中加入 Ti、Nb、Ni、Cr、Mo、V、Cu 等合金元素,在合金元素总量降低的前提下,通过细化晶粒、控制相转变和析出可使钢的强度、韧性全面改善,其主要物理冶金原理为晶粒细化、固溶强化、相变强化、沉淀强化等。其中,细化晶粒不仅能提高强度还能提高韧性,这是高强度钢未来发展的首要方向。

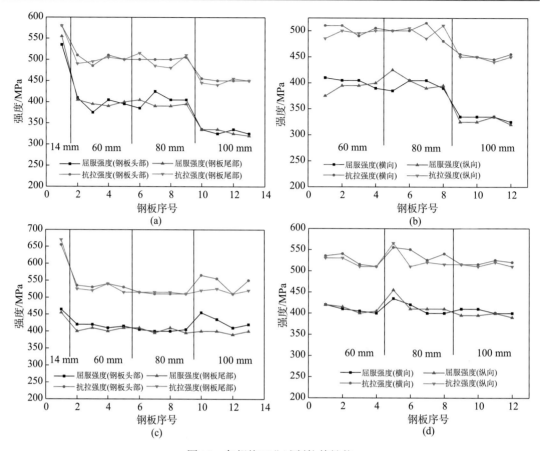

图 10   各规格工业试制拉伸性能

（a）FH32 头尾部对比；（b）FH32 横纵向对比；（c）FH40 头尾部对比；（d）FH40 横纵向对比

采用 Formastor 热膨胀仪分别测定了 FH460 和 FH550 钢的连续冷却转变曲线。表 4 中列出了 460 钢在不同冷却速度下的转变开始与结束温度。460 钢的 CCT 曲线如图 11 所示。

表 4   FH460 连续冷却相变点

温度	冷速					
	10 ℃/s	5 ℃/s	3 ℃/s	1 ℃/s	0.5 ℃/s	0.1 ℃/s
相变开始点		705	710	756	780	785
中温相变开始点	625	630	640			
相变结束点	500	495	515	515	655	660

图 11 为 FH460 钢的 CCT 曲线，图中给出了以 10 ℃/s、5 ℃/s、3 ℃/s、1 ℃/s、0.5 ℃/s、0.1 ℃/s 六种冷却速度下的相变开始点和相变结束点。以 10 ℃/s 速率冷却时，不再发生铁素体转变，组织为粒状贝氏体和板条贝氏体混合组织。随着冷却速度的提高，相变开始的温度逐渐下降。中温转变开始温度在 640~620 ℃ 之间。

表 5 中列出了 FH550 钢在不同冷却速度下的转变开始与结束温度。FH550 钢的 CCT 曲线如图 12 所示。

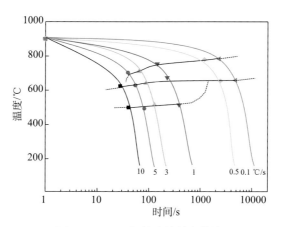

图 11 FH460 钢的连续转变曲线

表 5 FH550 连续冷却相变点

温度	冷速					
	10 ℃/s	5 ℃/s	3 ℃/s	1 ℃/s	0.5 ℃/s	0.1 ℃/s
相变开始点		645	670	685	735	715
中温相变开始点	600	595	600	620	610	600
相变结束点	450	480	475	485	525	535

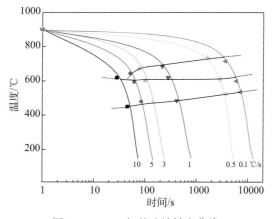

图 12 FH550 钢的连续转变曲线

图 12 为 FH550 钢的 CCT 曲线，图中给出了以 10 ℃/s、5 ℃/s、3 ℃/s、1 ℃/s、0.5 ℃/s、0.1 ℃/s 六种冷却速度下的相变开始点和相变结束点。冷却速度为 10 ℃/s 时不再发生铁素体转变，转变产物主要为板条贝氏体和粒状贝氏体。随冷却速度的提高，转变开始的温度降低，铁素体逐渐减少，粒状贝氏体逐渐增多。珠光体只在冷却速度很低的时候（0.1 ℃/s）出现，中温转变发生在 600 ℃ 左右。

FH460 头尾及横纵向拉伸性能比较见图 13（a）（b），头尾及横纵向冲击性能比较见图 14（a）（b），FH550 头尾及横纵向拉伸性能比较见图 15（a）（b），头尾及横纵向冲击性能比较见图 16（a）（b）。

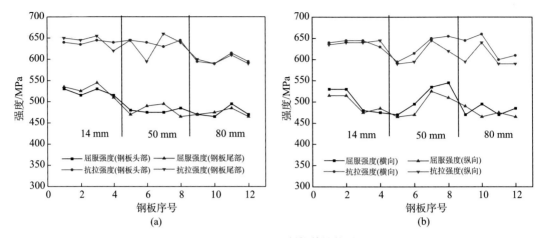

图 13　FH460 工业试制拉伸性能对比

（a）头尾部；（b）横纵向

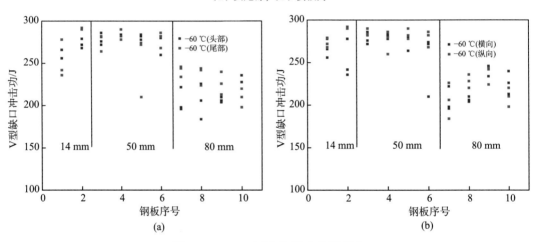

图 14　FH460 工业试制冲击性能对比

（a）头尾部；（b）横纵向

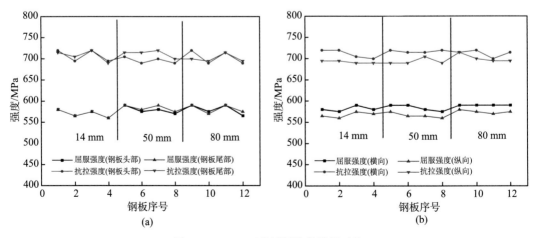

图 15　FH550 工业试制拉伸性能对比

（a）头尾部；（b）横纵向

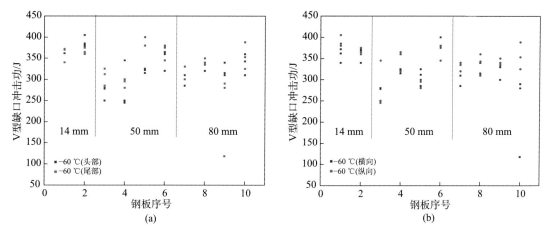

图 16　FH550 工业试制冲击性能对比
（a）头尾部；（b）横纵向

4　多相组织海工钢的调控技术在大型集装箱船止裂钢中的应用

4.1　原始奥氏体晶粒尺寸及应变积累对多相组织转变的影响

通过对比不同条件下的奥氏体转变曲线及奥氏体转变开始温度(A_{r3})和结束温度(A_{r1})，可以更清晰地反映出奥氏体晶粒尺寸的差异对相变的影响程度，如表 6 和图 17 所示。

表 6　不同状态下奥氏体转变开始和结束温度

奥氏体状态	1 ℃/s		15 ℃/s		30 ℃/s	
	A_{r3}/℃	A_{r1}/℃	A_{r3}/℃	A_{r1}/℃	A_{r3}/℃	A_{r1}/℃
FAG-UD	630/565	448	598/500	413	536	389
FAG-D	687	484	664	444	612	415
CAG-UD	555	423	489	305	472	309
CAG-D	609	400	592	395	588	398

注：FAG—细小奥氏体晶粒（再加热温度 950 ℃）；CAG—粗大奥氏体晶粒（再加热温度 1150 ℃）；UD—未变形；D—变形 30%。

从转变曲线可见，所有条件下奥氏体转变分数曲线均呈 S 形。这主要是因为在连续冷却过程中，相变开始阶段，随温度降低过冷度增大，相变驱动力增大，转变速率增加；而同时碳的扩散速率随温度降低而逐渐减小，导致相变结束段转变速率降低。这两方面因素导致转变曲线呈 S 形，转变速率最大值出现于某一中间温度。

结合表 6 及图 17 可以看出，对于较为粗大的奥氏体晶粒，如果没有形变，在 1 ℃/s 冷速下，其相变开始温度 A_{r3} 高于 540 ℃，最终相变组织为 GB；在 15 ℃/s 和 30 ℃/s 冷速下，A_{r3} 下降至 500 ℃以下，得到的组织更接近 BF。当在奥氏体非再结晶区施加了 30%形变以后，奥氏体转变曲线均发生了右移，CAG 的 A_{r3} 提高至 600 ℃左右，此时不同冷速下转变开始温度的差异很小，而主要差异在于最快相变转变温度区间（转变曲线线性上升部分）不同。

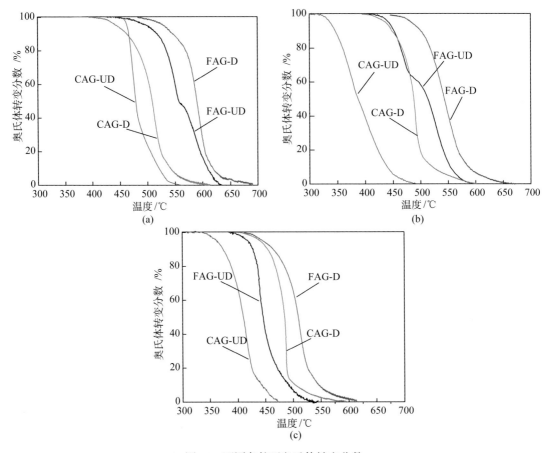

图 17　不同条件下奥氏体转变分数
（a）冷却速度为 1 ℃/s;（b）冷却速度为 15 ℃/s;（c）冷却速度为 30 ℃/s

　　值得注意的是，在未变形条件下，从细化后的奥氏体晶粒对应的转变曲线中可以不同程度地观察到两阶段相变特征，在 1 ℃/s 和 15 ℃/s 冷速下这一特征尤为明显。这说明对于细化的奥氏体晶粒，在其连续冷却转变时存在着一个温度区间，在这个温度区间内相变不容易发生。导致这种现象的原因可能是由于铁素体相变发生时，碳扩散到了周围的未转变奥氏体中，所以抑制了后续奥氏体转变发生的连续性。

　　由以上研究结果可见，对于低碳贝氏体钢，在以较高冷却速度连续冷却过程中，变形量的大小直接影响相变产物的类型和体积分数。形变量的增加将会增加奥氏体中的位错密度，由此带来奥氏体基体中形变储能的升高，并且由于奥氏体被压扁，晶界面积也会增加，这些都会导致相变温度的升高。因此，通过控制变形量也可以调控各类中温转变组织，以达到获得多相组织的目的，优化材料的综合性能。

4.2　多相组织钢的微观力学行为及高止裂性机理研究

　　在拉伸变形前，试样一侧经过电解抛光，表面光滑平坦。随着拉伸变形的增加，铁素体晶粒内出现了越来越多的带状台阶，说明在拉伸变形过程中，铁素体以滑移的方式变形，而贝氏体晶粒中没有观察到大量的滑移带，如图 18 所示。经过对观察区域的统计，在不同的变形阶段（拉伸变形3%和8%），贝氏体晶粒和铁素体晶粒沿拉伸轴方向的变形，在均匀变形初期，铁素体晶粒变形是材料变形的主力，随着变形量的增加，贝氏体晶粒变形对塑性的贡献有所提高。

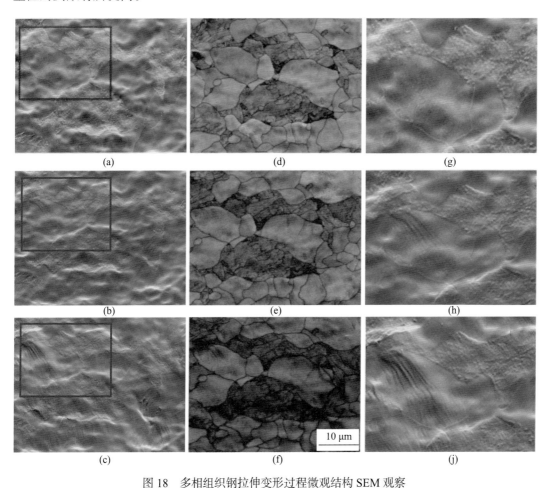

图18　多相组织钢拉伸变形过程微观结构SEM观察

（a）无变形；（b）变形3%；（c）变形8%；（d）～（f）分别为左侧图片的EBSD BC图；（g）～（i）
分别为（a）～（c）中对应红色区域的放大图

利用EBSD丝织构分析技术，设置变形之前每个铁素体晶粒的平均取向为丝织构方向，得到该晶粒内各个位置在变形过程中的局部取向变化，拼合所有的铁素晶粒照片得到图19。从图19可以直观地看到，在变形过程中每个铁素体晶粒内部的取向变化并不同步，铁素体晶粒是通过滑移变形，取向的变化反映了变形的情况。

随着拉伸变形的进行，应变难以有效地释放应力，应力集中至原子键断裂时，组织内部出现了孔洞（图20）。在颈缩区观察到，贝氏体晶粒中出现了很多纳米级的孔洞，可以推测，贝氏体内部弥散的应力集中点最终发展成孔洞；而铁素体中1μm以上的孔洞，是由于两相界面上应力集中非常严重，界面附近的铁素体晶粒应变集中，当出现小孔洞后，应力迅速释放，孔洞向着铁素体内部扩展，出现较大的孔洞。随着颈缩的加剧，贝氏体内部小的孔洞和铁素体内部大的孔洞不断长大，最终通过串联发生韧性撕裂。

图 19　铁素体丝织构图

（a）无变形；（b）变形 8%

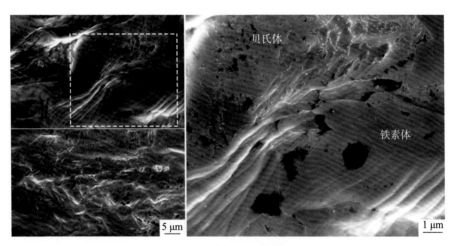

图 20　颈缩区的孔洞

4.3　止裂钢工业认证性能

基于基础理论研究，采用低温加热、大压下再结晶、低温未再结晶、轧后驰豫-加速冷却技术，开展了止裂钢工业试制，从试制钢板常规力学性能来看止裂钢板性能非常优良，其中屈服强度、抗拉强度富余量均比较大，冲击功均在 200 J 以上，具备良好的强韧性指标，具体性能见表 7。

表 7　止裂钢工业试制性能

钢级	厚度/mm	位置	R_{eH}/MPa	R_m/MPa	A/%	KV_1/J	KV_2/J	KV_3/J
E40BCA	80	1/4	419	541	33.9	306	304	301
		1/2	419	586	25.9	236	242	218
E47BCA	80	1/4	524	627	26.0	209	251	269
		1/2	506	628	21.0	265	298	312

采用宽板双重拉伸试验，在-10 ℃环境下，$K_{ca} \geqslant 6000$ N/mm$^{3/2}$，是判定止裂钢是否具备止裂性能的关键指标，鞍钢系列止裂钢板宽板拉伸试验结果如图 21 所示。

从 80 mm 厚 E40BCA 和 E47BCA 宽板拉伸试验结果来看（图 21），分别为 E40BCA 钢

级 K_{ca}=12324 N/mm$^{3/2}$，E47BCA 钢级 K_{ca}=94944 N/mm$^{3/2}$。两钢级 K_{ca} 指标均远高于 $K_{ca} \geqslant 6000$ N/mm$^{3/2}$ 的标准，具备良好的止裂韧性。完全可以满足各国船级社规范要求及大型集装箱船的使用要求。

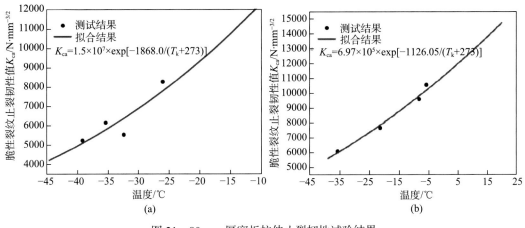

图 21　80 mm 厚宽板拉伸止裂韧性试验结果
（a）E40BCA；（b）E47BCA

5　结语

（1）Nb 作为高性能 TMCP 海洋用钢的重要微合金元素，在再结晶与非再结晶轧制过程中起着极其重要的作用。通过对其细化原始奥氏体晶粒，增加形变积累的物理冶金过程充分研究与认识，奠定了制定 TMCP 工艺窗口的原理。我国长期以来的开展的 Nb 微合金化技术研究是发展高性能海洋用钢的重要保障。

（2）利用 TMCP 技术生产的海洋用钢有着其得天独厚的优势。钢的强度不再依靠 C 及合金元素的总量，而是靠晶粒细化、贝氏体组织中的位错强化、Nb 等微合金强化以及 ε-Cu 的沉淀强化。因此钢中的 C 含量大幅度降低，合金元素的总量也较低。这使得它具有高强度、高韧性、焊接性能优良等特点，很好地解决了材料性能、成本、利润和能源之间的矛盾。

（3）鞍钢是中国最早进行船舶及海洋装备用钢开发的企业，是中国造船用钢技术进步与产品发展的引领者，是中国生产规格最全、钢种数量最多、质量级别最高、生产规模最大的船板生产基地，至今已累计生产了 2000 余万吨船板。目前，在鞍山本部和鲅鱼圈生产基地共有 4 条中厚板生产线，每年的生产能力为 500 万吨，其中船板的比例约占 40%，品种、规格几乎覆盖了所有船体结构用钢，拥有 ABS、BV、CCS、VL 等 9 国船级社产品认证资质，所生产船板及海工钢的强度级别、质量等级一直处于行业领先水平。

（4）鞍钢先后承接了大连造船厂的 20000 箱、沪东中华船厂的 23000 箱和江南造船厂的 23000 箱集装箱船用止裂钢，E40BCA 和 E47BCA 高止裂韧性钢板厚度范围为 50~90 mm，其中部分规格极厚、极宽、极长，如：85 mm×4150 mm×4600 mm、80 mm×1670 mm×17950 mm。此部分规格在保证钢板表面不平度、性能指标情况下生产难度极大。经 VL、BV 和 CCS 等船级社的验船师监督检验，认为鞍钢生产的集装箱船用钢板力学性能稳定，完全符合船规要求。在使用过程中，经过检验考核，使用情况良好，具有非常良好的焊接性能和加工成型性。

参考文献

[1] Kozasu I. Hot rolling as a high-temperature thermo-mechanical process. [C]//Proceedings of Microalloying'75. New York: Union Carbide Corp., 1977: 120-135.

[2] Ouchi C. Development of steel plate by intensive use of TMCP and direct quenching processes[J]. ISIJ International, 2001, 41(6): 542-553.

[3] Kozasu I. Metallurgical framework of direct-quenching of steel[C]//Proceedings of Thermomechanical Processing of Steels & Other Materials International Conference Warrendale: TMS, 1997: 47-55.

[4] 刘振宇, 唐帅, 陈俊, 等. 海洋平台用钢的研发生产现状与发展趋势[J]. 鞍钢技术, 2015(1): 1-7.

[5] Otani K, Hattori K, Muraoka H, et al. Development of ultraheavy-gauge (210 mm thick) 800 N/mm² tensile strength plat steel for rack of jack-up rigs[J]. Nippon Steel Technical Report, 1993(348): 10-16.

[6] 王华, 李静, 韩鹏, 等. 鞍钢高性能造船与海工用钢开发和应用[C]//海洋工程装备与船舶用钢论坛-海洋平台用钢国际研讨会文集. 北京: 中信微合金化技术中心, 2013: 144-150.

[7] 吴圣杰, 聂文金, 尚成嘉, 等. 铌含量对低碳微合金钢回复再结晶行为的影响[J]. 北京科技大学学报, 2013, 35(9): 1144-1149.

[8] 尚成嘉, 缪成亮, 聂文金, 等. 高 Nb 含量低合金钢的静态再结晶及形变诱导析出行为研究[C]//2012年全国轧钢生产技术会论文集. 北京: 中国金属学会, 2012: 23-30.

[9] 王厚昕, 郭爱民, 付俊岩. 采用 Nb 微合金化 TMCP 工艺的低合金结构钢的发展与应用[C]//第二届全国低合金钢学术年会. 北京: 中国金属学会, 2015: 68-83.

铌微合金化技术在压力容器用钢中的应用

李书瑞[1]，杨国义[2]，章小浒[3]，刘文斌[1]，刘中柱[4]，郭爱民[4]

（1. 宝钢股份中央研究院武钢有限技术中心，中国武汉，430080；2. 全国锅炉与压力容器用钢标准化技术委员会，中国北京，100029；3. 合肥通用机械研究院有限公司，中国合肥，230031；4. 中信金属股份有限公司，中国北京，100004）

摘　要： Nb 在中国压力容器钢发展史中具有重要作用，含 Nb 压力容器用低合金高强度钢主要用于正火高强度钢（屈服强度级别 245～420 MPa，–40～0 ℃）、低温钢（–196～45 ℃）、中温钢（–20～20 ℃）、调质高强度钢（屈服强度大于等于 490 MPa，–50～–20 ℃），并分别纳入国家标准（GB/T 713、GB/T 3531、GB/T 19189），确立相应技术要求。纵观这些含 Nb 钢种的开发历史，不难发现与其他领域的低合金高强度钢发展有着相似的冶金学设计历程，包括组织设计、合金设计、制造工艺设计等，其中 Nb 微合金化设计已成为当今新钢种开发的主要技术手段。本文以含 Nb 微合金化典型钢板开发为例，介绍了含 Nb 压力容器钢板研发思路、技术要求、实物性能和工程化应用，讨论了我国含 Nb 压力容器钢的发展方向。

关键词： 压力容器钢；铌微合金化；力学性能；焊接性能；标准化

李书瑞先生

1　引言

随着科技和工业的发展进步，压力容器在石油、化工、轻工、冶金等领域得到广泛应用。国内外压力容器用钢产量不断增加，市场对高性能压力容器用钢材的需求也日益增加。为此，各钢铁企业为适应市场需求积极开发新产品，使钢材产品向优质、低耗和高性能化方向的发展速度也不断加快，微合金化元素铌在钢中的应用也越来越受到重视，其使用范围也越来越广。对此本文主要是通过对我国典型的含 Nb 压力容器钢的发展历程、成分设计、工艺设计，以及 Nb 对钢板力学性能、焊接性能等的影响进行分析，探讨我国含 Nb 压力容器钢的发展方向。

2　中国压力容器用钢发展历程

2.1　中厚板制造现状

根据中国钢协的统计数据，中厚板产量占中国钢材产量的 6% 左右，自 2016 年起，维持在 7000 万吨左右。2010~2019 年我国中厚板产量及其增幅情况见表 1。2019 年 1~4 月我国中厚板品种钢产量如图 1 所示。

表 1 2010~2019 年我国中厚板产量及其增幅情况 （万吨）

年份	中板		厚板		特厚板		产量合计
	产量	增幅/%	产量	增幅/%	产量	增幅/%	
2019 年 1~4 月	1319.2	12.1	1019.9	9.6	255.4	−0.4	2594.5
2018	3499.4	−2.0	2724.1	4.4	764.4	4.8	6987.9
2017	3570.6	−0.8	2608.6	2.1	729.7	−4.8	6908.9
2016	3598.7	−10.5	2553.9	0.5	766.5	−0.5	6919.1
2015	4019.9	0.5	2542.5	−3.6	770.5	6.0	7332.9
2014	4000.9	4.9	2638.5	10.0	727.0	9.5	7366.4
2013	3812.4	0.3	2398.8	2.5	663.7	23.6	6874.9
2012	3802.8	−7.8	2341.0	−10.1	537.0	−13.1	6680.8
2011	4123.7	−2.8	2603.6	17.1	617.9	28.3	7345.2
2010	4241.7	21.6	2223.6	18.6	481.7	1.5	6947.0

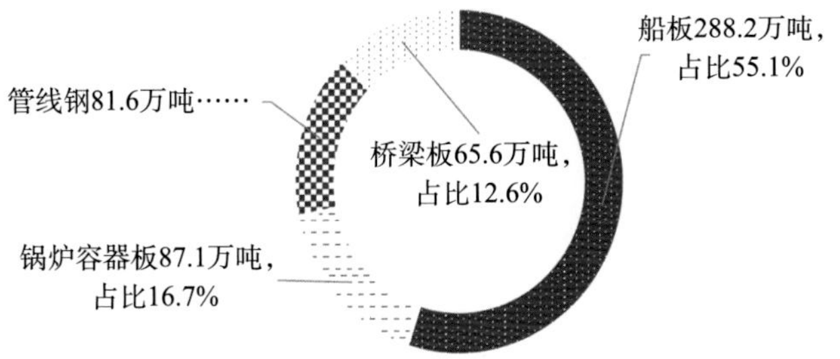

管线钢81.6万吨……

船板288.2万吨，占比55.1%

桥梁板65.6万吨，占比12.6%

锅炉容器板87.1万吨，占比16.7%

图 1 2019 年 1~4 月我国中厚板品种钢产量

2.2 压力容器用钢定义

本文中压力容器用钢特指承压设备用可焊接的扁平碳钢钢板（中厚钢板），厚度范围通常为 10~100 mm。钢的牌号依据化学元素命名法和强度级别法，如 15MnNbR、Q370R。文中的 Nb 微合金化指钢中强制性添加 Nb，并规定 Nb 含量在一定范围，如 0.015%~0.050%。

2.3 压力容器设计特点

压力容器的设计要考虑应用端和制造端。应用端通常受属地安全监察法规限制，国际上没有统一的设计/制造规范；制造端则受冶金工艺装备、技术、成本等影响，品种体系各异。

同时，容器制造需要考虑技术规范和成本，容器服役需要考虑安全和维护，容器设计要考虑设计规范和监察容规，容器用钢铁材料需要考虑冶金工艺装备和生产成本。

2.4 我国压力容器用钢的发展

2.4.1 20 世纪 80 年代初

在此期间压力容器用钢品种有限，可以生产供货的更少，压力容器用钢基本依赖进口。而国内钢板冶金质量不理想、钢板韧性差、焊接性差。我国 20 世纪 80 年代常用锅炉和压力容器用钢，见表 2。

表2　我国 20 世纪 80 年代常用锅炉和压力容器用钢

牌号	类别	强度	应用
20R	碳钢	$R_{eL} \geqslant 245$ MPa	有
16MnR	低合金钢	$R_{eL} \geqslant 345$ MPa	有
15MnVR	低合金钢	$R_{eL} \geqslant 370$ MPa	无
15MnVNR	低合金钢	$R_{eL} \geqslant 420$ MPa	无
16MnDR	低温钢	$R_{eL} \geqslant 345$ MPa, KV_2（-40 ℃）$\geqslant 21$ J	有

2.4.2　20 世纪 80 年代中后期

国家进行低合金钢新的发展规划，大型成套装备逐渐国产化，钢铁企业也进行"平改转""全连铸"等装备升级。科研院所在微合金化技术研究成果上已成熟，而原武钢牵头，联合中国通用机械总公司、合肥通用机械研究院、钢铁研究总院、中科院金属研究所、北京工业大学等 20 多家单位，提出中国高性能压力容器用钢开发框架、材料体系、目标及技术路径。

2.4.3　21 世纪

我国主要形成了四类压力容器用钢，共 13 个品种，涵盖低温、中常温、中温和调质高强这几种类型，主要钢种牌号和材料特性见表3。

表3　我国 21 世纪常用锅炉和压力容器用钢

类别	牌号	材料特性	应用对象
低温钢	16MnDR	优良低温韧性	丙烷、丙烯等球罐
	15MnNiNbDR		
	09MnNiDR		
中常温钢	20R（WH400）	强韧性匹配	丁烷、LPG 等球罐、移动罐车
	16MnR（WH510）		
	15MnNbR（WH530）		
	17MnNiNbVR（WH590）		
中温钢	15CrMoR（WHZ1）	耐高温、抗氢致裂纹	加氢设备、热交换设备
	14Cr1MoR（WHZ2）		
	12Cr2Mo1R（WHZ3）		
调质钢	07MnCrMoVR（WDL610D）	高强度、低焊接裂纹敏感性	大型固定式球罐
	07MnNiCrMoDR（WDL610E）		
	12MnNiVR（WH610D2）		

2.4.4　21 世纪之后

锅炉用钢（非合金钢）与压力容器用钢材料技术标准体系合并，GB 713—2008《锅炉

· 149 ·

和压力容器用钢板》代替 GB 713—1997《锅炉用钢板》、GB 6654—1996《压力容器用钢板》[1]。承压设备/装备领域大型化、高可靠性化需求增加，钢铁企业厚板产线建设、技术进步加快，产能扩大直至过剩。我国 5000 mm 及以上特宽厚板轧机设计产能见表 4。

表 4 我国 5000 mm 及以上特宽厚板轧机设计产能

序号	企业名称	轧机		设计能力/万吨	投产/改造日期
		尺寸/mm	形式		
1	宝钢中厚板	5000+5000	v4h+4hv	180	2005 年/2008 年
2	鞍钢鲅鱼圈	5000+5000	4h+4h	250	2008 年
3	沙钢宽厚板	5000	v4h	150	2006 年
4	沙钢宽厚板	5000	v4h	140	2009 年
5	五矿营口	5000+5000	4hv+4h	230	2009 年
6	华菱钢铁	5000+5000	4hv+4h	200	2010 年
7	南钢	5000+5000	4h+4h	160	2013 年

同时，随着材料标准不断完善，新牌号不断诞生。如低温钢增加了 3.5Ni（08Ni3DR）、9Ni（06Ni9DR）等，中常温钢增加 07Cr2AlMoR、Q245R（HIC）、Q345R（HIC）等，中温钢增加 12Cr1MoVR、12Cr2Mo1VR 等，调质钢增加了 07MnNiMoDR 等。

迄今，形成 3 个国家标准：GB/T 713—2014《锅炉和压力容器用钢板》、GB/T 19189—2011《压力容器用调质高强度钢板》、GB/T 3531—2014《低温压力容器用低合金钢钢板》[1-3]。而且已悉在研钢种还有移动式压力容器用钢 Q460R，节 Ni 型低温钢 7Ni（替代 9Ni），700~800 MPa 级调质高强钢。

3 铌微合金化在典型压力容器用钢中的应用

3.1 中常温压力容器用钢 15MnNbR（Q370R）

3.1.1 背景

20 世纪 90 年代，我国球罐建造大型储罐（2000 m³ 以上）需求迫切，但可选材料仅 16MnR 和 07MnCrMoVR，性能不能满足设计需求，因此需要正向开发新钢种，提高强度（530 MPa 级）、韧性（$KV_2(-20\ ℃)\geqslant47\ J$）和焊接性。

从 1995 年开始，武钢利用先进的冶金装备及工艺条件进行了 WH530 钢板的工业性试生产，并先后联合中国通用机械工程总公司、机械部通用机械研究所、冶金部钢铁研究总院、北京工业大学、中国科学院金属研究所、中国一冶压力容器制造安装公司、兰州石油化工机器总厂、上海电力修造总厂、猴王集团等单位组成课题组，共同对该钢的物理性能、综合力学性能、应力腐蚀性能、焊接性能及其他工艺性能等进行了较为深入的试验研究。通过对该钢的系统研究，1996 年该钢通过了冶金部组织的技术评审，1997 年通过了全国压力容器标准化技术委员会主持的对该钢用于压力容器的新钢种评定，并于 1998 年正式纳入 GB 6654—1996《压力容器用钢板》第 1 号修改单，纳标钢号为 15MnNbR。1998 年成功地建造了 WH530 钢制 120 m³ 氧气球罐。1999 年 2 台 400 m³ WH530 钢制 LPG 球罐开始建造。

GB 713—2008 将 15MnNbR 纳入，牌号为 Q370R[4-6]。

Q370R 钢板具有强度和韧性优于 16MnR 而焊接性能与其相近等特点，是制造高参数球形储罐及卧式储罐、水电站压力钢管等理想用材，其应用领域较为广泛。该钢板当 16 mm <厚度 t≤36 mm 时其抗拉强度下限值（确定室温下钢板的许用应力值和设计应力强度值）较 16MnR 钢板相应厚度高 8.2%；厚度大于 36 mm 时其抗拉强度下限值较 16MnR 钢板相应厚度高 10.6%，较 15MnVR 钢板高 6.1%，因此采用 Q370R 钢板建造球罐可减薄壁厚，降低造价，同时也提高了球罐运行的安全可靠性。16MnR 与 07MnCrMoVR 性能对比见表 5。

表 5　16MnR 与 07MnCrMoVR 性能对比

牌号	典型厚度 t/mm	R_m/MPa	备注
16MnR（Q345R）	16<t≤36	500~630	强度低，设计壁厚增加，建造成本高
	36<t≤60	490~620	
07MnCrMoVR	10≤t≤60	610~720	应力腐蚀敏感性增加（介质 H_2S 含量要求高），材料成本高且供不应求

3.1.2　设计思路

为了保证 15MnNbR（Q370R）钢力学性能，并且具有良好的韧性及焊接性能，化学成分设计基于以下几个原则：（1）保证钢板最终组织为稳定的铁素体+珠光体组织。（2）添加 Nb、V 合金元素，利用强碳化物形成元素 Nb、V 所形成碳氮化物的弥散析出相（第二相），细化钢的晶粒，以提高钢的强度及韧性，并改善钢的焊接性能。（3）兼顾钢的强度及焊接性能，合理确定 C、Mn 含量，控制碳当量 C_{eq}。（4）提高钢质纯净度，改善硫化物形态及分布，提高钢板抗韧断、脆断能力[7-8]。

15MnNbR（Q370R）钢生产工艺流程为：脱硫→转炉→真空→连铸→铸坯加热→中厚板轧制→冷却→正火，在冶炼过程中保证钢质洁净，控制残余元素（S、P、[N]、[H]、[O]）含量上限。15MnNbR（Q370R）钢化学成分和力学性能要求分别见表 6 和表 7，典型组织 F+P 如图 2 所示。

表 6　15MnNbR（Q370R）钢化学成分　　　　　　　（质量分数，%）

C	Si	Mn	P	S	Nb	C_{eq}
≤0.18	≤0.55	1.20~1.70	≤0.020	≤0.010	0.015~0.050	≤0.45

表 7　15MnNbR（Q370R）钢力学性能要求

交货状态	厚度/mm	R_{eL}/MPa	R_m/MPa	A/%	温度/℃	KV_2/J
正火	10≤t≤16	≥370	530~630	≥20	−20	≥47
	16<t≤36	≥360				
	36<t≤60	≥340	520~620			

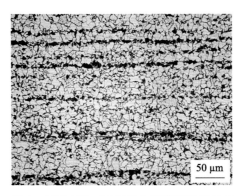

图 2 15MnNbR（Q370R）钢典型组织 F+P

3.1.3 力学性能

对 24 mm、48 mm 和 80 mm 厚度 15MnNbR（Q370R）钢进行力学性能检验，结果见表 8~表 10，冲击功–温度曲线如图 3 所示。

表 8 典型厚度 15MnNbR（Q370R）钢实际拉伸性能

板厚/mm	取样方向	R_{eL}/MPa	R_m/MPa	A/%	Z/%
24	横向	415, 415	580, 580	29, 26	67, 68
48	横向	400, 400	565, 565	30, 28	71, 71
80	横向	345, 350	533, 540	26, 27	75, 78

表 9 典型厚度 15MnNbR（Q370R）钢落锤性能

板厚/mm	试样型号	打击能/J	NDT 温度/℃
24	P2	400	−35
48	P2	400	−40
80	P2	400	−35

表 10 48 mm 15MnNbR（Q370R）钢断裂韧性

温度/℃	$\delta_{0.05}$/mm	$\delta_{0.2}$/mm	δ_R-Δa 阻力曲线方程
−20	0.178	0.375	$\delta_R = 0.80(0.000 + \Delta a)\times0.504$

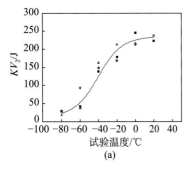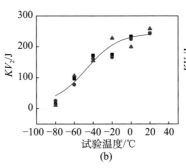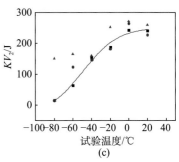

图 3 15MnNbR（Q370R）钢 KV_2–温度曲线
（a）20 mm；（b）48 mm；（c）80 mm

3.1.4 焊接性能

对 24 mm、45 mm 厚度 15MnNbR（Q370R）钢进行焊接性能检测，结果见表 11~表 13，焊接接头金相组织如图 4 所示。

表 11 15MnNbR（Q370R）钢预热温度与最高硬度

板厚/mm	C_{eq}/%	预热温度	HV10
24	0.44	室温	333
48	0.44	室温	339
		75 ℃	309

表 12 15MnNbR（Q370R）钢预热温度与焊接裂纹敏感性

板厚/mm	C_{eq}/%	预热温度/℃	表面裂纹率/%	断面裂纹率/%
24	0.44	50	0	30
		75	0	22.1
		100	0	4
		125	0	0
		150	0	0
48	0.44	50	0	35
		75	0	18.6
		100	0	7.5
		125	0	4.5
		150	0	0

表 13 48 mm 15MnNbR（Q370R）钢焊接接头力学性能

焊接方式	试样状态	拉伸试验		侧弯试验 $D=3a$，100°	$KV_2(-20℃)$/J	
		R_m/MPa	断裂位置		焊缝	HAZ
手工焊	焊态	565, 565	母材	完好	134, 135, 144	102, 128, 114
	SR 处理	555, 555			177, 161, 169	104, 72, 95
埋弧焊	焊态	570, 565	母材	完好	174, 173, 164	138, 86, 94
	SR	560, 560			108, 74, 91	100, 116, 96

3.1.5 抗硫化氢应力腐蚀性能

对 15MnNbR（Q370R）钢进行抗硫化氢应力腐蚀性能检测，结果见表 14 和表 15。

3.1.6 工程应用

15MnNbR（Q370R）具有强度和韧性优于 16MnR，而焊接性能与其相近等优点，是制造高参数球罐、卧式储罐、水电站压力钢管等的理想用材，应用领域广泛（乙烯、丙烯、丙烷、氧气、液氨等）。

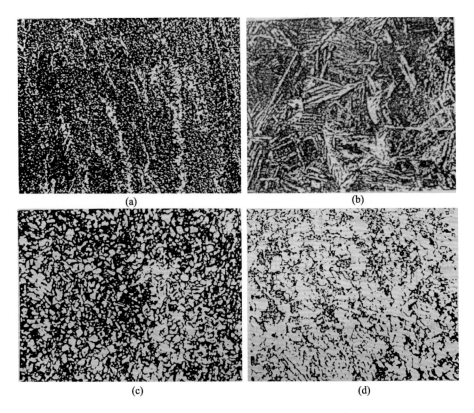

图 4　15MnNbR（Q370R）钢焊接接头金相组织（100×）
（a）焊缝；（b）过热区；（c）正火区；（d）不完全正火区

表 14　15MnNbR（Q370R）钢 HIC 试验结果

项目	CLR/%	CTR/%	CSR/%
EFC 规定	15	3	1.5
Q370R	0	0	0

表 15　15MnNbR（Q370R）钢 SSCC 试验结果

H_2S 浓度	编号	应力水平/R_{eL}	断裂时间/h	断否
饱和浓度	1	0.9	>720	否
	2	0.8	>720	否
	3	0.7	>720	否

3.2　移动式压力容器用钢 17MnNiNbVR（Q420R）

3.2.1　背景

随着我国能源、石化、化工及城市燃气等工业产业的迅速发展，液化气体汽车罐车以其灵活、方便的特点，在液态（或气液态）燃料和化工原料的输送中起着重要的、不可替代的作用。近年来，尽管我国载重专用运输汽车在引进、消化、吸收国外成套技术和国产化工作的基础上，二类底盘性能已有了较大提高，底盘整体水平已上了一个台阶。然而作为专用运输汽车品种之一的液化气体运输汽车罐车的整车性能却变化不大，主要原因是该车上装部分的核心部件——装载液化气体罐体的高自重系数没有改变。

自 20 世纪 60 年代起，我国液化气体汽车罐车罐体用钢一直采用强度级别较低的 16MnR 钢（R_m 为 500 MPa 级），致使罐体壁厚较厚，造成现有的罐车自重系数大、容重比小、运载效率低的落后状态，从而限制了国产液化气体汽车罐车的大型化（高参数）发展。与国外先进水平相比，我国罐车的自重系数比日本和欧美等先进国家的约高 30%。国外罐车罐体用钢一般采用 R_m 为 550~630 MPa 级的正火型或调质型低合金高强钢，该类钢不仅具有较高的强度，而且具有优良的韧性及焊接性能。因此，研制并采用具有高韧性和良好焊接性能的高强度钢设计、制造出新型高容重比罐车罐体，使我国液化气体运输车升级换代已迫在眉睫[9-10]。

20 世纪 90 年代初，武钢与相关等单位一起，在综合分析国内外罐车罐体用钢使用状况及发展趋势的基础上，共同开发了 R_m 为 600 MPa 级的正火型液化运输车罐体专用钢——WH590（17MnNiVNbR）。该钢已于 1996 年通过了由冶金部组织的技术评审和全国压力容器标准化技术委员会组织的专家技术评审认可，并于 2000 年 3 月通过了国家冶金工业局组织的技术鉴定。GB 713—2008 修订单将 17MnNiVNbR 纳入，GB 713—2014 将牌号修改为 Q420R。

3.2.2　设计思路

Nb、V 在钢中与氮、碳有极强的亲合力，可与之形成极其稳定的碳氮化物。弥散分布的碳氮化物第二相质点沿奥氏体晶界的分布，可大大提高原始奥氏体晶粒粗化温度，从而细化铁素体晶粒，达到提高强度和冲击韧性的目的。成分设计中须控制 Nb 的质量分数在 0.020%~0.050%为宜，并配合适当的控轧控冷工艺，使钢中 Nb 尽可能以微细质点化合物形式在钢中弥散析出。为了保证 Q420R 钢力学性能，并且具有良好的韧性及焊接性能，除了 Nb、V 合金外，需要添加一定量的 Ni，利用 Ni 在钢中的固溶强化作用以提高钢的强度及韧性[11-12]。

考虑到 17MnNiNbVR（Q420R）的用途，设计厚度不大于 30mm，工艺设计路线为洁净钢冶炼及连铸→中厚板轧制→正火热处理。17MnNiNbVR（Q420R）钢化学成分和力学性能要求分别见表 16 和表 17，典型组织 F+P 如图 5 所示。

表 16　17MnNiNbVR（Q420R）钢化学成分　　　　　　　　　　（质量分数，%）

C	Si	Mn	P	S	Nb	C_{eq}
≤0.20	≤0.55	1.30~1.70	≤0.020	≤0.010	0.015~0.050	≤0.48

表 17　17MnNiNbVR（Q420R）钢力学性能要求

交货状态	厚度 t/mm	R_{eL}/MPa	R_m/MPa	A/%	温度/℃	KV_2/J
正火	10<t<20	≥420	590~720	≥18	−20	≥60
	20<t≤30	≥400	570~700			

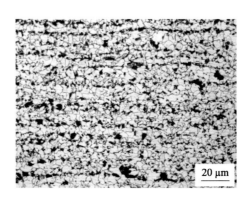

图 5　17MnNiNbVR（Q420R）典型组织 F+P

3.2.3　力学性能

对 24 mm、48 mm、80 mm 厚度 17MnNiNbVR（Q420R）钢进行力学性能检验，结果见表 18~表 20，冲击功-温度曲线如图 6 所示。

表 18　典型厚度 17MnNiNbVR（Q420R）钢实际拉伸性能

板厚/mm	取样方向	R_{eL}/MPa	R_m/MPa	A/%	Z/%
24	横向	415, 415	580, 580	29, 26	67, 68
48	横向	400, 400	565, 565	30, 28	71, 71
80	横向	345, 350	533, 540	26, 27	75, 78

表 19　典型厚度 17MnNiNbVR（Q420R）钢落锤性能

板厚/mm	试样型号	打击能/J	NDT 温度/℃
24	P2	400	−35
48	P2	400	−40
80	P2	400	−35

表 20　48 mm 17MnNiNbVR（Q420R）钢断裂韧性

温度/℃	$\delta_{0.05}$/mm	$\delta_{0.2}$/mm	δ_R–Δa 阻力曲线方程
−20	0.231	0.3	$\delta_R=0.453(0.462+\Delta a)$

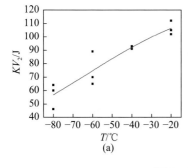
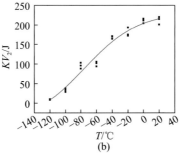
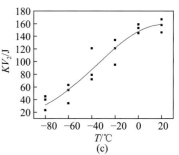

图 6　17MnNiNbVR（Q420R）钢 KV_2-温度曲线

（a）10 mm；（b）20 mm；（c）30 mm

3.2.4　焊接性能

对 17MnNiNbVR（Q420R）钢进行焊接性能检测，结果见表 21~表 23，焊接接头 SR 后金相组织见图 7。

表 21　17MnNiNbVR（Q420R）钢焊接性理论计算

板厚/mm	C_{eq}/%	Pcm/%	Pc/%	[H]/mL·100 g^{-1}	T_0/℃
20	0.475	0.277	0.31	2	54.9
10	0.485	0.283	0.294	2	30.9

表 22　17MnNiNbVR（Q420R）钢焊接裂纹敏感性

预热温度/℃	表面裂纹率/%	断面裂纹率/%					
		1	2	3	4	5	平均
23	0	0	0	0	0	0	
	0	0	0	0	0	0	0
	0	0	0	0	0	0	
50	0	0	0	0	0	0	
	0	0	0	0	0	0	0
	0	0	0	0	0	0	
75	0	0	0	0	0	0	
	0	0	0	0	0	0	0
	0	0	0	0	0	0	

注：厚度为 20 mm 的 Q420R 钢板不需要预热，在常温下施焊不产生裂纹。

表 23　10 mm 17MnNiNbVR（Q420R）钢焊接性能

焊接方式	试样状态	拉伸试验		侧弯试验	KV_2（-20 ℃）/J	
		R_m/MPa	断裂位置	$D=3a$，100°	焊缝	HAZ
手工焊	焊态	630, 635	母材	完好	114, 115, 120	136, 121, 136
	SR 处理	625, 625			107, 111, 109	154, 122, 135
埋弧焊	焊态	635, 625	母材	完好	89, 91, 104	118, 126, 124
	SR	610, 615			98, 74, 93	130, 136, 116

(a)　　　　　　　　(b)　　　　　　　　(c)

图 7　17MnNiNbVR（Q420R）钢焊接接头 SR 后金相组织（400×）
（a）焊缝；（b）融合区；（c）热影响区

3.2.5 抗硫化氢应力腐蚀性能

对 17MnNiNbVR（Q420R）钢进行抗硫化氢应力腐蚀性能检测，结果见表 24 和表 25，HIC 试验和 SSCC 试验后形貌分别见图 8 和图 9。

表 24　17MnNiNbVR（Q420R）钢 HIC 性能

项目	CLR/%	CTR/%	CSR/%
EFC 规定	15	3	1.5
Q370R	0	0	0

表 25　17MnNiNbVR（Q420R）钢 SSCC 性能

H$_2$S 浓度	编号	应力水平/R_{eL}	断裂时间/h	断否
饱和浓度	1	0.65	>720	否
	2	0.7	>720	否
	3	0.75	>720	否

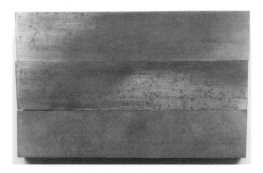

图 8　17MnNiNbVR（Q420R）钢 HIC 试验后形貌

图 9　17MnNiNbVR（Q420R）钢 SSCC 试验（0.75 应力水平）后形貌

17MnNiNbVR（Q420R）钢焊接接头应力腐蚀性能见表 26，手工焊 SSCC 试验后形貌如图 10 所示，埋弧焊 SSCC 试验后形貌如图 11 所示。

表 26　17MnNiNbVR（Q420R）钢焊接接头应力腐蚀性能

试样信息	手工焊			埋弧焊		
试样编号	1	2	3	4	5	6
应力加载强度/MPa	336	336	336	336	336	336
有无开裂	无	无	无	无	无	无

图 10　17MnNiNbVR（Q420R）钢手工焊 SSCC 试验后形貌

图 11　17MnNiNbVR（Q420R）钢埋弧焊 SSCC 试验后形貌

3.2.6　工程应用

17MnNiNbVR（Q420R）与国内原采用 16MnR 钢板制造罐体的罐车相比，罐体部分质量减轻了 20.6%，同等底盘时运输物料能力提高了 20%，同等容量时容重比提高了 26%，目前是制造大型液化石油气罐车的主要材料。罐车筒体、封头、成品分别如图 12~图 14 所示。

图 12　罐车筒体　　　　图 13　罐车封头　　　　图 14　罐车成品

3.3　低温容器用钢 09MnNiDR（0.5%Ni）

3.3.1　背景

为了改变我国低温钢长期依赖进口的局面，实现大型成套设备用钢国产化，1985 年中国通用机械工程总公司开始筹划 0.5%Ni 低温钢的开发与应用研究工作，并完成了可行性研究报告，分别上报共性技术、乙烯、大化肥、煤化工等专项办公室，最后于 1988 年在共性技术专项上立题，随后成立了课题组，其中钢板研制由武汉钢铁（集团）公司负责，焊材研制由冶金部建筑研究院负责，低温容器试制由长沙化工机械厂负责。在此基础上武汉钢铁（集团）公司积极配合中国通用机械工程总公司并联合机械部通用机械研究所、北京工业大学等单位成立钢板研制课题组，共同对 0.5%Ni 低温钢钢进行研制。课题组经过多年的努力，完成了实验室的研究工作，确定了该钢的化学成分和热处理工艺，并随即进入工业性试验，系统地完成了该钢的物理性能、力学性能、焊接性能、应力腐蚀性能等试验研究工作。

我国的 0.5%Ni 低温钢系在德、法相应钢号的基础上调整了化学成分，改进为–70 ℃级用钢，命名为 09MnNiDR，武钢内部的企业牌号为 WHD4。1991 年 09MnNiDR 钢板及其配套焊材通过了压力容器用新材料的技术评定。全国压力容器标准化技术委员会以（91）容技秘字第 27 号文批准该钢板及其配套焊接材料用于制造低温压力容器。1992 年 12 月机电电部在长沙主持召开了用武钢 09MnNiDR（WHD4）钢板制造的国内首批产品（液氯储罐）鉴定会，与会专家一致认为 09MnNiDR 钢板具有优良的焊接性能及低温韧性，建议在–45～–70 ℃低温钢压力容器中推广应用。中国通用机械工程总公司积极进行推广应用工作。随着产品的不断开发应用，课题组进一步补充完善了该钢的有关性能试验。1997 年 12 月由冶金部主持对该钢板进行了技术鉴定，一致认为该钢板的实物综合性能达到了国际先进水平。1996 年 –70 ℃压力容器用 09MnNiDR 钢板列入 GB 3531—1996《低温压力容器用低合金钢钢板》，1998 年该钢板又列入了 GB 150—1998《钢制压力容器》。至此，09MnNiDR 钢板在低温压力容器中的广泛应用已具备了条件。

3.3.2 设计思路

低温钢成分设计基于两个原则：一是保证组织为单一的铁素体+珠光体组织，使得钢板在焊接、SR 处理等多次热加工后组织保持稳定。二是充分利用钢中 Ni 的固溶强化和微合金化元素 Nb 碳氮化物的沉淀析出强化，使原始奥氏体晶粒保持细化，以保证热处理后晶粒充分细化，从而获得优异的低温韧性。

Nb 在钢中与氮、碳有极强的亲合力，可与之形成极其稳定的 Nb(C、N)化合物。沿奥氏体晶界弥散分布的 Nb(C、N)粒子，可以大大提高原始奥氏体晶粒粗化温度，从而细化了铁素体晶粒，改善了低温韧性。但是，如果 Nb 在钢中以固溶形式存在，则将推迟先共析铁素体的析出，并强烈延迟奥氏体开始分解为珠光体的时间，而对奥氏体到贝氏体的转变几乎没有影响，在这种情况下，钢板中出现贝氏体的概率增大，钢板的冲击韧性反而劣化。因此，在成分设计时控制 Nb 的加入量，并配合适当的控轧控冷工艺，使 Nb 尽可能以化合物形式在钢中弥散析出[13-14]。

考虑到 09MnNiDR 的用途，工艺设计路线为洁净钢冶炼及连铸→中厚板轧制→正火热处理。09MnNiDR 钢化学成分和力学性能要求分别见表 27 和表 28，典型组织 F+P 如图 15所示，珠光体片层如图 16 所示。

表 27 09MnNiDR 钢化学成分 （质量分数，%）

成分	C	Si	Mn	P	S	Ni	Nb
含量	≤0.12	0.15~0.50	1.20~1.60	≤0.020	≤0.008	0.30~0.80	约 0.040

表 28 09MnNiDR 钢力学性能要求

交货状态	厚度 t/mm	R_{eL}/MPa	R_m/MPa	A/%	温度/℃	KV_2/J
正火	6≤t≤16	≥300	440~570	≥23	–70	≥60
	16<t≤36	≥280	430~560			
	36<t≤60	≥270	430~560			
	60<t≤120	≥260	420~550			

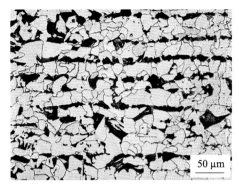

图 15 09MnNiDR 钢典型组织 F+P

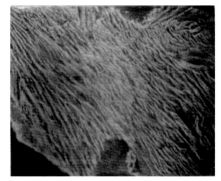

图 16 09MnNiDR 钢珠光体片层（4000×）

3.3.3 力学性能

对 09MnNiDR 钢进行力学性能检验，结果见表 29~表 32。

表 29 典型厚度 09MnNiDR 钢实际拉伸性能

板厚/mm	取样方向	R_{eL}/MPa	R_m/MPa	A/%	Z/%
16	横向	385, 420	505, 515	38, 35	74, 74
30	横向	365, 375	495, 510	36, 36	79, 79
60	横向	385, 385	500, 500	36, 38	75, 76

表 30 典型厚度 09MnNiDR 钢韧脆转变温度

板厚/mm	取样方向	VTE/℃	VTS/℃
16	横向	−70	−70
30	横向	−70	−70
60	横向	−72	−75

表 31 典型厚度 09MnNiDR 钢落锤性能

板厚/mm	试样型号	NDT 温度/℃
16	P3	−65
30	P2	−70
60	P2	−70

表 32 09MnNiDR 钢断裂韧性

状态	试样尺寸/mm×mm×mm	温度/℃	$\delta_{0.2}$/mm	δ_c/mm	阻力曲线方程
N + T	24×48×210	−70	0.49	—	$\delta_R=1.397(0.00+\Delta a)×0.65$

3.3.4 焊接性能

对 09MnNiDR 钢进行焊接性能检验，结果见表 33~表 38。

表 33 09MnNiDR 钢热影响区最高硬度

测点序号	0	1	2	3	4	5	6	7
切点以左	260	260	270	274	274	266	264	264
切点以右	260	262	256	266	268	260	260	262

表 34　09MnNiDR 钢焊接裂纹敏感性

板厚/mm	预热温度/℃	平均裂纹率/%		
		表面	断面	根部
30	20	0	0	0
60	50	0	6.5	0

表 35　09MnNiDR 钢刚性拘束焊接裂纹试验

表面裂纹	4 组试样均未发现裂纹，裂纹率 0%
断面裂纹	4 组试样均未发现裂纹，裂纹率 0%
根部裂纹	4 组试样均未发现裂纹，裂纹率 0%

表 36　30 mm 厚 09MnNiDR 钢焊接接头力学性能

焊接方式	试样状态	拉伸试验		侧弯试验	$KV_2(-70\ ℃)/J$	
		R_m/MPa	断裂位置	$D=3a$, 100°	焊缝	HAZ
手工焊	焊态	540, 545	母材	完好	94, 105, 80	156, 140, 138
	SR 处理	530, 525			97, 101, 99	134, 132, 145
埋弧焊	焊态	535, 545	母材	完好	99, 87, 91	128, 120, 114
	SR	530, 530			110, 84, 103	120, 116, 121

表 37　30 mm 厚 09MnNiDR 钢焊接接头落锤性能

焊接方法	线能量/kJ·cm^{-1}	NDT 温度/℃
手弧焊	10~15	−75
埋弧焊	20	−60

表 38　30 mm 厚 09MnNiDR 钢焊接接头断裂韧性

焊接方法	$\delta_{0.05}$/mm			
	WM	BL	HAZ	BM
手弧焊	0.176±0.011	0.148±0.012	0.163±0.016	0.188±0.017
埋弧焊	0.147±0.018	0.128±0.014	0.165±0.013	0.182±0.008

3.3.5　工程应用

1996 年 09MnNiDR 钢板列入 GB 3531—1996《低温压力容器用低合金钢钢板》，1998 年又列入了 GB 150—1998《钢制压力容器》。09MnNiDR 钢板具有优良的低温韧性和焊接性能，在合成氨、乙烯、聚丙烯等成套工程及低温储罐中得到了广泛应用。

3.4　低温容器用钢 08NiDR（3.5Ni）

近代科学技术的发展促进了液化气体的生产和使用，特别是石油和空分制氧设备以及合成氨设备的广泛应用，使含 Ni 3.5%的、最低使用温度达−101 ℃的低温钢 08Ni3DR (SA203E)（又称 3.5Ni 钢板）的需求日益增加，如石化乙烯裂解分离装置、大化肥生产的合成氨甲醇洗涤塔、H_2S 浓缩塔、CO_2 塔、甲醇捕雾器等关键设备全都要用到 SA203E 钢板。2014 年 08Ni3DR 纳入 GB/T 3531—2014《低温压力容器用钢板》。

在 2011 年前中国该钢板几乎全部从美国、欧洲、日本进口，价格高，且交货期长。为使 08Ni3DR(SA203E)钢板国产化，舞钢于 2006 年开始研制铌微合金化 08Ni3DR (SA203E)钢板，于 2008 年 6 月通过全国锅炉压力容器标准技术委员会组织的技术评审，钢板的冶金质量优良，钢板–101℃低温冲击功达 150J 以上，远高于美国 ASME SA203E 的技术指标，优于日本同类产品。河钢舞钢的 3.5Ni 钢经锅容标委评审厚度 150 mm，为国内外厚度之最。产品广泛应用于神华榆林、恒力石化、浙江石化、万华化学、新疆天业、宁夏宝丰能源等石油化工、煤化工项目[15]。

2011 年 4 月，由武汉东海石化重型装备有限公司联合惠生工程（中国）有限公司、合肥通用机械研究院、舞阳钢铁公司共同开发研制的 08Ni3DR（SA203E）钢制低温甲醇洗 H_2S、CO_2 吸收塔成功应用于内蒙古鄂尔多斯金诚泰化工公司 180 万吨/年煤制甲醇项目（图 17）。这是首次使用国产 08Ni3DR 钢成功生产出–100 ℃级低温甲醇洗装置，实现了国产 08Ni3DR 钢制低温压力容器在–100～–60 ℃温度范围内工程应用的技术创新和升级，达到国际先进水平，为我国大型煤化工装置的建设提供了重大支持。

图 17　鄂尔多斯市金诚泰化工有限责任公司一期 60 万吨/年煤制甲醇项目和 30 万吨/年煤制乙二醇项目

2013 年 12 月，合肥通用机械研究院联合中石化洛阳工程有限公司、舞阳钢铁公司等单位，在国内首次采用舞钢国产铌微合金化 08Ni3DR 钢板成功为中石化山东液化天然气项目接收站工程轻烃罐区制造了 1 台 3000 m^3 C2 球罐并投入使用。此罐完全采用国产化技术，填补了 08Ni3DR 在球罐工程的空白，为达到甚至超过国外同行业技术水平打下了基础。该球罐设计压力为 1.77 MPa，工作压力为 1.5 MPa；设计温度为–94 ℃，最高工作温度为–20 ℃；容器容积为 3054 m^3，球壳内直径为 $\phi9000$ mm；球壳板 08Ni3DR 名义厚度为 52 mm。2015 年 11 月 4 日国内首套也是全球首套该类型的 LNG 接收站轻烃回收装置在山东青岛 LNG 接收站试运行成功（图 18）。

2016 年 1 月初，舞钢研发的填补国内空白的 1200 t 90 mm 厚超低温 08Ni3DR 钢，实现了中海惠州炼化项目洗涤塔（橙色预脱甲烷塔）关键部位用钢的全部国产化（图 19）。2016 年 1 月，舞钢研发生产的 600 t 98 mm 厚 08Ni3DR 钢板用于制造国内最大的变换气甲醇吸收塔，刷新了之前创造的 08Ni3DR 钢板批量生产最大厚度 90 mm 的国内纪录。

(a)　　　　　　　　　　　　　　　　　　(b)

图 18　中石化山东青岛液化天然气（LNG）项目接收站轻烃回收装置（a）和低温乙烷球罐（b）

图 19　长达 84.9 m 的"巨无霸"橙色预脱甲烷塔横卧在 16 节平板车上整装待发

3.5　低温容器用钢 06Ni9DR（9%Ni）、7%Ni 钢和高锰钢

　　可用于–196℃的 9%Ni 钢广泛应用大型 LNG 储罐和船用储气罐的建设（图 20）。Nb 含量的加入，可以稳定 9%Ni 钢板的最终强度和低温性能，拓宽厚板生产过程工艺窗口，改善钢板的中心偏析[16]。

图 20　兴澄特钢铌微合金化 9%Ni 钢制作的船用 2000 m³ LNG 储气罐[16]

· 164 ·

在 7%Ni 钢中，Nb 的加入能显著细化钢中原奥氏体晶粒和显微组织。在含 Nb 钢中发现了尺寸为 10~50 nm 的细小含 Nb 析出相，形态呈球形，主要分布在晶界附近。随着钢中 Nb 含量的增加，可观察到更多的逆变奥氏体在晶界处形成（图 21）[17]。Nb 微合金化可以细化晶粒，提升 7%Ni 钢的强韧性（图 22~图 24），降低碳当量、提升易焊接性，提升抗氢脆敏感性，降低 Ni 的加入、节省成本。

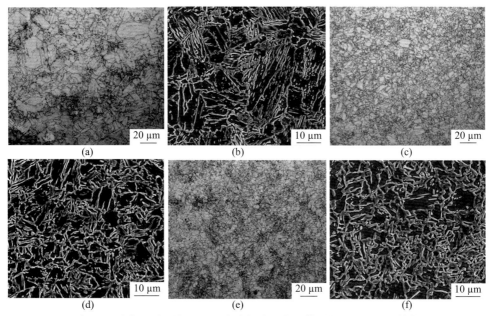

图 21　不同 Nb 含量的 7%Ni 实验钢中原奥氏体晶粒和显微组织结构
(a)(b) 0% Nb; (c)(d) 0.025% Nb; (e)(f) 0.05% Nb

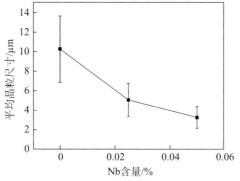

图 22　Nb 含量对 7%Ni 钢原奥氏体晶粒尺寸的影响

近年来，LNG 储罐用高锰钢因其低廉的价格和优异的塑韧性而备受瞩目。与目前广泛应用的 9%Ni 钢相比，船用 LNG 储罐用高锰钢的低温强度、韧性、耐疲劳性、耐腐蚀性等性能均相差不大，且其塑性远优于 9%Ni 钢。在成本上，LNG 储罐采用高锰钢可大幅降低制造成本，业界普遍认为它将是传统 LNG 储罐低温材料的最好替代者，具有较好的应用前景。

2018 年 12 月，舞钢成功轧制出厚度为 20 mm 的船用 LNG 储罐用铌微合金化低温奥氏体型高锰钢板，–196 ℃冲击韧性优良，产品性能指标远超 IMO 最新要求，达到国际先进水平，这是国内首次成功实现工业化生产的低温用高锰钢板（图25）。

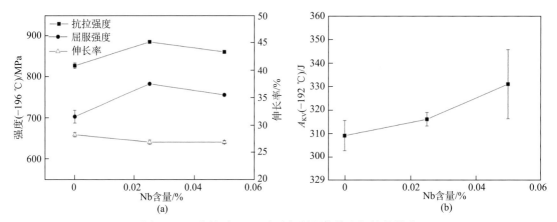

图 23　Nb 含量对 7%Ni 实验钢低温拉伸和韧性的影响
（a）强度和伸长率；（b）冲击韧性

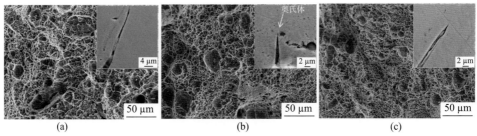

图 24　不同 Nb 含量 7%Ni 实验钢的低温冲击断口形貌
(a) 0% Nb; (b) 0.025% Nb; (c) 0.05% Nb

图 25　舞钢铌微合金化高锰钢试制的 LNG 储罐[18]

　　2019 年 7 月 18 日，河钢舞钢领取了中国船级社颁发的 LNG 低温高锰钢船级社检验证书，河钢舞钢成为国内首家实现工业化生产 LNG 低温高锰钢的钢铁制造企业[18]。

3.6　调质高强钢-石油储备用钢

　　大型和超大型原油储罐是进行战略石油和商业石油储备的重要装备，石油储罐用钢属高强度调质钢板，对钢材强度和焊接性能有很高的要求。12MnNiVR 是国内武钢最早成功开发、在 2004 年始的国家一期石油储备工程建设中得到规模化应用的大型原油储罐的主力建造钢种，在当时国内大型储罐用钢基本依赖进口、供货渠道单一、价格不断上涨、交货期难以保证的情况下，有力地支持了国家石油储备基地的建设。

12MnNiVR 国内目前广泛采用离线淬火+回火工艺，导致其生产工艺流程长，交货周期长，生产成本较高，竞争力急剧下降。国外已有部分钢厂采用轧后直接淬火+在线感应加热（DQ-HOP）、直接淬火+回火（DQ+T）、热机械轧制+回火（TMCP+T）等交货状态生产大型原油储罐用高强钢。2016 年中信微合金化技术中心启动项目联合江阴兴澄特钢、南钢、中际化工和燕山大学，充分挖掘铌微合金技术和 TMCP 工艺的潜力，开发 TMCP+回火工艺、可大线焊接的 15 万立方米超大型原油储罐用高强度钢板，获得良好的性能（图 26~图 28）[19]，推动超大型原油储罐从装备设计、材料配套到焊接制造的升级换代。

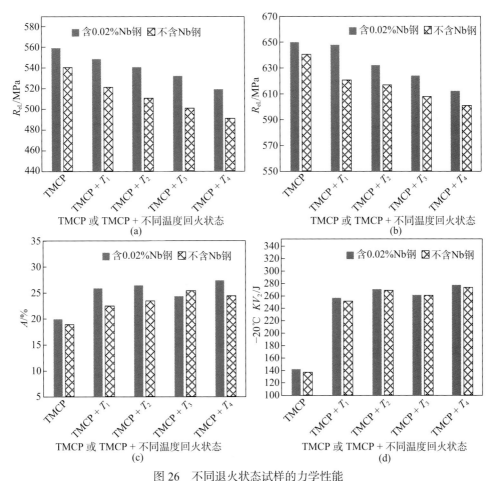

图 26　不同退火状态试样的力学性能
（退火温度：T_1—610 ℃，T_2—630 ℃，T_3—650 ℃，T_4—670 ℃）
（a）屈服强度 R_{eL}；（b）抗拉强度 R_m；（c）伸长率 A；（d）–20 ℃ V 型缺口冲击功

首钢铌微合金化 12MnNiVR 供货的兰州国家石油储备基地如图 29 所示，其建设有 30 座 10 万立方米钢制双盘外浮顶储罐，具备 300 万~1000 万立方米国家战略能源储备调峰能力，项目荣获 2016~2017 年度国家优质工程奖。

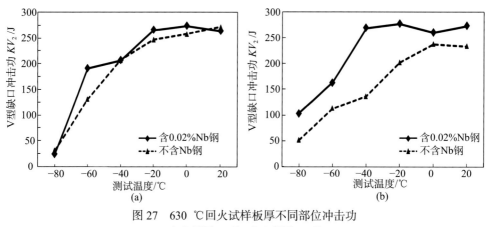

图 27　630 ℃回火试样板厚不同部位冲击功
（a）板厚 1/4 处；（a）板厚 1/2 处

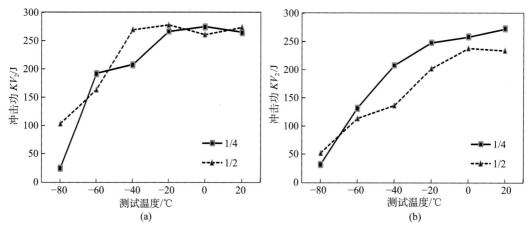

图 28　630 ℃回火试样板厚不同部位冲击功性能
（a）含 0.02%Nb 钢；（b）不含 Nb 钢

图 29　首钢铌微合金化 12MnNiVR 供货的兰州国家石油储备基地

3.7　中温压力容器钢（18MnMoNbR,13MnNiMoR,12Cr2Mo1VR）

3.7.1　研发背景

20 世纪 70 年代以前，我国中温压力容器钢板基本依靠进口。80 年代时，国内压力容器行业在系统的分析了国内外中温压力容器钢板技术发展趋势的基础上，并结合国内需求，

铌·科学与技术

确定开发 15CrMo（1.0%Cr-0.5%Mo）、14Cr1Mo（1.25%Cr-0.5%Mo）和 12Cr2Mo1（2.25%Cr-1.0%Mo）这几个钢种。国内武钢等企业联合设计部门，逐步开发了 15CrMoR、14Cr1MoR、12Cr2Mo1R 钢种，广泛应用于各类加氢反应器、换热器、合成塔等中温容器。近年，随着使用要求的提高和使用范围的扩展，国内钢铁企业又开发了 12Cr1MoVR、12Cr2Mo1VR 和 07Cr2AlMoR 等钢种，应用于更为苛刻的中温环境。

3.7.2 主要性能和国内外技术条件对比

含 Nb 中温钢化学成分见表 39，力学性能和工艺性能见表 40。

表 39　含 Nb 中温钢化学成分 （质量分数，%）

牌号	C	Si	Mn	P	S	Ni	Mo	V	Nb
18MnMoNbR	≤0.21	0.15~0.50	1.20~1.60	≤0.020	≤0.010	≤0.30	0.45~0.65	—	0.025~0.050
13MnNiMoR	≤0.15	0.15~0.50	1.20~1.60	≤0.020	≤0.010	0.60~1.00	0.20~0.40	—	0.005~0.020
12Cr2Mo1VR	0.11~0.15	≤0.10	0.30~0.60	≤0.010	≤0.005	≤0.25	0.90~1.10	0.25~0.35	≤0.07

表 40　含 Nb 中温钢力学性能和工艺性能

牌号	交货状态	厚度 t/mm	拉伸试验			冲击试验	
			R_{eL}/MPa	R_m/MPa	A/%	温度/℃	KV_2/J
18MnMoNbR	正火+回火	30≤t≤60	≥400	570~720	≥18	0	≥47
		60<t≤100	≥390				
13MnNiMoR	正火+回火	30≤t≤100	≥390	570~720	≥18	0	≥47
		100<t≤150	≥380				
12Cr2Mo1VR	正火+回火	6≤t≤200	≥415	590~760	≥17	-20	≥60

表 41 给出了国外中温钢的技术条件对比，可以看出我国含 Nb 中温钢的技术条件处于国际先进水平。

表 41　国外中温钢技术条件

钢号	标准或技术条件	交货状态	取样方向	板厚/mm	R_{eH}/MPa	R_m/MPa	A/%	KV_2	
								℃	J
SA302 GrB	SA-302/SA-302M	正火、正火+回火	横向	≤100	≥345	550~690	≥18	20	≥27
SA-387Gr11CL2	SA-387/SA-387M	正火+回火	横向	—	≥310	515~690	≥22	20	≥27
SA-387Gr22CL2		正火+回火	横向	—	≥310	515~690	≥18	20	≥27

3.7.3 工程应用

加氢反应器是石油化工、煤化工行业最核心的装备，目前国际上生产该装备的原材料为临氢 12Cr2Mo1R 及 12Cr2Mo1VR 钢板。由于该类钢板要求良好的高温力学性能、抗高温氧化性能、抗腐蚀性能和焊接性能，因此，该类钢板特别是 100 mm 以上大厚度钢板生产难度极大，不仅要求钢板在高温长时模焊后性能满足标准要求，还要求钢板具有较好的表面质量和良好的机械加工性能。

舞钢采用大单重特厚板"锻造—轧制"结合铌微合金化技术工艺，既发挥了锻造改善内部组织和减轻钢板各向异性作用，又通过轧制改善了锻造钢板的表面质量，还突破了由扁钢锭轧制钢板的厚度限制。

钢中添加微量的 Nb 元素，使钢板热处理后形成含 Nb 碳化物，改善了钢板经高温模焊后的性能，同时因 Nb 碳化物在高温下的稳定性，改善了钢的高温蠕变性能。

舞钢生产的大厚度临氢 Cr-Mo 钢板最厚达到 256 mm，单重最大 60 t，成功应用于"中石化湛江中科项目""洛阳热高压分离器项目""宁夏宝廷新能源有限公司煤焦油及低碳烷烃循环利用项目""山东寿光鲁清石化油品升级项目"等国内重大石化项目，大量替代了进口。

铌微合金化技术在锻造 CrMo 钢中也得到广泛的应用。中国一重作为当今世界炼油用加氢反应器的最大供货商，在加氢反应器母材锻件开发之初，为增加材料的韧性储备、延长设备的使用寿命，始终在不断优化各生产工序的工艺方案，其中在化学成分中适当添加 Nb 元素就是改善锻件性能的有效手段之一。2018 年 4 月由中国一重承制的世界最大石化技术装备——镇海沸腾床渣油锻焊加氢反应器在大连核电石化公司完工发运（图 30）。作为中国石化镇海炼化提质升级项目中的核心设备，该反应器壳体质量达 2400 t，高 70 m、直径 4.85 m，壁厚超过 300 mm，是当时世界上最大的石化技术装备。

图 30 2018 年 4 月一重制造的铌微合金化镇海沸腾床渣油锻焊加氢反应器发运

4 含 Nb 压力容器钢标准化

4.1 GB/T 713

在国内，锅炉容器行业的设计院、制造单位、使用单位等用户对钢板的成分控制、性能水平等要求越来越高。随着国内钢厂冶金装备水平和产品开发实力的不断提高，新产品不断出现，在不同领域、关键设备等实现了应用，并取得了良好的效果，实现了以产顶进，有的达到了国际先进水平。同时降低钢中杂质元素含量，提高钢板性能要求，可进一步提高承压设备的安全可靠性。市场对含 Nb 正火压力容器钢的需求越来越多，武钢研制开发的 Q420R 钢具有高强度、高韧性和优异的焊接性，主要应用于移动式压力容器的制造，如汽车罐车和铁路罐车；舞阳钢厂研制开发的 12Cr2Mo1VR 钢主要应用于煤化工等项目。

目前 GB/T 713 标准中对 Nb 含量有下限要求的牌号为 Q370R、Q420R、18MnMoNbR、13MnNiMoR，此外还有一些牌号在生产过程中不同生产厂也会选择添加一定量的 Nb，如 Q345R、12Cr2Mo1VR。

4.2　GB/T 3531

1983 年国家标准局发布了 GB 3531—83《低温压力容器用低合金钢厚钢板技术条件》，规定了 4 种无镍低温钢，使用温度为 –30 ~ –90 ℃。实际应用的只有 16MnDR 一个钢号，其他钢号没有得到推广应用。1996 年 4 月，国家技术监督局发布了 GB 3531—83 的修订版即 GB 3531—1996《低温压力容器用低合金钢钢板》，使用温度为 –30 ~ –70 ℃，该标准中新增了两个含镍钢 15MnNiDR 和 09MnNiDR。由于 09Mn2VDR 钢的低温冲击性能不稳定，在实际工程中的应用极少，故 2000 年 9 月 26 日国家技术质量监督局发布的 GB 3531—1996 第一号修改单中取消了该钢号。2012 年，国家标准化委员会发布了 GB 3531—2008 第 1 号修改单，增加了–50 ℃要求的含 Nb 压力容器钢 15MnNiNbDR，提高钢板强度和低温韧性水平。重庆钢铁股份有限公司起草并进行 GB 3531—2014 标准的评审工作，该版本标准中又增加了 08Ni3DR、06Ni9DR 这样的镍合金钢，我国低温压力容器用钢标准 GB 3531 中牌号增加到 6 个，使用温度范围扩大到 –40 ~ –196 ℃。这些低温钢可以广泛应用于乙烯、化肥、城市煤气、二氧化碳等液化天然气储罐低温装置，逐渐替代进口低温钢材[5-6]。

此外，煤化工、城市煤气等行业中往往需要–60 ℃左右压力容器钢种，但目前国家标准中无匹配，09MnNiDR 钢板强度偏低，使用厚度较大，无法满足要求。因此可在新钢种设计中添加一定量的 Nb，提高钢板强度和低温韧性水平，满足行业需求。

目前 GB/T 3531 标准中对 Nb 含量有下限要求的牌号为 15MnNiNbDR，此外还有一些牌号在生产过程中不同生产厂也会选择添加一定量的 Nb，如 16MnDR、09MnNiDR、08Ni3DR、06Ni9DR。

4.3　GB/T 19189

压力容器用调质高强度钢板是强度级别较高的钢铁产品，涉及国家战略石油储备、石油化工、军工科研等诸多行业，关系到国家能源安全，且技术要求高，生产难度大，该项标准为国家强制性标准，相关行业必须遵循执行。GB 19189—2011《压力容器用调质高强度钢板》已于 2011 年 6 月 16 日发布，并于 2012 年 2 月 1 日正式开始实施。GB 19189—2011《压力容器用调质高强度钢板》主要技术参数参照了 JIS G3115—2005《压力容器用钢板》标准，同时也借鉴了 EN 10028-6《压力容器用钢扁平产品》第 6 部分：淬火加回火的可焊接细晶粒钢、ASTM A537/A537M-06《压力容器板材、热处理、碳锰硅合金钢的标准规范》和 ISO 9328-3—2004《压力用途扁钢产品交货技术条件》第 3 部分：正火可焊细粒钢等标准，使该项标准技术水平在一定程度上与国际标准接轨，并达到国际标准领先水平。

伴随技术革新的发展，国内外的压力容器及相关结构件趋向大型化、高压化，并保证安全性，需要高强度、高韧性和焊接性优异的钢板。国内外已有工程项目采用 700 MPa 和 800 MPa 级调质压力容器和压力钢管用钢板，而目前国内容器调质高度钢板国家标准的抗拉强度最高级别为 610 MPa，严重制约国内调质高强度压力容器用钢的产品设计、生产规范和工程应用。宝钢股份武钢有限和宝钢股份厚板部生产的 700 MPa 级和 800 MPa 级调质高强度钢板适用于大型球罐、船用储罐、抽水蓄能用压力钢管和蜗壳等结构件及其部件，而且强韧性水平优异，实物质量达到国外同类型产品。武钢有限已完成 700 MPa 级调质高强度钢板的研制，可应用于大型球罐工程项目，一冶钢构已采购国内钢厂生产的抗拉强度 800 MPa 级的国外牌号 P690QL2，制造全压式 LPG 船舶储罐，实现批量工程应用。

目前我国还没有 700 MPa 级和 800 MPa 级调质高强度压力容器用钢国家标准，而随着 700 MPa 和 800 MPa 级调质高强度压力容器用钢产品技术趋于成熟，相应的技术要求需要补充、明确和规范，并形成相应的技术标准。国外 700 MPa 级调质高强压力容器钢标准：ASME SA533 CL.3《Mn-Mo\Mn-Mo-Ni 系调质高强度压力容器用钢板》，ASME SA543 CL.1《Ni-Cr-Mo 系调质压力容器用钢板》。国外 800 MPa 级调质高强压力容器钢标准：ASME SA517《高强度调质压力容器用钢板》，ISO 9328-6/EN10028-6 P690QL1/L2《可焊接细晶粒调质高强度压力容器用钢板》。

目前 GB/T 19189 标准中对 Nb 含量有下限并无强制性要求，但是部分牌号钢种生产厂也会选择添加一定量的 Nb 来提高性能，如 07MnNiVDR、07MnNiMoDR 和 12MnNiVR，而未纳入标准的 700 MPa 级和 800 MPa 级调质高强度压力容器用钢中可添加一定量的 Nb。Nb 的添加能够有效提高钢板低温韧性水平，也能降低钢板 Pcm 值，有利于提高焊接接头力学性能水平。

含铌压力容器钢在我国经过近 30 年自主开发研制，按照市场需求或潜在需求，逐步形成了用于调质高强度压力容器钢（屈服强度不小于 490 MPa，–50 ℃、–40 ℃）、正火高强度压力容器钢（屈服强度级别 245~420 MPa，–40 ℃、–20 ℃）、正火低温压力容器钢（–70 ℃、–50 ℃）等领域，为我国国民经济建设做出了积极贡献。目前，我国含铌压力容器用钢主要标准为：GB/T 713《锅炉和压力容器用钢板》、GB/T 3531《低温压力容器用钢板》，另外 GB/T 19189《压力容器用调质高强度钢板》标准中虽然没有限制铌含量，但为了提高强韧性，有的钢铁企业也添加了一定量的 Nb。这些标准中的钢种广泛使用铌微合金化技术，对提高钢种强度、韧性起到重要作用[7-8]。

5 结论与展望

Nb 微合金化技术为中国压力容器用钢材料体系建立与完善、钢种开发做出了重要贡献，已成为高性能压力容器用钢开发、生产及应用的关键技术之一。中国高性能压力容器用钢的发展历程表明，"产、学、研、用"全链条合作是实现专属领域新材料、新技术不断升级的捷径。压力容器用钢升级换代将与冶金工艺技术、装备制造工艺技术进步保持同步，也为 Nb 微合金技术进一步开发及应用提供了更大空间。

随着国内生产装备的逐步升级，钢铁企业有能力按照市场对高端产品的需求，研制开发出压力容器行业需要的高品质产品。在含铌新品种的研制与开发中，应在认真学习国外品种开发研究经验的同时，充分运用国内钢铁企业多年来研制生产低合金钢的经验，努力降低原材料成本，更加注重含铌新产品的研究与应用工作，构建具有我国特色的含铌低合金钢品种。

参考文献

[1] 武汉钢铁(集团)公司. 锅炉和压力容器用钢板: GB/T 713—2014[S]. 北京: 中华人民共和国国家质量

监督检验检疫总局, 2014.

[2] 重庆钢铁股份有限公司. 低温压力容器用钢板: GB/T 3531—2014[S]. 北京: 中华人民共和国国家质量监督检验检疫总局, 2014.

[3] 武汉钢铁(集团)公司. 压力容器用调质高强度钢板: GB/T 19189—2011[S]. 北京: 中华人民共和国国家质量监督检验检疫总局, 2011.

[4] 陈晓, 秦晓钟. 高性能压力容器和压力钢管用钢[M]. 2 版. 北京: 机械工业出版社, 2007: 264, 333.

[5] 章小浒, 顾先山, 徐翔. 压力容器用钢板标准的最新进展[J]. 压力容器, 2010, 27(1): 41-45.

[6] 章小浒, 段瑞, 张国信. 压力容器用钢板在 GB 150.2 中的应用[J]. 石油化工设备技术, 2014, 35(1): 48-51.

[7] 杨景红, 王小燕, 刘刚. Nb、Ti 微合金化对 Q345R 压力容器板焊接性能的影响[J]. 钢铁, 2012, 47(2): 87-91.

[8] 唐文军, 江来珠, 侯洪, 等. Nb 对压力容器用高强度钢 B610E 组织和性能的影响[J]. 压力容器, 2006, 23(1): 10-14.

[9] 付俊岩. Nb 微合金化和含铌钢的发展及技术进步[J]. 钢铁, 2005, 40(8): 1-6.

[10] 郑琳, 郭爱民. 武钢含 Nb 钢生产现状和发展[J]. 宽厚板, 1997, 3(4): 1-7.

[11] 万荣春, 赵星明, 斯松华, 等. Nb 含量对低碳微合金钢热处理组织与性能的影响[J]. 安徽工业大学学报: 自然科学版, 2007, 24(2): 134-136.

[12] 王璐, 孙玉福, 赵靖宇, 等. 热处理工艺对含 Nb 低温钢组织和性能的影响[J]. 金属热处理, 2011, 36(11): 63-65.

[13] 李建华, 吴开明, 邱金鳌. 预应变对 Nb 微合金化 09MnNiDR 低温钢高温塑性的影响[J]. 材料工程, 2012(11): 82-85.

[14] 杨春楣, 卜红旗, 范永革. 含铌微合金钢焊接性能研究[J]. 金属成形工艺, 2002, 20(3): 34-36.

[15] 庞辉勇, 车金锋. 超低温环境容器用途超厚 3.5Ni 钢板的开发[C]. 宽厚板, 2014, 20(5): 1-3.

[16] 刘朝霞. 船用 9Ni 钢的开发与应用[C]//2019 全国低温钢学术会议文集. 天水: 中信微合金化技术中心, 2019:27-39.

[17] Cao H W, Luo X H, Zhan G F, et al. Influence of Nb content on microstructure and mechanical properties of a 7%Ni steel[J]. Acta Metallurgica Sinica, 2018, 31(9): 975-982.

[18] 莫德敏. 舞钢高锰钢的开发进展[C]//2019 全国低温钢学术会议文集. 天水: 中信微合金化技术中心, 2019:73-91.

[19] Gao Z Z, Ding Q F, Yang H W, et al. Development pf Nb-bearing high strength steel plants for 150000 m^3 oil storage tank[C]//Proceedings of the ASME 2017 Pressure Vessels and Piping Conference. Hawaii: ASME, 2017: PVP2017-65751.

中国含铌不锈钢的最新研究进展

Mariana Oliveira[1]，Tassia Moura[1]，张　伟[2,3]

（1. 巴西矿冶公司，巴西圣保罗，04538-133；2. 中信金属股份有限公司，中国北京，100004；
3. 钢铁研究总院，中国北京，100081）

摘　要： 2013 年是不锈钢发现的 100 周年，并举行了庆祝大会，但它在中国的出现和运用时间要近得多。在过去的几十年里，中国开始生产不锈钢，并一举成为世界上最大的不锈钢供应商和消费国。非商用等级的产量每年都在增长，这一发展与铌技术的应用密切相关，铌技术的应用使不锈钢等级和性能得到显著提升。

关键词： 铌；不锈钢；铁素体不锈钢

Mariana Oliveira 女士

1　引言

人类几千年来一直在使用钢铁材料来改善日常活动。然而，不锈钢发现和使用的时间显然要短得多，直至 2013 年，不锈钢发现也才 100 年，人们为此举行了庆祝活动。

不锈钢，由于过去几十年的快速发展，对中国的作用也越来越凸显。中国目前已成为全球最大的不锈钢生产国和消费国。根据中国不锈钢委员会（CSSC）[1]的数据，2019 年预计中国大陆原产不锈钢产量达到 2940 万吨，消费量超过 18 kg/人，其中铁素体不锈钢占中国不锈钢总产量的 19%。

Nb 技术的使用与不锈钢的快速发展密切相关，因为它存在于大多数现代铁素体不锈钢中，用于改善钢材性能，如成型性、耐腐蚀性、耐高温性、可焊性和表面质量等。铌在奥氏体不锈钢中也有应用，特别是在高温环境下，如热电厂的热交换器。本文着重介绍了铌技术在不锈钢中的应用与发展，总结了其在中国典型下游工业中的应用进展。

2　汽车应用

近年来，汽车排气系统的新设计不断改进，提高了工作温度，增强了催化式转化器的性能。较高的使用温度导致材料的环境变差，这需要材料具备更好的耐高温性能[2]。此外，为了满足新的排放法规，厂家正在使用不同的技术，如后热处理，导致腐蚀性更严重的工况，这要求排气系统中使用的材料具有更好的耐腐蚀性。

铁素体不锈钢因成本稳定、低膨胀率、耐冷凝液腐蚀性优异而在汽车排气系统中得到了广泛的应用[3]。如今合金稳定化的铁素体不锈钢代表了制造薄壁零件最好的成本/效益解决方案，确保了长寿命和轻量化的汽车排气系统。

该领域目前最常用的等级是 ASTM 409。通常，它是添加了单一的稳定元素 Ti。然而，通过添加 Nb 获得了双重稳定的效果，不仅改进了材料最终性能，如耐高温、热疲劳和抗氧化性，同时进一步改进了材料的加工工艺性能，来满足排气系统制造（改进了成型性和可焊性），也满足了不锈钢生产本身需求[4]。最近的一项研究[3]表明，409Nb-Ti 双稳定不锈钢在循环腐蚀试验中比只有用单 Ti 稳定的标准 409 的耐蚀性高 40%，同时也具有更高的拉深性能和低的各向异性[3]。

当考虑特定的排气系统部件时，如歧管，优良的拉深性能是铁素体不锈钢成型性最重要性能指标之一。Nb 的加入是赋予铁素体不锈钢良好拉深性能[5]最有效的方法之一。研究表明，适合的合金设计和加工参数可以优化材料织构，从而使 AISI441 不锈钢具有与 AISI321 奥氏体钢相当的拉深性能[6-7]。

中国引入了更严格的排放标准，以减少商用车和乘用车的二氧化碳排放。这促使中国整个不锈钢供应链研发含 Nb 铁素体不锈钢，以满足排放标准。中国不锈钢生产商与CITIC/CBMM 合作，引领着这一趋势。

耐高温相关的性能是排气系统主要关注和要求的性能，特别是在接近发动机的排气系统部分。该区域温度可达到 1000 ℃或更高。在这种高温环境下，Nb 稳定化作用必须被引用。因为 Nb 与铁相互作用，在 700~1000 ℃之间将产生金属间相（Fe_2Nb_3）。这种金属间相沉淀析出并均匀分散时，可显著提高材料高温力学性能。这推动了一些专门应用于高温环境下的含铌不锈钢的发展，如 AISI444 和 AISI441[8]。

因此，Nb 在排气系统应用中起着关键作用，从炼钢到排气系统制造到最终产品，工艺不断优化和性能持续改进，实现材料抗敏化、可拉深、耐高温，满足整车厂（OEM）和最终消费者对材料长寿命的要求。

3 家用电器

随着人们生活水平的不断提高，中国不仅成为主要的家电生产商，也成为最大的家电消费国，这促进了对不锈钢的需求不断增加。

在全世界范围内，在该领域应用最早的不锈钢是奥氏体不锈钢 AISI304，因为它具有良好的成型性和耐腐蚀性，具有广泛的应用。然而，中国正在寻找一种更经济的解决方案，已确定铁素体不锈钢 430 作为奥氏体不锈钢 AISI304 的替代品，在该领域广泛应用。

由于 430 的成分中含有大量的铬（17%铬），它在大多数环境中具有良好的耐腐蚀性能，但焊接后其耐蚀性可能会受到损害，诸如此类耐蚀性能的变化过程被称为敏化。另一个限制其推广的因素是成型性能，如图 1 所示。

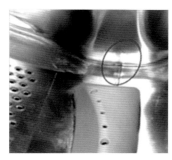

图 1 采用传统 430 制造的家用电器的使用问题[9]

因此，对于需要更复杂的变形、焊接、更高的耐腐蚀性和更高的表面质量的家用电器，有必要设计一种铁素体不锈钢，不仅具有可提供满足以上需求的性能，而且具有比 304 更低的成本。第一步是将钢中的碳和氮降低到 $300×10^{-4}$% 以下的水平，可以使用真空氧脱碳(VOD)设备，制造出超纯铁素体不锈钢。这就提高了铁素体不锈钢的耐腐蚀性和成型性，但这类钢种依旧不足以应用于需要焊接的地方。对于这些应用需求，Nb 稳定化的铁素体不锈钢 430 已经被证明是可行的选择。表 1 所示为已开发的 Nb+Ti 430 化学成分[9]。比较 Nb-Ti 双稳定化和未稳定化的 430 平衡相图（图 2）可以看到 Ti 和 Nb 添加后，缩小了 $α+γ$ 双相区，在 100 ℃以上温度下 Ti 和 Nb 碳化物、氮化物的沉淀析出，在 700 ℃附近温度下具有形成 Laves 相的潜力。

表 1　Nb+Ti 430 钢的化学组成　　　　　　　　　　　　　　　（质量分数，%）

项目	C	N	Cr	Mn	Si	P	S	Nb	Ti
含 Nb+Ti430	0.011	0.009	16.8	0.31	0.42	<0.02	0.001	0.2	0.1
SUS430	0.042	0.038	17.1	0.25	0.31	<0.02	0.001	—	—

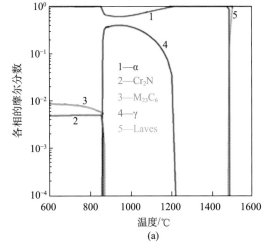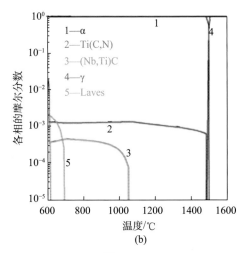

图 2　平衡相图由 Thermo-Calculation 软件绘制[9]

(a) SUS430；(b) Nb+Ti430

C 和 N 的沉淀析出不仅有助于避免焊接时的敏化，而且有助于在热轧过程中形成良好的 $γ$ 纤维织构，形成综合性能更好、更稳定的 430 铁素体不锈钢，具体结果见表 2[9]。

表 2　最终板材的拉深和抗起皱特性

项目	r_0	r_{45}	r_{90}	R_m	起皱高度/μm
含 Nb 430-C	1.64	1.42	1.85	1.58	30.2
含 Nb 430-E	1.68	1.55	1.91	1.68	22.3
SUS430-C	0.66	0.60	1.20	0.76	22.4
SUS430-E	0.62	0.61	1.38	0.81	15.4

对 TIG 焊接接头试样也进行了研究（图 3），Nb+Ti 430 铁素体不锈钢具有良好的焊接均匀性。

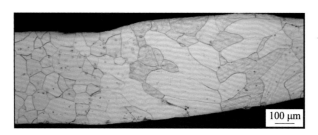

图 3　Nb+Ti 430 的 TIG 焊接接头显微结构

　　图 4 显示了采用 Ti+Nb 430 焊接样品进行的拉伸试验[9]。断裂位置位于金属母材处，证明了 Ti+Nb 430 钢具有良好的焊接性。

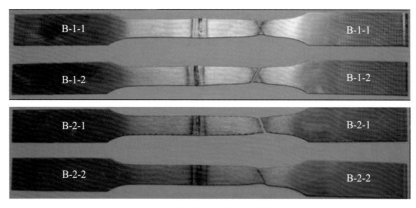

图 4　焊接后的拉伸试样

　　在焊接区域的腐蚀试验也显示了 Ti+Nb 430 相比非合金稳定化 430 具有更好的耐蚀性能(图 5)[9]，一些应用案例也印证了这一结果。洗碗机气缸内易于发生腐蚀，经过盐雾试验 48 h 后，SUS430 材料的焊缝内发生腐蚀现象。然而在相同的测试条件下，由 Ti+Nb 430 超纯铁素体不锈钢制成的组件焊缝处没有发生任何腐蚀。

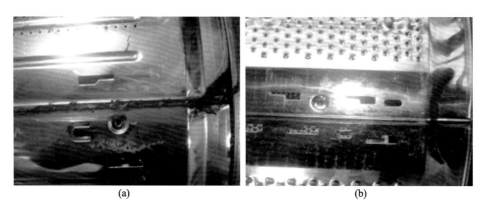

(a)　　　　　　　　　　　　　(b)

图 5　盐雾试验后洗碗机焊缝外观
(a) SUS430；(b) Ti+Nb 430

4 火电厂

由于能源需求的增加，许多国家针对火力发电制定了提高热能发电效率的计划[10]。根据战略与国际研究中心研究项目《中国电力项目》，2017 年中国约 60%的能源消耗是基于煤炭。因此，中国近几年已大力投入建设更高效的火电发电厂。

火电厂的基本原理是利用水蒸气来带动与发电机相连的涡轮机旋转。这一过程的效率受到不同因素的影响，但最具代表性的是蒸气温度和压力。

以 800 MW 蒸汽涡轮机为例，提高热效率 1%，将可以在其使用寿命（约 20 年）[11]内降低二氧化碳排放 100 万吨。超超临界（USC）电厂是最新一代的火电厂，热效率可达到 45%；所谓超超临界的工况是指水蒸气压力大于 24 MPa，温度高于 566 ℃。这对材料是一个巨大挑战，因为更高的温度和压力需求，需要选择更高的耐腐蚀和耐高温性能的材料。

为了适应更高的工作温度和蒸汽压力，必须选择更高性能的材料。该材料不仅具有优异的力学性能和耐腐蚀性能——在高温服役条件下承受电厂整个生命周期中施加的更高压力，而且具有尽可能的最经济性。

对耐腐蚀和耐高温性能要求最苛刻的部件是过热器和再热管，它们温度可达到 700 ℃。奥氏体耐热等级钢 TP347H、Super304H 和 HR3C 是广泛运用于 600℃ 超超临界（USC）火力发电厂的过热器/再热器设备用钢。其特点是铬含量在 18%~25%之间，镍含量在 5%以上，特点是提高了耐腐蚀性和抗氧化性。添加铌的含量可达 1%，通过沉淀析出碳化物和碳氮化物，以提高材料在高温下的强度，如表 3 所示。

表 3   TP347H、Super304H 和 HR3C 的化学成分　　　　　（质量分数，%）

钢级	C	Si	Mn	P	S	Cr	Ni	Nb	N	其他	Fe
TP347H	0.08	0.41	1.53	0.028	10×10⁻⁴	18.00	10.00	0.90	0.10	—	余量
超级 304H	0.08	0.23	0.80	0.03	10×10⁻⁴	18.50	9.50	0.51	0.11	Cu 3.00	余量
HR3C	0.06	0.43	1.31	<67×10⁻⁴	<81×10⁻⁴	24.00	20.00	0.23~0.56	0.25	V 0.060	余量

在 TP347H 钢中，铌、铬、碳和氮被认为是在高温下长时间保持蠕变强度的主要元素，这是因为 MX 型纳米沉淀在使用过程中形成，从而增强了长时间服役期间力学性能稳定性。

TP347H 钢在 650 ℃长时间时效处理结果显示，显微硬度随时效时间变化而变化[12-13]。如图 6 所示，在最初的 1000 h 热处理中，所研究的钢的显微硬度随着时效时间的延长而迅速增加，达到接近 HV220，这一结果在 650 ℃下一直保持在 10000 h。

在时效处理的不同阶段，可以观察到沉淀析出体积分数的增加，沉淀析出物呈纳米尺寸，均匀分布在 γ 基质中，如图 7 所示。在基体的主要沉淀相为富含 Nb 的 MX 型沉淀出相。这些析出相保持纳米尺寸，有效阻碍晶粒粗化，对材料强化效果显著[12-13]。

在 Super304H 钢中，除了 Cr、C、N 以外，添加 Cu 和 Nb，进一步提升沉淀强化效果[14-16]。在该钢种中，纳米富铜相在奥氏体基质中沉淀析出，是有别于富 Nb MX 型沉淀析出的另一种析出相，相对于 TP347H，在长期时效处理中可提供更优异的高温性能。

HR3C 钢级，也被称为 UNS S31042，增加了铬和镍含量，在抗蒸汽氧化方面具有最好的性能[17]。对其成分研究表明，除了 0.4%范围内的铌添加外，含添加了 0.2%氮，0.06%钒，

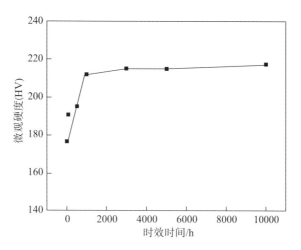

图 6 TP347H 钢的显微硬度在 650 ℃时随时效时间的关系[12-13]

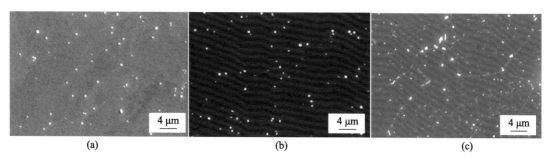

图 7 650 ℃下 TP347H 钢长时间时效后的扫描电镜图像[12-13]
(a) 初始状态；(b) 处理 1000 h 后；(c) 处理 5000 h 后

在使用环境下作为沉淀强化元素。Nb、Ti、V 等稳定元素大大提高了奥氏体不锈钢的蠕变强度，主要是通过沉淀析出于晶内的细小的碳化物实现。铌可以通过形成纳米尺寸和均匀分布的 MX 和 NbCrN 沉淀析出相来达到弥散增强效果[18]。图 8(a)~(d)显示了含 0.40%（质量分数）Nb 的 HR3C 钢在 700 ℃下进行 6000 h 时效处理后的样品中，NbC 析出相和位错之间相互作用[19]。在基体中均匀分布的纳米尺寸颗粒与位错相互作用，从而提升高温强度[20]。

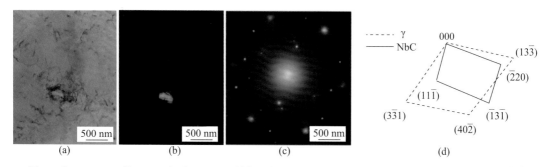

图 8 含 0.40%Nb 的 HR3C 钢在 700 ℃时效试验后，NbC 析出物和位错相互作用的透射电镜图[19]
(a) 明场；(b) 暗场；(c) 衍射花样图案；(d) 衍射图案的标定

对于 700 ℃以上的温度，需要使用镍合金材料，因为它们具有最高的抗腐蚀性和抗蠕变性能。

5 结论

铌在中国的应用已经走过 40 年，这是值得庆祝的 40 年。含铌不锈钢能在中国发展 40 年是因为我们有共同的目标：致力于推进更高效、更经济、更高质量的材料研发。

参考文献

[1] 李建民，梁剑雄，刘艳平. 中国不锈钢[M]北京: 冶金工业出版社，待出版.

[2] Hiramatsu N. Niobium in ferritic and martensitic stainless steels[C]//CITIC-CBMM. Proceedings of the International Symposium Niobium 2001. Beijing: Metallurgical Industry Press, 2003: 2-5.

[3] Chen E, Wang X, Shang C. A low cost ferritic stainless steel microalloyed by higher Nb for Automotive exhaust system[C]//TMS. HSLA Steels 2015, Microalloying 2015 & Offshore Engineering Steels 2015: Conference Proceedings. Hoboken: John Wiley & Sons, Inc., 2015: 613-619.

[4] Costa R J G, Rodrigues D G, Alves H J B, et al. Comparative study of microstructure, texture, and formability between 11CrTi and 11CrTi+Nb ASTM 409 ferritic stainless steel[J]. Materials Research, 2017, 20: 1593-1599.

[5] Davison R M. Texture and anisotropy of low-interstitial 18 Pct Cr-2 Pct Mo ferritic stainless steel[J]. Metallurgical and Materials Transactions A, 1975, 6(12): 2243-2248.

[6] Pisano C P C. Caracterização e comparação dos procedimentos de obtenção da curva limite de conformação e das características de estampagem dos aços inoxidáveis DIN 1.4509 e AISI 321[D]. São Paulo: Universidade de São Paulo, 2017.

[7] Faivre L, Santacreu P O, Acher A. A new ferritic stainless steel with improved thermo-mechanical fatigue resistance for exhaust parts[J]. Materials at High Temperatures, 2013, 30(1): 36-42.

[8] Schmitt J H, Chassagne F, Mithieux J D. Some recent trends in niobium ferritic stainless steels[C]//Mohrbacher H. Recent advances of containing materials in Europe. Düsseldorf: Verlag Stahleisen GmbH, 2005: 137-48.

[9] Wei Z, Oliveira M, Laizhu J, et al. Nb microalloyed modern ferritic stainless steel[C]//TMS. HSLA Steels 2015, Microalloying 2015 & Offshore Engineering Steels 2015: Conference Proceedings. Hoboken: John Wiley & Sons, Inc., 2015: 887-894.

[10] Oliveira M P, Zhang W, Yu H, et al. Recent developments in niobium containing austenitic stainless steels for thermal power plants[J]. Energy Materials 2014, 2014: 271-277.

[11] American Society of Mechanical Engineers. Proceedings of the 2000 International Joint Power Generation Conference: Power Fuels and Combustion Technologies Nuclear Engineering: presented at the 2000 International Joint Power Generation Conference, July 23-26, 2000, Miami Beach, Florida[C]. New York: American Society of Mechanical Engineers, 2000.

[12] Yu Hongyao, Chi Chengyu, Dong Jianxin, et al. 650℃ long-time aging structure stability study on TP347H austenitic heat-resistant steel[J]. Materials Science, 2011, 1: 15-24.

[13] Yu Hongyao, Chi Chengyu, Dong Jianxin, et al. 650℃ long-term structure stability study on 18Cr10NiNb heat-resistant steel[J]. Advanced Materials Research, 2012, 399: 180-184.

[14] Yu Hongyao, Chi Chengyu, Xie Xishan. 650℃ long-term structure stability study on 18Cr-9Ni-3CuNbN heat-resistant steel[J]. Materials Science Forum, 2010, 654-656: 118-121.

[15] Chi Chengyu, Yu Hongyao, Xie Xishan. Advanced austenitic heat-resistant steels for ultra-super-critical (USC) fossil power plants [J]. Alloy Steel-properties and Use, 2011, 12: 171.

[16] Chi Chengyu, Yu Hongyao, Dong Jianxin, et al. Strengthening effect of Cu-rich phase precipitation in 18Cr9Ni3CuNbN austenitic heat-resisting steel[J]. Acta Metallurgica Sinica (English Letters), 2011, 24(2): 141-147.

[17] Masuyama F. History of power plants and progress in heat resistant steels[J]. ISIJ International, 2001, 41(6): 612-625.

[18] Sourmail T. Precipitation in creep resistant austenitic stainless steels[J]. Materials Science and Technology, 2001, 17(1): 1-14.

[19] Wang J Z, Liu Z D, Bao H S, et al. Effect of ageing at 700 ℃ on microstructure and mechanical properties of S31042 heat resistant steel[J]. Journal of Iron and Steel Research International, 2013, 20(4):54-58.

[20] 王敬忠. 奥氏体耐热钢 S31042 钢组织与性能研究[D]. 北京：钢铁研究总院，2011.

中国含铌耐热钢技术的发展与展望

刘正东[1]，王敬忠[2]，包汉生[1]，陈正宗[1]，张　伟[1,3]

（1. 钢铁研究总院，中国北京，100081；2. 西安建筑科技大学，中国西安，710055；

3. 中信金属股份有限公司，中国北京，100004）

刘正东先生

摘　要：近 20 年来中国超超临界燃煤发电机组的发展极大地推动了耐热钢及其制造技术的进步，按蒸汽管路使役温度从低到高，逐次选用马氏体耐热钢、奥氏体耐热钢和耐热合金。超超临界机组耐热钢管尤其是大口径厚壁管需在高温高压复杂腐蚀环境下稳定工作 30 年，要求耐热钢具有高持久强度、耐腐蚀和易焊接等综合性能。铌是耐热钢中重要的合金化元素，铌通过析出强化、位错强化、亚结构强化等强韧化机制对耐热钢的晶粒及其精细组织产生重要影响，进而参与调控耐热钢管的持久强度等关键性能。本文对铌在马氏体耐热钢和奥氏体耐热钢中的作用机理进行简要总结，并对含铌耐热钢的发展方向进行了展望。

关键词：含铌耐热钢；作用机理；耐热钢技术发展与展望

1　引言

近 20 年来，我国燃煤发电装机容量和发电技术获得了突飞猛进的发展，用于燃煤发电锅炉关键材料的制备技术水平也获得很大的提高。火力发电机组的运行周期一般为 30~40 年，作为其关键部件的锅炉管应与之相适应。在环境保护的巨大压力下，火力发电机组的蒸汽参数在逐渐提高，过热器和再热器等极端受热部件所用材料的合金化程度亦在提高。从热力学和动力学角度，高合金化的耐热钢管在长期高温服役过程中，其微观组织必然发生演变，导致其力学性能的退化。在用于发电锅炉关键材料中，Nb 是一种重要的合金元素，与钢中 N 和/或 C 形成特殊化合物 MX 或 M(C,N) 相或 NbCrN 相，弥散分布于基体中与位错相互作用，使钢的高温持久强度提高。几十年来，应用于超超临界电站关键部件的材料获得了广泛研究，铌在耐热钢及合金中的作用机制也得到了研究。我国自 2003 年设立超超临界燃煤机组关键材料国产化方面的研究项目，到 2011 年全部重要的耐热钢实现国产化，创造了巨大的社会效益和经济效益；在耐热钢及合金的研究上，与欧洲、美国、日本等先进工业国家和地区站上同一起跑线。但是，由于国产化过程短促，这些典型钢种的生产中还存在这样和那样的问题，欲使国产耐热钢管尤其是国产奥氏体耐热钢管的质量水平达到国际同类产品的先进水平，冶金行业的工作者还应继续不懈地努力。本文旨在通过介绍国内外关于铌在马氏体/铁素体耐热钢、奥氏体耐热钢中的应用及其作用机理的研究状况，为我国耐热钢研究和生产水平的提高提供参考性建议。

2 铌在 9%~12%Cr 耐热钢中的应用及作用机理

2.1 从发展的角度认识铌在铁素体/马氏体耐热钢中的应用

马氏体/铁素体耐热钢在服役之前的组织为回火马氏体组织，经长时间高温服役，马氏体组织发生回复，甚至再结晶，部分或全部转变成铁素体组织，这是马氏体/铁素体耐热钢称谓的由来。现在所说的马氏体/铁素体耐热钢由最初的铁素体/珠光体耐热钢发展而来。这类钢大致的发展历程如图 1[1]所示，最开始通过加入铬和钼大大提高普通碳钢的耐热性，后来随着蒸汽参数的提高，研发出 9%Cr 系的马氏体/铁素体耐热钢以适应之，再后来试图通过添加更多的铬来进一步提高钢的抗蒸汽腐蚀能力，发展了 12%Cr 系的钢。随着美国、欧盟和日本的 A-USC 计划的研究进展，又发展出了一系列诸如 9Cr-3W-3Co、CB2、FB2、COST B2、COST E 和 TR1200 等高端的马氏体耐热钢。其中，P91、P92 和 T122 钢（T122 钢由于组织问题目前已被淘汰）广泛用作超超临界火力电站锅炉的关键部件。为了能适用于更高温度参数（650 ℃），2011 年 Fujio Abe 在 9Cr 耐热钢的基础上通过添加 W、Co 并调节 B 的含量研制出一种新型的马氏体耐热钢，其化学成分大致为 9Cr-3W-3Co-0.2V-0.05Nb[2]。钢铁研究总院耐热钢团队的严鹏等在 9Cr-3W-3Co-0.2V-0.05Nb 的基础上通过增加 N、Cu 形成了 G115 钢，并对其性能进行了较系统的研究[3]。假设图 1 包括了马氏体/铁素体耐热钢发展历程中所研发的所有马氏体/铁素体耐热钢，共含有 22 个钢种，其中阴影内为含 Nb 钢种，共有 12 个，约占 55%；更重要的是图 1 显示出钢种成分的一个特

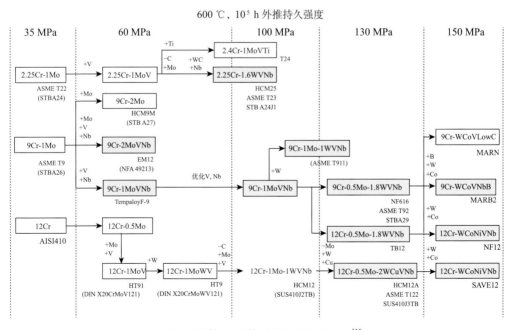

图 1 铁素体/马氏体耐热钢的发展历程[1]
（黄色阴影内为含 Nb 牌号）

点：随着强度的提高，Nb 成为马氏体/铁素体耐热钢中必不可少的合金元素。说明 Nb 在马氏体/铁素体耐热钢的合金化应用中占据的位置越来越重要。

2.2 从含量的角度认识 Nb 在铁素体/马氏体耐热钢中的应用

由表 1 可以看出，超超临界锅炉用的几种典型钢种和新开发的马氏体/铁素体耐热钢（大型转子用铸钢、锻钢）中，Nb 的含量均控制在 0.05%左右，在最初蒸汽参数比较低的情况下使用的 T9 钢中不含 Nb，后来发展的马氏体/铁素体耐热钢中几乎都含有 Nb，这与图 1 所反映出来的情况是一致的。说明无论在主蒸汽管道/集箱还是在大型铸锻转子用钢中，Nb 作为合金化元素均得到了广泛的应用。由于马氏体/铁素体耐热钢中 V、Nb 复合添加的牌号占多数，为方便阐述，表 1 中列出了对应的 V 含量。

表 1　几种典型马氏体/铁素体耐热钢的化学成分　　　　（质量分数，%）

钢种	T9	T91	T92	P92	T122	9Cr-3W-3Co	G115	TR1200	COST B2	COST E	COST F	FB2
Nb 含量	—	0.06~0.1	0.04~0.09	0.06~0.10	0.054	0.05	0.042	0.05	0.05~0.08	0.05	0.05	0.04~0.06
V 含量	—	0.18~0.25	0.15~0.25	0.18~0.25	0.20	0.19	0.19	0.20	0.27	0.18	0.18	0.22

2.3　Nb 在马氏体/铁素体耐热钢中的作用及其演化

2.3.1　Nb 在马氏体/铁素体耐热钢中的作用机制

由于在马氏体/铁素体耐热钢中的 Nb 含量仅约 0.05%，因此，未见针对 Nb 在该类钢中作用的专门报道。由表 1 可知，各典型的 9%~12%Cr 耐热钢中 Nb 含量(0.05%)和 V 含量(0.20%)相差比较大，后者是前者的 4~10 倍，这导致在多数情况下，将两者合在一起展开论述的文献较多些。因此，本文对 Nb 在马氏体/铁素体耐热钢中作用的总结中，不可避免会与 V 的作用有交叉。

Nb 和 V 在 9%~12%Cr 耐热钢中主要以细小、稳定的 MX 型粒子析出并弥散分布于晶粒内，一般比较稳定，这对于维持亚晶粒结构的稳定和提高持久强度具有重要的作用。在低温短时条件下，富铌析出相提高蠕变强度的作用明显，但在长时间的高温蠕变下 V 的作用则更加明显。钒铌添加存在最佳配比，各自强化作用叠加，使得强度显著提高[4]。因此，9%~12%Cr 耐热钢中普遍采用钒铌复合添加的微合金化方式[5,6]。

MX 相主要是指钢中纳米级微细的 NbC、VN 或 Nb(C, N)等析出相，主要在回火过程中析出。MX 相在 P92 中细小弥散分布，有效阻碍位错及亚晶界的移动，高温长时间保持稳定。文献[7]给出 9%Cr 耐热钢中 MX 和 $M_{23}C_6$ 相在钢中的分布形态，如图 2 所示，MX 尺寸比 $M_{23}C_6$ 的小，主要分布在原奥氏体晶界、亚晶界及亚晶内部，且原奥氏体晶界及亚晶界分布的 MX 尺寸较大。其实，这也描述了 MX 和 $M_{23}C_6$ 相在 9%Cr 钢中的强化机理。Katsumi Yamada 等[6]则根据其析出阶段及其颗粒形貌把 MX 相分为三类：第一类是正火时析出的 30~50 nm 的 MX；第二类是回火时析出的一种富 V 的短棒状或片状 MX；第三类是回火时析出一种翼状 MX 相。有研究[9]认为翼状 MX 相的蠕变抗力较好。

2.3.2　含铌 MX 相在马氏体/铁素体耐热钢中演变

MX 相在服役温度范围内属于亚稳态相，文献[9~12]报道长时间暴露于 600~700 ℃环境下，在 9%~12%Cr 马氏体耐热钢中会生成复杂的氮化物 Cr(V, Nb)N——称之为 Z 相，由于它的出现以消耗细小弥散 MX 相颗粒为代价，被指认为是钢高温蠕变强度降低的主要原因。由于 9%~12%Cr 耐热钢长期暴露于 600~700 ℃，基本无法避免 Z 相的形成，基于优化、利用 Z 相的思想，J.Hald[13]在研究文献和试验数据的基础上提出 Z 相的热力学模型，这个模型预测在服役温度范围内 Z 相是 9%~12%Cr 耐热钢中最稳定的氮化物，因此，尝试让 Z 相完全取代弥散细小的 MX 相。Cr 是驱动 Z 相形成的一个主要因素，这是 12%Cr 钢受 Z 相影响较大的解释[14]。

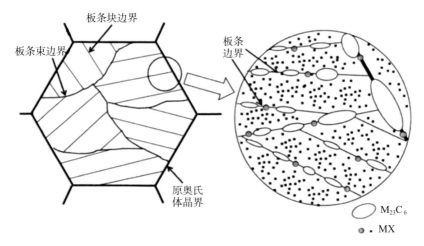

图 2　9%~12%Cr 回火马氏体中 MX 相及 $M_{23}C_6$ 相析出示意图[7]

　　M.Yoshizawa 等[15]和 K.Sawada 等[16]研究结果显示，MX 在向 Z 相演变时有中间过渡相，MX 面心立方晶格结构由于 Cr 和 Fe 的部分替代逐步过渡到 Z 相四方结构，如图 3[15]所示。NbX 与 VX 的转变时间与机制也不相同，J.Hald 等[17]的研究表明，中间相 CrNbN 形成 Z 相的驱动力明显高于 CrVN，有文献表明降低钢中的 Nb[18, 19]和 Ni[15]可以推迟 Z 相的析出，J. Hald[9]、M.Yoshizawa 等[15]和 K.Sawada 等[16]的研究显示，9%~12%Cr 钢中 Cr 含量是 Z 相析出与长大的关键因素。

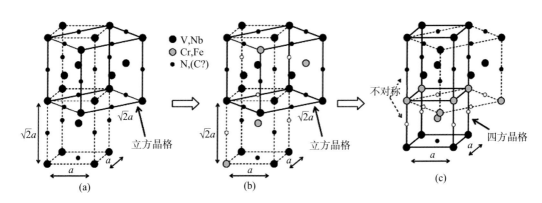

图 3　VX 面心立方晶格（M_2N_2 型）向 Z 相四方晶格（M_2N 型）转变示意图
(a) M_2N_2（回火态）; (b) $M_2N_{2-\alpha}$（富 Cr,Fe 的 VX）; (c) M_2N（Z 相四方晶格）

J. Hald[9, 17]研究表明，在9%~12%Cr耐热钢中Cr含量超过10.5%，Z相快速长大，蠕变强度下降。在9%Cr钢中，例如P92，650 ℃时Z相在30000~40000 h开始析出，但组织中仍然存在有大量的MX相；在600 ℃及以下，9%Cr钢中Z相析出更慢，在300000 h内不会影响组织的长时稳定性。K.Suzuki等[20]给出P92中600 ℃蠕变试验10000 h开始析出Z相，K.Sawada等[21]实验数据显示9.5%Cr（T92）在130 MPa、600 ℃、39539.9 h条件下，Z相的仅长大至155 nm；王延峰等[22]文献中T92钢650 ℃、12430 h的持久试验后，未见到Z相的析出。

石如星对P92钢进行了较系统的研究[23]，萃取相分析表明，P92钢中的MX相由Cr、W、Nb、V、Mo、C和N等元素组成，MX相中各元素的含量受时效时间的影响较小。不同成分的P92钢中MX的含量随时效时间变化不明显；但经过长时间时效，P92钢中δ铁素体内MX相有明显的长大，如图4所示。

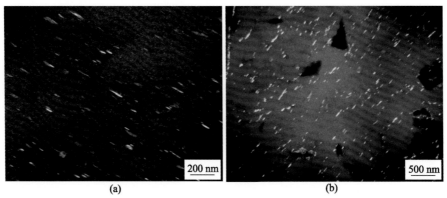

图4　P92钢中δ铁素体内MX相的形貌[23]
(a) 0 h；(b) 8000 h

严鹏对G115中MX的研究结果表明[3]，MX随着时效时间延长，其含量基本保持不变，说明MX相在G115中比较稳定，具有长期的弥散强化作用。这也使得G115钢的10万小时外推持久强度远远高于P92钢和T122钢的，1万小时持久强度高于MARBN钢的。另外，G115已获得国家发明专利授权，并被纳入中国630 ℃超超临界示范电站的候选材料。

3　铌在奥氏体耐热钢中的应用及其作用机理

3.1　从发展的角度认识铌在奥氏体耐热钢中的应用

与铁素体耐热钢相似，奥氏体耐热钢也经历了长期的发展，其发展历程如图5[24]所示。通过调整18Cr-8Ni型奥氏体不锈钢的化学成分，得到不同型号的奥氏体耐热钢。AISI347钢是第一个通过添加Nb强化的奥氏体耐热钢，随着合金化程度提高，几乎所有的奥氏体耐热钢中均以Nb作为合金化元素，如图5中阴影内的钢种。在传统25Cr-20Ni型奥氏体不锈钢基础上开发出了25Cr20NiNbN、20Cr25NiMoNbTi和22Cr15NiNbN，可用于更高温度和更苛刻腐蚀条件下。出于成本考虑，在TP310HCbN基础上，借鉴SUPER304H和HR6W的合金化思路，添加氮质量分数0.2%和少量铜可稳定奥氏体基体，添加少量铌，使TP310CbN中的镍质量分数降至18%左右，铬质量分数略有降低，创制了22.5Cr18.5NiWCuNbN，其

600 ℃、10^5 h 持久蠕变强度为 203MPa。在 20Cr25NiMoNbTi 基础上，发展出了一个有望应用在 700 ℃蒸汽参数的奥氏体耐热钢，名称为 Sanicro25，其名义成分为 20Cr25Ni3.5WCu1.5CoNbN。目前，冶金材料界对 Sanicro25 钢的关注度较高。

从奥氏体耐热钢的发展历程不难看出，其合金化程度与马氏体耐热钢同样朝着合金化程度越来越高的方向发展。一个有趣的现象是，随着合金化程度的提高，几乎所有的奥氏体耐热钢中均利用 Nb 作为强化元素，说明 Nb 在奥氏体耐热钢中强化作用的不可替代性。

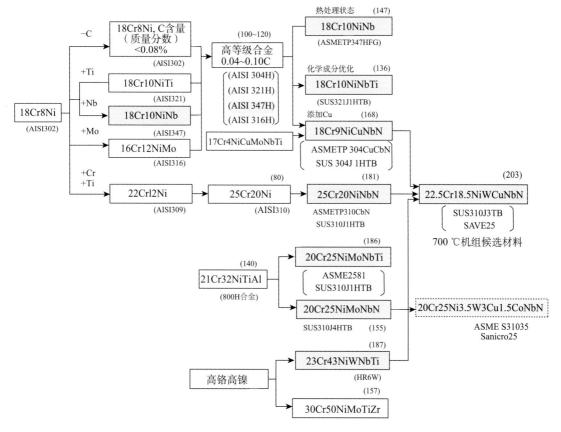

图 5　奥氏体耐热钢的发展历程[24]

（（ 　 ）中数据为 600 ℃、10 万小时外推持久强度(MPa)；虚线部分为本文作者所加）

3.2　从含量的角度认识铌在奥氏体耐热钢中的应用

表 2 中的数据表明，几种典型的奥氏体耐热钢均用 Nb 作为主要合金元素，其含量（质量分数）在 0.10%~1.1%不等，大部分奥氏体耐热钢中添加了一定量的 N，既可提高奥氏体组织的稳定性并强化基体，又可节约 Ni 元素用量；另外，N 和 Nb 形成 MX 或 CrNbN 型的特殊碳化物，通常弥散分布在基体中，起到强化作用。与马氏体/铁素体耐热钢不同的是，V 元素由于电子浓度的关系，容易引起钢中析出脆性相，因此，在奥氏体基体的钢或合金中基本没有 Nb、V 复合添加现象。从表 1 和表 2 中能简单地看出，奥氏体耐热钢中的 Nb 含量比铁素体耐热钢中的高出 1~1.5 个数量级，这足以表明 Nb 在奥氏体耐热钢合金化中的重要作用。

表 2　典型奥氏体耐热钢中 Nb 含量统计　　　　　（质量分数, %）

牌号	C-HRA-5	SP2215	S31042	NF709	Sanicro25	Super304H	Tempaloy AA–1	XA704	TP347HFG/ TP347H	SAVE25	S30942
Nb 含量	0.30~0.65	0.30~0.70	0.2~0.6	0.1~0.4	0.30~0.60	0.30~0.60	0.4	0.25~0.50	8×w(C)~1.10	0.45	0.50~0.80
N 含量	0.10~0.35	0.15~0.35	0.15~0.35	0.10~0.25	0.15~0.35	0.05~0.12	—	0.10~0.25	—	0.2	0.10~0.20

3.3　铌在奥氏体耐热钢中作用及其演化

3.3.1　铌在奥氏体耐热钢中的作用机制

　　由于与 C、N 强烈的亲和力，Nb 在 TP347 钢中主要以碳氮化物形式存在，这种碳氮化物具有面心立方结构，晶格常数为 0.437~0.447 nm，凝固过程中，Nb(C, N)以一次相的形式从液相中析出，凝固结束，随着温度降低 Nb 在奥氏体基体中的溶解度降低，便以二次相形式析出；Christian Solenthaler 等[25]对 TP347 钢中的含 Nb 相进行了详细的研究，在 1050~950 ℃短时处理，晶粒内部析出大量的弥散的 NbX 第二相，如图 6 所示，这种弥散的小颗粒必然对位错运动产生强烈阻碍，起到强化作用。

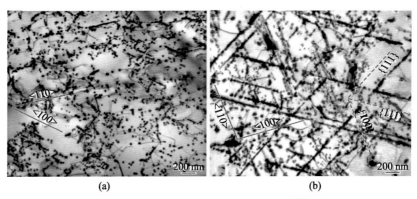

图 6　透射电镜的明场像和晶粒位相[25]

(a) <110>和<100>位相；(b) NbX 相优先在{111}晶面族的排列

　　谭舒平[26]的研究表明，Super304H 钢持久试样中富 Nb 相颗粒尺寸较小，而且与位错有明显的相互作用，如图 7 所示。王敬忠[27]在高温持久试样中发现了晶粒内部

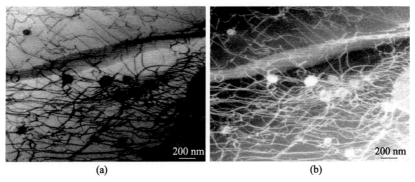

图 7　持久试样中位错缠绕 MX 相的形态(HR-TEM)[26]

(a) 明场像；(b) 暗场像

NbCrN 颗粒与位错强烈相互作用，如图 8 所示。这样的晶粒内部含 Nb 相颗粒与位错相互作用的现象不胜枚举。

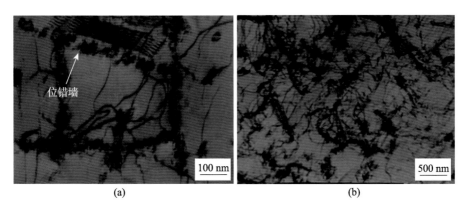

图 8　持续高温应力作用下 HR3C 钢中的 NbCrN 与位错相互作用

(a) 700 ℃、160 MPa、470 h 试样；(b) 700 ℃、120 MPa、4331 h 试样

在多年积累的基础上，谢锡善教授联合相关企业，开发了名为 SP2215（22Cr-15Ni-3Cu-0.5NbN）的新型奥氏体耐热钢，650 ℃和 700 ℃下 10^5 h 外推持久强度分别为 130MPa 和 80MPa，在 620~630 ℃下的高温持久性能与 Sanicro25 钢相当[28]。

3.3.2　含铌奥氏体耐热钢生产中的关键问题

从上述可以看出，无论 18Cr-8Ni 型还是 25Cr-20Ni 奥氏体耐热钢，弥散分布的含 Nb 的 MX 和 NbCrN 相都是钢中最主要的强化相，对这类钢持久强度均起到稳定的强化作用。但是，由于奥氏体耐热钢中 Nb 含量较高，在凝固过程会发生液析现象，容易生成比较粗大的一次含 Nb 相或共晶含 Nb 相。含 Nb 奥氏体耐热钢中，常见的大块的一次含 Nb 相，如图 9 所示。文献[29]认为 HR3C 中大块成簇分布的富 Nb 一次相，是其高温塑性波动大的原因。HR3C 钢的持久强度并非随着 Nb 含量增加而增大，Nb 含量高容易形成团簇的富 Nb 一次相，不利于高温持久强度的提高[27]。国内文献报道表明[30-34]，国内相关企业在含 Nb 奥氏体耐热钢管的生产中还存在一些技术问题，在处理 Nb 偏析问题方面尤甚。因此，在含 Nb 奥氏体耐热钢生产的冶炼铸造环节必须注重解决 Nb 液析的问题。针对上述工程问题，

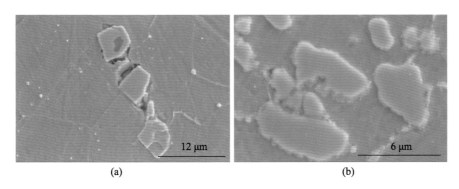

图 9　固溶态和时效态 Super304H 钢中大块的一次 Nb(C，N)[27]

(a) 固溶态；(b) 3000 h 时效

国内产学研用的攻关组正在积极地开展合作研究，以期更好地发挥 Nb 在奥氏体耐热钢中的有益作用。

4　结论与展望

综上所述，在超超临界燃煤发电机组极端受热部件过热器和再热器以及集箱、主蒸汽管道用高端材料中，Nb 均是主要的合金化元素。在马氏体/铁素体耐热钢中，Nb 和 V 一般复合添加，前者的含量约相当于后者的 1/5。而在奥氏体耐热钢中，Nb 的添加量则比较高，从 0.10%到 1.2%不等，恰因 Nb 含量高，熔炼铸造或连铸工艺不当容易形成呈簇状分布的大块的一次含 Nb 相，不仅影响后续的生产效率，还会影响产品的高温使用性能。

9%~12%Cr 的马氏体/铁素体耐热钢中 Nb 的强化作用，一方面以细小析出相的形式钉扎阻碍位错运动，另一方面，析出相在亚晶界上阻碍组织的回复过程，从而保持组织的稳定性，来维持钢在高温下的持久强度。Nb 在奥氏体耐热钢中强化机制就是在钢内部形成大量的弥散分布的富 Nb 颗粒，即在钢中形成 NbC、NbN 或 Nb(C,N)以及 NbCrN 颗粒，起到良好的弥散强化作用。

关于 Nb 在耐热钢的应用及作用机制的研究方面，国内外学者们整体水平相当，但就基础研究的深入性方面国内学术界仍然要向国外相关研究者学习，以促进我国耐热钢冶金技术水平的稳步提高。随着 Nb 在高端耐热钢合金化中的应用日趋广泛，为了更好地发挥Nb 的合金化作用，冶金工作者应当更加重视含 Nb 钢的冶炼、模铸/连铸等冶金前端工艺的精细化处理，为我国含 Nb 钢质量水平的提高进一步贡献智慧和力量。

参考文献

[1] Viswanathan R, Bakker W. Materials for ultra-supercritical coal power plants-boiler materials: part 1[J]. Journal of Materials Engineering and Performance, 2001, 10(1): 96-101.

[2] Abe Fujio. Effect of boron on microstructure and creep strength of advanced ferritic power plant steels[J]. Procedia Engineering, 2011, 10(4): 94-99.

[3] 严鹏. 新型马氏体耐热钢 G115 的组织与性能研究[D]. 北京: 北京清华大学, 2014.

[4] Thronton D V, Mayer K H. Advances in turbine materials design and manufacturing, 4th Int. Charles Parsons Turbine Conf.[C]. The Institute of Materials, London, 1997: 270-277.

[5] Abe F. Key issues for development of advanced ferritc steels for thick section boiler components in USC power plant at 650 ℃[C]. Symposium on Ultra Super Critical (USC) Steels for Fossil Power Plants 2005, 12-13 April, Beijing, 2005: 19-28.

[6] Yamada Katsumi, Igarashi Masaak, Muneki Seiichi, et al. Creep properties affected by morphology of MX in high-Cr ferritic steels[J]. ISIJ International, 2001, 41(Supplement): 116-120.

[7] Abe Fujio. Precipitate design for creep strengthening of 9% Cr tempered martensitic steel for ultra-supercritical power plants[J]. Science and Technology of Advanced Materials, 2008, 9: 1-15.

[8] Hamada Kazushi. Tokuno Kazushige, Tomita Yukio, et al. Effects of precipitate shape on high temperature strength of modified 9Cr-1Mo Steels [J]. ISIJ International, 1995, 35(1): 86-91.

[9] Hald J. Microstructure and long-term creep properties of 9%~12% Cr steels[J]. International Journal of

Pressure Vessels and Piping, 2008, 85(1-2): 30-37.

[10] Danielsen H K. Z-phase in 9%~12% Cr steels. Department of manufacturing, engineering and management[D]. Lyngby: Technical University of Denmark, 2006.

[11] Golpayegani A. Precipitate stability in creep resistant 9%~12% chromium steels[D]. Department of applied physics, microscopy and microanalysis[D]. Goteborg: Chalmers University of Technology, 2006.

[12] Danielsen H K, Hald J. Behaviour of Z phase in 9%~12%Cr steels[J]. Energy Materials, 2006, 1(1): 49-57.

[13] Danielsen H K, Hald J. A themodynamic model of the Z-phase Cr(V,Nb)N [J]. Calphad-omputer Coupling of Phase Diagrams & Thermochemistry, 2007, 31(4): 505-514.

[14] Strang A, Vodarek V. Precipitation processes in martensitic 12CrMoVNb steels during high temperature creep[J]// Strang A, Gooch D J. Microstructural development and stability in high chromium erritic power plant steels. London: Maney, 1997, 1: 31.

[15] Yoshizawa M, Igarashi M, Moriguchi K, etc. Effect of precipitates on long-term creep deformation properties of P92 and P122 type advanced ferritic steels for USC power plants[J]. Materials Science and Engineering A, 2009, 510-511(10): 162-168.

[16] Sawada K, Kushima H , Kmura K, etc. Effect of Z-phase formaion on creep strength and fracture of 9%~12%Cr steels[C]. 3rd Symposium on Heat Resistant Steels and Alloys for High Efficiency USC Power Plants 2009, Japan, June 2-4, 2009.

[17] Hald John, Hilmar K. Danielsen. Z-phase strengthened Martensitic 9%~12%Cr steels[C]. 2009 Symposium on Advanced Power Plant Heat Resistant Steels and Alloys, October 21-24, 2009, Shanghai, China.

[18] Cipolla L, Danielsen H K, Nunzio P E Di, et al. On the role of Nb in Z-phase formation in a 12% Cr steel[J]. Scripta Materialia, 2010, 63(3): 324-327.

[19] Lee K H , Hong S M , Shim J H , et al. Effect of Nb addition on Z-phase formation and creep strength in high-Cr martensitic heat-resistant steels[J]. Materials Characterization, 2015, 102: 79-84.

[20] Suzuki K, Kumai S, Kushima H, et al. Heterogeneous recovery and precipitation of Z phase during long term creep deformation of modified 9Cr-1Mo Steel[J]. Tetsu-to-Hagané, 2000, 86(8): 550-557.

[21] Sawada Kota, Kushima Hideaki, Kimura Kazuhiro. Z-phase formation during creep and aging in 9%~12% Cr heat resistant steels[J]. ISIJ International, 2006, 46 (5): 769-775.

[22] Wang Yanfeng, Zheng Kaiyun, Wu Zhiying. Study on the properties and microstructural stablity of steel T92 during long-term exposure to high temperature [C]. 3rd Symposium on Heat Resistant Steels and Alloys for High Efficiency USC Power Plants 2009, Japan, June 2-4, 2009.

[23] 石如星. 超超临界火电机组用 P92 钢组织性能优化研究[D]. 北京: 钢铁研究总院, 2011.

[24] Masuyama Fujimitsu. History of power plants and progress in heat resistant steels[J]. ISIJ International, 2001, 41(6): 612-625.

[25] Christian Solenthaler, Mageshwaran Ramesh, Peter J. etc. Precipitation strengthening of Nb-stabilized TP347 austenitic steel by a dispersion of secondary Nb(C, N) formed upon a short-term hardening heat treatment[J]. Materials Science & Engineering A, 2015, 647: 294-302.

[26] 谭舒平. 成分和工艺对 S30432 钢性能的影响及强化机理研究[D]. 哈尔滨: 哈尔滨工业大学, 2009.

[27] 王敬忠. 奥氏体耐热钢 S31042 钢组织与性能研究[D]. 北京: 钢铁研究总院, 2011.

[28] 谢锡善, 艾卓群, 迟成宇, 等. 620~650 ℃锅炉过热器/再热器用新型奥氏体耐热钢 SP2215 的研发[J].

钢管, 2018, 47(1): 23-29.

[29] 王敬忠, 刘正东, 程世长, 等. 固溶态 S31042 钢高温塑性波动大的原因分析[J]. 钢铁, 2012, 47(1): 60-64.

[30] 周茂华. TP347HFG 钢中碳氮化物形成机理探讨[J]. 特钢技术, 2015, 21(4):26-30.

[31] 何玉东, 张鹰. 浅析冷轧对 TP347HFG 管材碳氮化铌的影响[J]. 特钢技术, 2017, 23(4): 8-11, 32.

[32] 何玉东. 连铸 TP347 荒管内壁微裂纹探讨[J]. 特钢技术, 2013(2): 26-30.

[33] 王婀娜, 彭海龙, 尹人洁, 等. TH347H 奥氏体不锈管内表面"鼓泡"缺陷分析研究[J]. 四川冶金, 2016(3): 68-71.

[34] 郭玲. 连铸 TP347H 管坯的缺陷分析及探讨[J]. 特钢技术, 2012, 18(4): 18-22.

中国含铌高温合金进展

谢锡善

（北京科技大学，中国北京，100083）

摘　要：含铌高温合金在我国占有重要地位。《中国高温合金手册》中 200 多种高温合金中约有 1/4 的合金含有铌。一些变形高温合金中含有 1%~2%的铌，其中有些合金含有高含量的铌（4%~5%Nb），如 GH4169❶。3 种重要的粉末高温合金 FGH4095、FGH4096 和 FGH4097 均含有 1%~3.7%的 Nb。高温合金中 Nb 含量最高的是高温金属间化合物（30%~46%Nb）。本文简要介绍含铌高温合金及金属间化合物的概况。

关键词：铌；高温合金；金属间化合物；高温材料

谢锡善先生

1　引言

铌是一种高熔点的难熔金属，也是一种重要的合金元素，不仅用于高温合金，也用于金属间化合物等高温材料。铌非常普遍地应用于铁镍基和镍基高温合金。不仅起到了固溶强化，而且还具有时效析出 γ'-Ni$_3$(Nb, Ti, Al) 和 γ''-Ni$_3$Nb 的良好强化效果。

我国自 1956 年以来开始炼制镍基高温合金，包括变形、铸造（多晶、定向和单晶）、粉末、氧化物弥散强化和金属间化合物等多种高温合金材料且已具有 60 多年的历史。中国已经形成了自己完善的高温合金体系，可以满足军工以及不同工业领域的需求。

1982 年出版了第一本《中国高温合金手册》，其中包含 84 种高温合金。后续的国家标准 GB/T 14992—2005 取代了 GB/T 14992—1994，并将《高温合金和高温金属间材料的分类和名称》于 2005 年公布，自 2006 年 1 月 1 日起使用。该文本中有 177 种高温合金和高温金属间化合物材料。最新的《中国高温合金手册》[1]于 2012 年 7 月出版。这本最新的手册包含 204 种高温合金和高温金属间化合物材料。在 204 种高温材料中，铁镍基和镍基高温合金约占 1/4，其含铌量为 1%~5.5%，金属间化合物中铌含量为 30%~46%。

2　铌在我国高温合金中的应用

表 1 列出了中国含铌高温合金和高温金属间化合物材料的概况。从表中可以看出，大多数含 Nb 的高温合金属于第一组（变形）和第二组（铸造）。在第一组的 66 种合金中，有 19 种含 Nb 的变形高温合金；在第二组的 63 种合金中，有 14 种含 Nb 的铸造高温合金。

---

❶ GH 为中国高温合金标号。

三种重要的粉末镍基高温合金均含有铌。6 种含 Nb 高温金属间化合物（共 12 种合金）都有很高含量的铌（30%~46%Nb）。在 177 种高温合金和高温金属间化合物中总共含有 48 种含铌合金。我国含铌高温合金材料的比例约为 27%。铁镍基和镍基高温合金中铌的含量在 1%~5.5% 之间，高温金属间化合物中铌的含量在 30%~46% 之间[1]。

表 1　中国含铌高温合金及高温金属间化合物材料

组	高温合金	系	数量		含铌高温合金数量	
I	变形	铁镍基	24	66	9	19
		镍基	37		9	
		钴基	5		1	
II	铸造	多晶	48	63	10	14
		定向	10		3	
		单晶	5		1	
III	粉末	镍基	3	3	3	3
IV	氧化物弥散强化	镍基	5	5	0	0
V	金属间化合物	Ni-Al 系 Ti-Al 系 Nb-Ti-Al 系	12	12	6	6
VI	焊丝	铁镍基 镍基	28	28	6	6
VII	中国高温合金和金属间化合物总数		177	177	48	48
VIII	中国含铌高温合金材料约占其总数的 27%					

注：参照 GB/T 14992—2005《高温合金及高温金属间化合物材料的分类和名称》（替换 GB/T 14992—1994）。

3　中国不同铌含量（>0.5%Nb）的各组高温合金

中国不同铌含量（>0.5%Nb）的高温合金可以分为以下五组[1]。

第 I 组：变形高温合金

Fe-Ni 基	Nb 含量/%	Ni 基	Nb 含量/%	Co 基	Nb 含量/%
GH1015	1.10~1.60	GH3039	0.90~1.30		
GH1016	0.90~1.40	GH3625	3.15~4.15		
GH1035	1.20~1.70	GH4133	1.15~1.65		
GH131	0.70~1.30	GH4133B	1.30~1.70	GH4783	2.50~3.50
GH150	0.90~1.40	GH4145	0.70~1.20		
GH2706	2.50~3.30	GH4169	4.35~5.50		
GH2903	2.70~3.50	GH4648	0.50~1.0		
GH2907	4.30~5.20	GH4698	1.80~2.20		
GH2909	4.30~5.20	GH4742	2.40~2.80		

第 Ⅱ 组：铸造高温合金

多晶	Nb 含量/%
K418	1.80~2.50
K418B	1.50~2.50
K419	2.50~3.30
K419H	2.25~2.75
K4169	4.40~5.40
K4537	1.70~2.20
K4648	0.70~1.30

定向	Nb 含量/%
DZ422	0.75~1.25
DZ422B	0.75~1.25
DZ438G	0.40~1.00

单晶	Nb 含量/%
DD406	≤1.20

第 Ⅲ 组：粉末高温合金

粉末高温合金	Nb 含量/%
FGH4095	3.30~3.70
FGH4096	0.60~1.00
FGH4097	2.40~2.80

第 Ⅳ 组：高温金属间化合物

高温金属间化合物	Nb 含量/%
JG1201	41.60~43.60
JG1202	44.20~46.20
JG1203	37.50~39.50
JG1204	29.20~31.20
JG1301	25.30~27.30
JG1302	30.10~32.10

第 Ⅴ 组：焊丝

焊丝	Nb 含量%
HGH1131	0.70~1.30
HGH2150	0.90~1.40
HGH3039	0.90~1.30
HGH4145	0.70~1.20
HGH4169	4.75~5.50
HGH4648	0.50~1.10

大学与研究院所和工厂密切合作，进行高温合金的生产和研发。下面简要介绍一些典型的中国高温合金和金属间化合物。

4 变形高温合金中的铌

4.1 铁基高温合金 GH871

铁基高温合金 GH871（A-286 经添加 Nb 改性）含 Nb 0.5%~0.6%，Ti 2%，Al 0.4%，

可在 600~650℃下作为叶片或盘材使用。

铌进入时效析出的 Ni₃(Ti, Nb, Al)型 γ′相，使 γ′强化相数量增加，相应地 γ′相的稳定性也提高。Ni₃(Ti, Nb, Al)–γ′相均匀分布在 γ 基体中，平均尺寸在 10~20 nm 之间，质量分数约为 3%，比 A-286 增加了 1/3。强化相 γ′与 γ 基体共格，γ′与 γ 晶格失调度约为 0.49%。

GH871(15Cr-28Ni-l.5Mo-1W-2Ti-Nb-Al)具有较高的抗拉强度、持久断裂寿命和抗蠕变能力，在低周疲劳和蠕变/疲劳相互作用条件下，也具有较长的寿命[2-4]。

4.2 镍基高温合金 GH4133

中国自主发明了以 γ′相强化的镍基高温合金含有 1.5%的 Nb，这个合金已经投入生产超过 35 年。GH4133 在中国广泛应用于 700℃以下温度的不同类型喷气发动机的各种涡轮盘[5-7]。GH4133 的化学成分如表 2 所示。

表 2　GH4133 的化学成分　　　　　　　　　（质量分数，%）

C	Cr	Al	Ti	Nb	Fe	B	Ce	Mg	Zr	Ni
≤0.07	19~22	0.70~1.20	2.50~3.0	1.15~1.65	≤1.5	≤0.01	≤0.01	0.001~0.010	0.01~0.10	余量

注：热处理 1080℃/8 h/AC +750℃/16 h/AC。

GH4133 是基于 Ni-20Cr 型 γ 基体，其强化相 γ′中含有铝、钛、铌和一定量的微量元素如 B、Ce、Mg、Zr 等。GH4133 热处理条件下的组织为 γ 基体中含有 14%~15%的 γ′相，其结构成分为(Ni₀.₉₄Cr₀.₀₆)₃(Al₀.₄₂Ti₀.₄₇Nb₀.₁₁)。少量析出的晶界碳化物 $M_{23}C_6$ 有利于晶界强化，合金中还存在一定量的 MC 型碳化物（Nb,Ti）C。

GH4133 中的主要强化相 γ′的平均直径约为 20 nm。GH4133 在 700 ℃长时效条件下具有良好的组织稳定性。

对铌在 GH4133 中作用的详细研究表明，铌分别溶介于 γ、γ′和 MC 相中。铌在 γ、γ′和 MC 中的分布大致为 5：3：1。在 γ 基体中，铌的原子尺寸大于镍，在 γ′相中，铌的原子尺寸也大于铝和钛。为此 Nb 在 γ 基体中的溶解导致晶格畸变并增强固溶体强化。Nb 在 γ′相中的溶解不仅增大了 γ′的晶格常数，而且随着 APB 能（反相畴界能）的增加，也增加了 γ′的长程有序，从而有效阻止位错切割 γ′有序析出相而形成强化效果。

在 GH4133 中加入少量的 Mg(0.001%~0.01%)和 Zr(0.01%~0.1%)可以改善高温塑性（特别是持久断裂塑性），这对作为涡轮盘应用的蠕变和裂纹扩展性能很重要。研究结果表明，在高温蠕变与疲劳交互作用条件下，微镁合金化可以延长蠕变第二阶段，有效发展蠕变第三阶段，达到更高的持久断裂塑性和更长的持久断裂寿命，并改善低周疲劳（LCF）和裂纹扩展性能。

4.3 GH4169 (Inconel 718 合金)及其改型合金

含铁镍基高温合金 Inconel 718(Ni-19Cr-18Fe-3Mo-5Nb-1Ti-Al)中具有高含量的 Nb（5%~5.5%Nb），其主要强化相为 Ni₃Nb 类型的 γ″和部分 Ni₃Al 类型的 γ′相，它是当今世界上使用最广泛和产量最大的高温合金。中国特别重视这类铁镍基合金 718（中文名称 GH4169）的研究，并广泛进行合金的改进和发展。在学校、科研院所和工厂的密切合作下，开展了系统的长期研究项目。这个长期科研项目的目标分为两个步骤。第一步是改进合金以获得高质量，特别是更长的持久断裂寿命，第二步是将合金的使用温度从 650 ℃提高到 700 ℃。

4.3.1 合金的改进

4.3.1.1 微镁合金化效应

在 0.0004%~0.01%范围内系统地研究了镁在 718 合金中的作用。合金中的主要强化相 γ″和γ′的数量不受微镁合金化的影响。无镁合金718(0.0004% Mg)或含镁合金718M(0.0059% Mg)均含有约14%的 γ″+γ′强化相，并与晶粒尺寸无关。半定量俄歇分析表明，镁主要分布在晶界区。研究表明，晶界处镁的浓度显现平衡偏析的特征。镁改变了晶界行为，具有晶界强化作用，特别是延长了蠕变第二阶段，良好地发展了蠕变第三阶段。晶界处的高镁浓度有助于形成颗粒状 δ-Ni₃Nb，并对沿晶断裂有阻滞作用。由此，提高了持久塑性，并延长了持久断裂寿命。镁还能显著提高光滑试样和缺口试样在650 ℃的持久断裂塑性和持久寿命。在最大应力为686 MPa 时，在650 ℃和不同保持时间（5 s，180 s，1800 s）下的周期持久断裂试验结果表明，在疲劳和蠕变交互作用条件下，镁确实改善了循环应力断裂（即在应力控制下具有保持时间的低周疲劳）性能，这对于涡轮盘的使用性能很重要[8]。

4.3.1.2 控制偏析

合金 718 在凝固过程中会发生严重的铌偏析。结果表明，合金 718 中形成了一次块状 Laves 相和共晶 Laves 相。我国在微量元素对凝固结晶的影响进行了系统的研究。在此基础上将磷、硫、硼、硅的含量控制在极低水平，开发了低偏析工艺。然而，在高温长时的均匀化处理可以减轻甚至消除这种偏析行为。无论是块状 Laves 相和共晶 Laves 相都可以完全溶解在铁镍基 718 合金的 γ 相中[9]。

4.3.1.3 磷的效应

磷通常被认为是高温合金中最常见的杂质和有害元素。磷同样会严重促进 Nb 的偏析，形成 Laves 相。然而，对磷在 Inconel 718 中作用的系统研究表明，磷对持久断裂和蠕变性能均有有益的影响。在室温和高温拉伸试验中，磷对材料的强度和韧性没有影响。但是，从图 1 和图 2 中可以看出，磷可以增加持久寿命和塑性，延长蠕变第二阶段和第三阶段。由此表明，磷具有一定的高温强化和塑性改善作用。在此基础上，中国对 Inconel 718 进行了改进[10-13]。

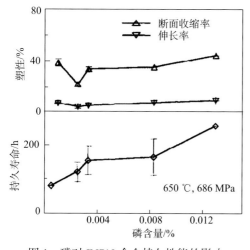

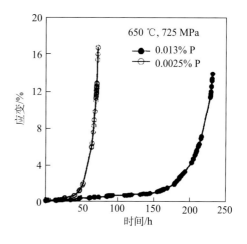

图 1 磷对 IN718 合金持久性能的影响　　　图 2 磷对 IN718 合金蠕变曲线的影响

中国特别重视磷的作用研究。俄歇分析揭示了晶界区磷的严重偏聚。除此之外，固溶强化合金元素铬和钼也大量集中在那里。然而，形成 γ'' 和 γ' 的元素铌和钛轻度集中在晶界。晶界处磷的最高含量可达 1%，晶界处钼的聚集也与晶界处磷的偏聚成正比。

有人提出了磷的晶界偏聚及其与钼等元素的相互作用可能降低晶界结合能以至于降低元素在晶界扩散，而增加晶界结合力的假设。因此，在高温持久和蠕变试验中，磷可以有效地强化晶界，延缓晶界滑移直至晶界裂纹。至于磷对晶界的强化机制也正在考虑中。

4.3.2　718合金的改型

进一步开发 Inconel 718 合金是企图寻找一种具有高组织稳定性和抗蠕变性能的改型 718 合金，用于 650℃以上的高温度。研发改型 718 合金的目标是在于发展 700 ℃使用的盘件合金。改型 718 合金化学成分的改进方向如下：（1）高温强度（如 700 ℃）特别是持久寿命和蠕变性能应几乎等同于 650℃下的常规 Inconel 718；（2）调整主要强化元素铌、钛和铝，保持 γ'' 和 γ' 的析出强化特征；（3）可以加入少量的固溶强化元素，如钨和钴，但钴的含量要尽可能低；（4）如前所述，磷被认为是一种新的晶界强化元素。

对使用寿命为 28000 h[14] 的退役 718 合金燃机涡轮盘的长期组织稳定性研究表明，718合金在长期应力时效后的强化效果下降是由于分别析出的强化相 γ'' 和 γ' 的粗化，特别是 γ'' 相在较高温度下的快速长大，这是由于其在 γ''/γ' 之间的高晶格失调度以及高的共格应变能。在高温下长期服役后，细小弥散析出的亚稳定相 γ'' 转变为大片状稳定相 δ-Ni_3Nb 而失去强化效果。

从 γ'' 和 γ' 时效析出强化的角度来看，高铝钛铌含量的改型镍基 718 合金可以析出高含量的 γ''+γ' 强化相，从而达到更高的强化效果。显然，这种改型必须是在常规生产条件下可以实现的。

精细的透射电镜研究表明，大多数 γ'' 和 γ' 在时效过程中分别从 γ 基体中析出，并在高温下迅速长大，特别是 γ'' 主强化相具有高的长大速率。为了提高 γ'' 的高温组织稳定性，在改型 718 合金中专门设计了两种形式的 γ'' 和 γ' 复合析出[15-20]。

（1）γ'' 和 γ' 的复合析出（associated precipitation）。如图 3(a)(b) 所示，γ'' 可以与几乎是半球形 γ' 复合析出，或者可以"三明治"形态的双面复合析出。

（2）γ'' 和 γ' 的包覆组织（compact morphology）形态。如图 3(c)(d) 所示，γ'' 可以直接包覆析出在立方体形的 γ' 颗粒上。图 4 显示了典型的高分辨电子显微镜图像，明显地出示了γ'' 和 γ' 的包覆析出形态。

在铌含量（质量分数）为 4.75%、5.1%~5.5%时，铝和钛含量（质量分数）分别高于1.0%和（铝+钛）/铌和铝/钛原子比较高的改型 718 合金中，可以形成 γ'' 和 γ' 的复合析出和包覆析出。然而，在铝含量较低（约 0.5%）和钛含量较低（约 1.0%）且（铝+钛）/铌原子比为 0.70 和铝/钛原子比为 0.79 的常规 718 合金中，γ'' 和 γ' 都分别从 γ 基体中单独析出。

对改型 718 合金进行 700 ℃蠕变试验，其结果很具有吸引力。700 ℃的蠕变断裂寿命在不同应力（500~600 MPa）条件下随着铝、钛和铌含量（质量分数）总和的增加而增加，在铝+钛+铌=7 时达到峰值，然后随着铝+钛+铌的进一步增加而再次略微降低。改型 718合金的蠕变断裂寿命比常规合金长。结果表明，高铝钛铌含量、高（铝钛）/铌和高铝钛比的改型 718 合金中 γ'' 和 γ' 的复合析出和包覆组织析出不仅具有较高的热稳定性，而且具有较长的持久寿命。

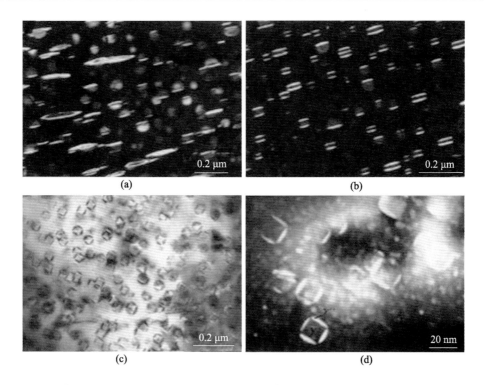

图3 改型718合金在730℃长期时效200 h后，γ″和γ′的复合析出（a）（b）和包覆组织析出（c）（d）

为了提高固溶强化效果，在改型718合金中，除钼（约3% Mo）外，还加入了少量钨（1%~2% W）。钨可以降低元素在γ基体中的扩散，同时亦提高γ″和γ′的热稳定性。为了进一步增强固溶强化效果和提高γ″和γ′的稳定性，在改型718合金中可以加入较低含量的钴。

我国正在研制一种可在680~700 ℃温度下使用的718改型合金。这种新的改型合金是基于N-19Cr-18Fe-3Mo-B，且具有高含量（质量分数）的铌（5.2%~5.5%的Nb）。铌+铝+钛的总量（原子数分数）控制在6.5%~7.5%的范围内，而（铝+钛）/铌的原子数的比保持在1.1~1.4之间，为了增

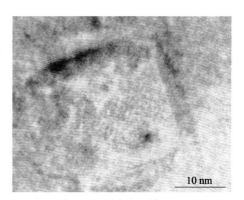

图4 在730℃下长期时效200 h后，改型718合金中γ″和γ′以包覆组织形态析出的高分辨电镜图像

强固溶强化效果，加入1%~2%（质量分数）的钨同时亦可加入少量的钴，并且在这种新的改型718合金中亦加入一定量的磷（0.01%）作为晶界强化元素。这种新型改型718合金的研发是在科研机构、大学和工厂的密切合作下进行的。

4.4 含Nb的涡轮盘高温合金

我国所有的涡轮盘高温合金几乎都含有不同含量的铌，表3为一组在650~800 ℃范围内使用的含铌涡轮盘高温合金。

表 3　我国典型的含铌涡轮盘高温合金

合金	类型	Nb 含量/%	使用温度范围/℃
GH4169	Ni-Fe 基	4.35~5.50	650
GH4133	Ni 基	1.15~1.65	700~750
GH4698	Ni 基	1.80~2.20	750~800
GH4742	Ni 基	2.40~2.80	800

上述一组含 Nb 高温合金盘件产品（GH4169、GH4698、GH4742）如图 5 所示。

GH4169 盘件

GH4698　　　　　　　　　　　GH4742

图 5　含 Nb 高温合金盘件产品

中国生产了直径为 2.2 m 用于燃气轮机的超大型镍基高温合金盘件，如图 6 所示。

(a)　　　　　　　　　　　　　　(b)

图 6　超大尺寸（直径 2.2 m）GH2706 模锻件（a）及其机加工成品件（b）

图 5 和图 6 均由中国钢铁研究总院提供。

5 铸造高温合金中的铌

常用的铸造多晶含铌高温合金有 K418、K419 和 K420，Nb 含量为 2%~3%。其主要化学成分见表 4[1]。

表 4　K418、K419 和 K420 的化学成分　　　　　（%）

合金	C	Cr	Ni	Co	W	Mo	Al	Ti	Nb	B	Zr
K418	0.08~0.16	11.50~13.50	基	—	—	3.80~4.80	5.50~6.40	0.50~1.00	1.80~2.50	0.008~0.020	0.060~0.150
K419	0.09~0.14	5.50~6.50	基	11.00~13.00	9.50~10.50	1.70~2.30	5.20~5.70	1.00~1.50	2.50~3.30	0.050~0.100	0.030~0.080
K420	0.10~0.16	2.50~3.50	基	9.50~11.00	13.60~14.80	1.60~3.00	5.30~5.80	1.10~1.50	2.30~3.00	0.02	0.1

K418 是一种典型不含钴的含铌高温合金，可在 900 ℃以下广泛使用。K419 以含钴和高钨（约 10%W）但低铬（约 6%Cr）以及高铝+钛+铌（约 9%）和高硼含量（0.05%~0.1%B）为特征。K419 可在 1000℃以下使用。K420 的特点是钴含量约为 10%，钨含量很高（约 14%钨），但铬含量很低（约 3%铬）。K420 可在 1050 ℃下使用。

6 高温金属间化合物中的铌

我国已经开发和使用了两种基于 Ti₃Al 和 Ti₂AlNb 的高温金属间化合物材料，它们具有很高的铌含量（从 25% 到 43% 的铌），其典型化学成分如表 5 所示[1]。

表 5　含 Nb 高温金属间化合物的主要化学成分　　　　（质量分数，%）

合金	Al	Ti	Nb	Ta	Mo	V
JG1301（TAC-1）	12.10~14.10	基	25.30~27.30	—	0.80~1.20	2.80~3.40
JG1302（TAC-1B）	11.20~13.20	基	29.60~32.60	—	—	—
JG1201（TAC-3A）	9.90~11.90	基	41.60~43.60	—	—	—
JG1204（TAC-3D）	8.60~10.60	基	29.20~31.20	20.10~21.10	—	—

JG1302 是典型的 Ti₃Al 基高温金属间化合物材料，约含 30% 的 Nb 以改善塑性。它可以在 650 ℃下长时间使用，也可在 900 ℃下短时间使用。我国发明的 JG1301 也是在 Ti₃Al 的基础上，不仅加入了约 26% 的铌，而且还加入了钒和钼，以提高其塑性。JG1301 可在 650 ℃下长时间使用，也可在 900 ℃下短时间使用。

JG1201 是一种 Ti₂AlNb 型高温金属间化合物材料，铌含量约为 42%。中国发明了一种新型高温金属间化合物 JG1204，是通过添加约 20% 的钽来代替铌。这两种高温金属间化合物均可在 750 ℃下长时间使用以及在 1000 ℃下短时间使用。

7 总结

铌是我国高温合金和高温金属间化合物生产和发展中的重要强化元素。高温合金中的铌主要分布在 γ 基体和 Ni₃M 型 γ″或 γ′强化相中，不仅具有很强的时效析出强化，而且还具有重要的固溶强化作用，部分铌也可以结合在碳化物如 MC 中。

本文的要点如下：

（1）含铌高温合金和金属间化合物在中国具有重要地位。《中国高温合金手册》中的 200 多种高温材料中，约有 1/4 的合金含有铌。

（2）一种铁基高温合金 GH871（以添加铌对 A-286 进行改性），含铌 0.5%~0.6%，钛 2%，铝 0.4%，可在 600~650 ℃下使用。

（3）我国自主发明的镍基高温合金 GH4133 含铌 1.5%，含钛 2.5%~3.1%，含铝 0.7%~1.2%，可在 700℃下使用，现已在我国喷气发动机上得到了广泛应用。

（4）镍基高温合金 GH4169（高铌镍铁基合金 718，含铌量为 4.35%~5.50%）可在 650 ℃ 的温度下广泛使用。我国现已研制出了一种新的改进型 GH4169，可在 680~700℃下使用。

（5）一组含铌盘材高温合金，如 GH4133（约 1.5%Nb）、GH4698（约 2%Nb）、GH4742 （约 2.5%Nb），可在 700~800℃的温度范围内应用于航空喷气发动机。一种超大尺寸（直径 2.2 m）的 GH2706（Inconel 706）模锻盘件产品已在中国制造，以备用于燃气轮机。

（6）含铌（2%~3%Nb）多晶铸造高温合金如 K418、K419 和 K420 可在 900~1050 ℃ 的温度范围内使用。

（7）含铌量很高（25%~42%Nb）的金属间化合物高温材料，如 JG1301、JG1302 和 JG1201、JG1204，可分别在 650~750 ℃下长时间使用。然而，它们也可以分别在 900 ℃ 和 950 ℃下短期使用。

（8）中国正在开发多种含铌高温合金和高温金属间化合物材料，并期望在不久的将来投入使用。

参考文献

[1] 中国金属学会高温材料分会. 中国高温合金手册[M]. 北京: 中国标准出版社, 2012.

[2] 陈国胜, 伍伯华, 周乐澄, 等. Nb 在铁基高温合金中的作用[J]. 金属学报, 1992, 28(9): 385-390.

[3] 陈国胜, 周乐澄, 等. GH871 的力学性能与应用[J]. 金属学报, 1995, 31:141.

[4] Xie X S, Mao Z D, Dong J X, et al. Investigation on high temperature strengthening and toughening of iron-base superalloy[J]. Journal of University of Science and Technology Beijing, 2003, 10(1): 44-48.

[5] Guo E C, Ma F J. Strengthening effect of niobium on Ni-Cr-Ti type wrought superalloy[C]// Tien J K, Wlodek S T, Morrow H I, et al. Proceedings of the fourth international symposium Superalloys 1980. Champion: ASM, 1980:431-438.

[6] 郭恩才, 韩芷元, 于树有. Nb 对 Ni-Cr-Ti 型变形高温合金稳态蠕变行为的影响[J]. 金属学报, 1984, 20(5): 305-312.

[7] 孙建照, 傅笑玉, 徐凤琴, 等. GH33A 合金长期拉伸应力松弛和蠕变行为的研究[J]. 汽轮机技术, 1992, 34(3): 49-54.

[8] Xu Z C, Xie X S, Qu B, et al. Role of Mg on structure and mechanical properties in alloy 718[J]. Journal of University of Science and Technology Beijing, 1989, 11(6): 560-567.

[9] Zhu Y X, Zhang S N, Zhang T X, et al. Effect of P, S, B and Si on the solidification segregation of inconel 718 alloy[C]//Loria E A. Superalloys 718, 625, 706 and various derivatives (1994). Pittsburgh: TMS, 1994:

89-98.

[10] Xie X S, Liu X B, Hu Y H, et al. The role of phosphorus and sulfur in Inconel 718[C]// Kissinger R D. Superalloys 1996. Pittsburgh: TMS, 1996: 599-606.

[11] Xie X S, Liu X B, Dong J X, et al. Segregation behavior of phosphorus and its effect on microstructure and mechanical properties in alloy system Ni-Cr-Fe-Mo-Nb-Ti-Al[C]//Loria E A. Superalloys 718, 625, 706 and various derivatives (1997). Pittsburgh: TMS, 1997: 531-542.

[12] Dong J X, Thompson R G, Xie X S. Multi-component intergranular and interfacial segregation in alloy 718 with correlations to stress rupture behavior[C]//Loria E A. Superalloys 718, 625, 706 and various derivatives (1997). Pittsburgh: TMS, 1997: 553-566.

[13] Hu Z Q, Wenru Sun W R, Guo S R, et al. Effect of phosphorus on deformation mechanism and creep property of Inconel 718 alloy[J]. J. Iron & Steel Res. Int., 2002, 9(S): 337-342.

[14] Xie X S, Dong J X, Xu Z C, et al. Combined precipitation of gamma "with gamma" and stability study in modified inconel 718 alloys[C]//Shi Changxu. The First Pacific Rim International Conference on Advanced Materials and Processing (PRICM-1): proceedings of a meeting held in Hangzhou, China, June 23-27, 1992. Pittsburgh: TMS, 1993: 857-862.

[15] Dong J X, Xie X S, Xu Z C, et al. TEM study on microstructure behavior of alloy 718 after long time exposure at high temperatures[C]//Loria E A. Superalloys 718, 625, 706 and various derivatives (1994). Pittsburgh: TMS, 1994: 649-658.

[16] Xie X S, Liang Q, Dong J X, et al. Investigation on high thermal stability and creep resistant modified inco 718 with conbined precipitation of γ'' and γ'[C]//Loria E A. Superalloys 718, 625, 706 and various derivatives (1994). Pittsburgh: TMS, 1994: 711-720.

[17] Xie X S, Dong J X, Zhang S H, et al. Investigation on high temperature structure instability and structure stability improvement of nickel-base superalloy inconel 718[C]//Shin K S, Yoon J K, Kim S L. Proceedings of 2nd Pacific Rim International Conference on Advanced Materials and Processing. Seoul: KIM, 1995: 2329-2330.

[18] Wang N, Xie X S, Andre P, et al. The stabilization of metastable intermetallic phases in inconel 718[C]//Shin K S, Yoon J K, Kim S L. Proceedings of 2nd Pacific Rim International Conference on Advanced Materials and Processing. Seoul: KIM, 1995: 2361-2362.

[19] 谢锡善, 董建新, 陈卫, 等. γ'' 和 γ' 复合析出强化新型镍基高温合金的研究[J]. 金属热处理学报, 1997, 18(3): 37-46.

[20] 谢锡善, 董建新, 付书红, 等. γ'' 和 γ' 相强化的 Ni-Fe 基高温合金 GH4169 的研究与发展[J]. 金属学报, 2010, 46(11): 1289-1302.

Nb 微合金化和等温淬火温度对等温淬火球铁（ADI）组织、硬度和冲击韧性的影响

吴家栋[1]，陈湘茹[1]，Hardy Mohrbacher[2]，翟启杰[1]

（1. 上海大学，中国上海，200444；2. Niobel Con BVBA 公司，比利时斯希尔德，2970）

摘　要：等温淬火球铁与常规球墨铸铁和某些钢材相比具有多种优异的力学性能，越来越受到人们的重视。两种不同的等温淬火球墨铸铁（ADI）样品，一种添加 0% Nb 和另一种添加 0.42%（质量分数）Nb，分别在 340 ℃、380 ℃、420 ℃和 460 ℃下进行等温淬火处理。使用显微镜和分析软件(Image-Pro Plus）研究微观结构。评估等温淬火样品的硬度和冲击韧性。典型的铸态基体由石墨、珠光体和铁素体组成。随着 Nb 的加入，铸态组织中的铁素体含量减少，同时球化率和石墨球数量降低。等温淬火球墨铸铁(ADI）由围绕石墨的针状形态的贝氏体组成。随着等温淬火温度的升高，下贝氏体逐渐减少，上贝氏体增加。硬度和冲击韧性都是先增大后减小。随着 Nb 的加入，细小针状

翟启杰先生

下贝氏体的含量显著增加，贝氏体得到细化。硬度和冲击韧性都有显著提高，并且它们随等温淬火温度升高的趋势没有改变。等温淬火球墨铸铁（ADI）在 380 ℃和 420 ℃等温淬火温度下表现出较好的综合性能。

关键词：等温淬火球墨铸铁（ADI）；铌合金化；硬度；冲击韧性；等温淬火温度

1　引言

球墨铸铁是 20 世纪 50 年代发展起来的一种铁基材料。由于结合了优异的性能和低成本，球墨铸铁仍然是世界上最重要的工程材料之一。球墨铸铁具有吸引人的力学性能，如高抗拉强度和疲劳强度、良好的断裂韧性、足够的延展性、优异的机械加工性能、低生产成本，尤其是良好的耐磨性和抗振性[1-5]。凭借这些优势，近几十年来，球墨铸铁因其在汽车工业、齿轮、轴和大型矿石粉碎机的高耐磨性零件中的广泛应用而受到广泛关注[6-8]。等温淬火是一种有效的热处理工艺，因为它可以将普通铸铁变成一种强度和延展性大大提高的新工程材料[9]。等温淬火球墨铸铁（ADI）具有非常优越的性能，如低成本、高强度质量比和良好的韧性。同时，由于其优越的耐磨性和疲劳性能，等温淬火球墨铸铁（ADI）甚至可以在某些工程应用中取代锻造合金[10]。

等温淬火球铁的组织和力学性能随等温温度的变化而变化[11]。随着等温淬火温度的升高，贝氏体微观结构由针状（针状）向片状（羽状）转变，残余奥氏体的碳含量和体积分

数均增加[12-13]。研究了奥氏体化温度与力学性能的关系。随着奥氏体化温度的升高，球墨铸铁的硬度和抗拉强度先增大后减小，冲击韧性始终增大[14]。含铌球墨铸铁的铸态组织主要包括石墨、铁素体和珠光体相。等温淬火过程导致基体结构由铁素体和珠光体转变为铁素体和贝氏体，石墨仍嵌在基体结构中[15]。

在 ADI 中加入合金元素可以防止奥氏体在等温处理温度冷却过程中向珠光体转变，进而影响等温淬火处理[16]过程中奥氏体的分解机制和动力学。合金元素类似 Ni、Mo、Cu 等以及微合金元素 Nb 等可以促进球墨铸铁中贝氏体的生成。铌对铁基材料的性能有一定的物理和冶金作用，铌可以溶解在基体中，也可以作为沉淀存在，通常会影响晶粒尺寸控制（细化），延迟转化，并与碳相互作用[17]。与非合金球墨铸铁相比，在球墨铸铁中加入铌能显著提高球墨铸铁的力学性能。较高的铌添加量进一步提高了球墨铸铁的强度和冲击韧性，有望进一步拓展球墨铸铁的应用[18-25]。

本文采用 340~460 ℃不同的等温淬火温度和不同的铌含量，得到了不同的显微组织。分别对两种不同铌含量的铸态和热处理后试样的微观组织进行了分析。进行了硬度和冲击韧性测试。研究了铌合金和等温淬火温度对 ADI 组织、硬度和冲击韧性的影响。在一定铌含量的情况下，确定加入铌是否有利于热处理工艺参数的确定。

2 实验材料及过程

本实验中，熔炼所用的原料是 Q12 生铁、A3 废钢、75 硅铁、80 锰铁、60 钼铁、纯铜和 65 铌铁。用 16 kg 中频感应炉感应加热并浇铸出标准 Y 型试块，获得的含铌球墨铸铁的化学成分如表 1 所示。

表 1　球墨铸铁的化学成分　　　　　　　　　　（质量分数，%）

试样	C	Si	Mn	Mo	Cu	P	S	Nb	Fe
1	3.97	2.79	2.65	0.53	0.64	0.06	0.013	0	余量
2	3.84	3.10	2.55	0.51	0.46	0.06	0.010	0.42	余量

等温淬火热处理的示意图如图 1 所示。样品在炉中于 920℃奥氏体化 90 min。然后，将样品淬火至等温淬火温度，并将其快速转移至熔融盐浴进行等温淬火热处理。将含铌量不同的铸态球墨铸铁试样在 340 ℃、380 ℃、400 ℃和 420 ℃共 4 种不同温度下进行等温淬火，等温淬火后，取出试样空冷。

从浇铸的 Y 型试块上取样，试样经打磨、抛光后，用蔡司金相显微镜先观察球墨铸铁的石墨形态，然后用 4%硝酸酒精腐蚀并观察球墨铸铁铸态组织，根据标准 GB 9941—88 并利用 Image-Pro Plus（Version 6.0）图形分析软件对石墨形态和铁素体含量进行定量分

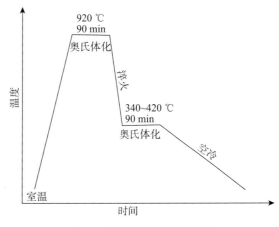

图 1　等温淬火热处理示意图

析。热处理后的试样经 4%硝酸酒精腐蚀后，采用蔡司金相显微镜观察球墨铸铁热处理组织。洛氏硬度在布洛维硬度计上进行测试，载荷为 150 kg，在试样上均匀取 9 个点测试，取其平均值。在冲击试验机（型号 JB-6）上进行贝氏体球墨铸铁的无缺口冲击试验，试样尺寸为 10 mm×10 mm×55 mm，每种成分和工艺 3 个试样，取平均值。

3   实验结果与分析

3.1   组织形貌

球墨铸铁的石墨形态如图 2 所示。由定量分析结果，不含铌铸铁的球化率为 92%，含铌 0.42%的铸铁球化率为 89%，可以看出，添加少量铌对球墨铸铁球化率的影响不大。不含铌球墨铸铁的石墨球数量为 249 个/mm^2，根据 AFS 图谱标准，属于 5 级；含铌球墨铸铁石墨球的数量为 196 个/mm^2，属于 4 级，减少了 53 个/mm^2，即铌的添加对石墨球数量影响较大，如图 3 所示。

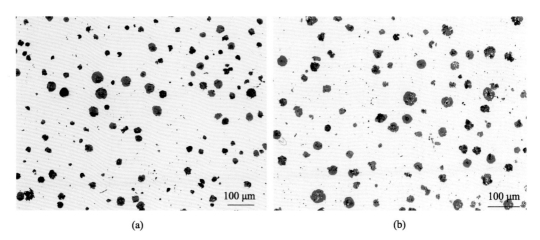

(a)   (b)

图 2   铸态球墨铸铁的石墨形态
(a) 0%Nb; (b) 0.42%Nb

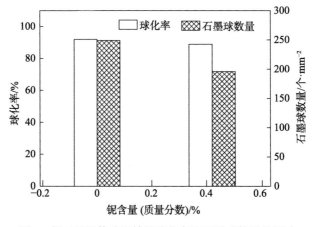

图 3   铌对贝氏体球墨铸铁球化率和石墨球数量的影响

球墨铸铁铸态组织如图 4 所示，由石墨球、珠光体和铁素体组成，其中大部分为珠光体组织，铁素体包含少量的牛眼状铁素体和碎块状铁素体。添加铌使白色铁素体组织减少。铌可以延缓影响铁素体含量的共析转变。图 5 显示了添加铌对铁素体体积分数的影响。随着铌的加入，基体中铁素体含量从 6.4%降低到 3.9%。

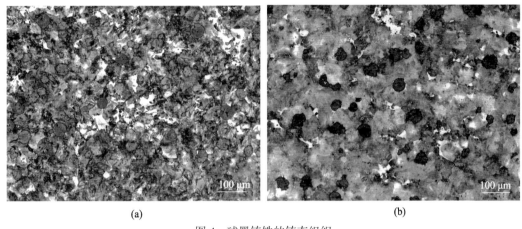

(a)　　　　　　　　　　　　　　　　(b)

图 4　球墨铸铁的铸态组织

(a) 0%Nb; (b) 0.42%Nb

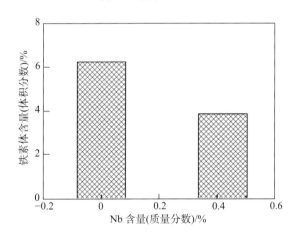

图 5　铌元素对铁素体体积分数的影响

3.2　等温淬火显微组织表征

等温淬火样品的金相组织如图 6 和图 7 所示。在添加 0%和 0.42%（质量分数）的 Nb 的四个不同等温淬火温度下，显微组织都显示石墨周围含有针状形态的贝氏体，并且随着等温淬火温度升高，贝氏体的含量和形态发生了很大变化。随着等温淬火温度的升高，细小针状下贝氏体含量先逐渐增加（图 6(a)和(b)），当温度达到 380 ℃时（图 6(b)）以针状下贝氏体为主并且已经含有少量羽状上贝氏体。当淬火温度从 420 ℃（图 6(c)）进一步升高到 460 ℃时（图 6(c)和(d)），上贝氏体含量增加，针状的下贝氏体含量逐渐减少。最终只剩下非常少量的下贝氏体（图 6(d)）。

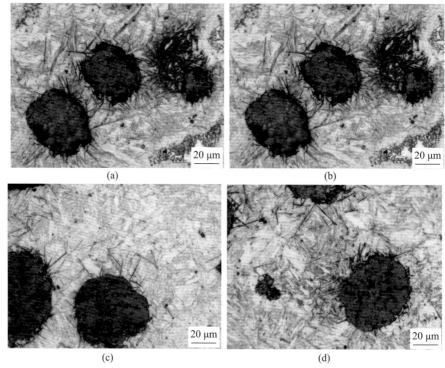

图6 含0% Nb的贝氏体球墨铸铁不同等温淬火温度下的光学显微照片

(a) 340 ℃；(b) 380 ℃；(c) 420 ℃；(d) 460 ℃

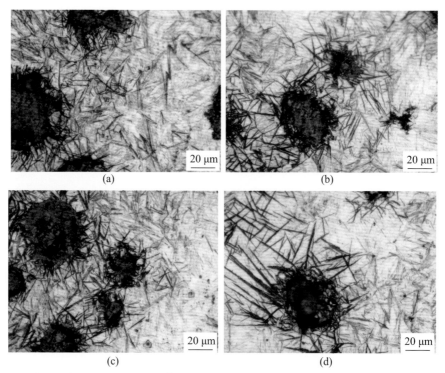

图7 含0.42% Nb的贝氏体球墨铸铁不同等温淬火温度下的光学显微照片

(a) 340 ℃；(b) 380 ℃；(c) 420 ℃；(d) 460 ℃

图 7 和图 6 中贝氏体的变化具有相同的规律。比较图 7 和图 6，细针状的下贝氏体的含量明显增加。向合金中添加铌可以扩大珠光体和贝氏体铁素体转变之间的温度差。

3.3 硬度和冲击韧性

通过测试硬度和韧性，以确定添加铌对不同等温淬火温度的影响。图 8 为贝氏体球墨铸铁硬度与二次保温温度之间的关系。可以看出，四个二次保温温度下获得的贝氏体球墨铸铁硬度（HRC）都在 44 以上，且在 380 ℃时最大，之后随着温度的升高而下降。

贝氏体球墨铸铁的冲击韧性与二次保温温度的关系如图 9 所示。随着温度的升高，试样的冲击韧性先增加后降低，在 420 ℃时达到最大。4 个温度下冲击韧性都在 7 J 以上，420 ℃时达到了 9 J 以上。随着等温淬火温度的升高，C 曲线向左移。相变速度加快，碳扩散速度加快，有利于富碳奥氏体的形成，增加残余奥氏体含量，从而提高冲击韧性。随着温度进一步升高，碳倾向于形成碳化物，导致韧性下降。铌的加入使针状下贝氏体数量增加。因此，铌的加入改善了贝氏体球墨铸铁的韧性。

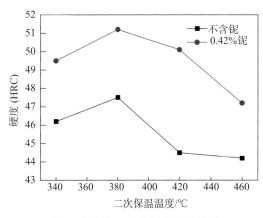

图 8　硬度与二次保温温度的关系

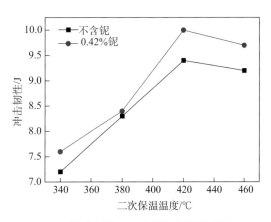

图 9　冲击韧性与二次保温温度的关系

4　结论

（1）铸态组织主要由珠光体、铁素体和深色石墨球组成。这些石墨球被像"牛眼"状一样的白色铁素体相所包围。随着 Nb 的加入，铸态组织中的铁素体含量减少，同时球化率和石墨球数量减少。

（2）等温淬火球墨铸铁（ADI）由石墨周围具有针状形态的贝氏体组成。随着等温淬火温度的升高，下贝氏体逐渐减少，上贝氏体增加。随着 Nb 的加入，细小针状下贝氏体的含量显著增加，贝氏体得到细化。

（3）随着温度的升高，贝氏体球墨铸铁的硬度先升高后降低，在 380 ℃时达到最大值，硬度（HRC）大于 44。铌提高了贝氏体球墨铸铁的硬度。在 4 个等温淬火温度下，不含铌的贝氏体的最大硬度（HRC）为 47.5，含铌 0.42%（质量分数）球墨铸铁的最大和最小硬度（HRC）分别为 51.2 和 47.2。

（4）随着温度的升高，贝氏体球墨铸铁的冲击韧性先增大后减小，最大值出现在 420 ℃。

随着 Nb 的加入，冲击韧性有所提高。

（5）在 ADI 的基本成分下，添加 0.042%（质量分数）Nb 显著提高了硬度和冲击韧性。添加 0.042%（质量分数）Nb 和 420 ℃的等温淬火温度组合显示出更好的性能。

致谢

本研究得到中信-CBMM 铌钢研究开发基金（2011—D053）支持，在此表示感谢。

参考文献

[1] Labrecque C, Gagne M. Ductile iron: fifty years of continuous development[J]. Can. Metall. Q, 1998, 37, 343-378.

[2] Akiyama J. Application of ductile iron for civil engineering[J]. Trans. Am. Foundry Soc., 1967, 75, 284-291.

[3] Hsu C H, Lin K T. A study on microstructure and toughness of copper alloyed and austempered ductile irons[J]. Mater. Sci. Eng. A, 2011, 528, 5706-5712.

[4] Zhang J, Zhang N, Zhang M, et al. Microstructure and mechanical properties of austempered ductile iron with different strength grades[J]. Mater. Lett, 2014(119): 47-50.

[5] Konca E, Tur K, Koç E. Effects of alloying elements (Mo, Ni, and Cu) on the austemperability of GGG-60 ductile cast iron[J]. Metals, 2017, 7: 320.

[6] Martins R, Seabra J, Magalhaes L. Austempered ductile iron (ADI) gears: Power loss, pitting and micropitting[J]. Wear, 2008(264): 838-849.

[7] Sellamuthu P, Samuel D, Dinakaran D, et al. Austempered Ductile Iron (ADI): Influence of austempering temperature on microstructure, mechanical and wear properties and energy consumption[J]. Metals, 2018, 8: 53.

[8] Lefevre J, Hayrynen K L. Austempered materials for powertrain applications[J]. J. Mater. Eng. Perform., 2013, 22: 1914-1922.

[9] Blackmore P, Harding R. The effects of metallurgical process variables on the properties of austempered ductile irons[J]. J. Heat Treat., 1984, 3: 310-325.

[10] Thein T, Lwin K T. Optimizing the microstructure and mechanical properties of austempered ductile iron for automobile differential gear[J]. J. Met., Mater. Miner, 2008, 18: 199-205.

[11] Mi Y. Effect of Cu, Mo, Si on the content of retained austenite of austempered ductile iron[J]. Scr. Metall. Mater., 1995, 32: 1313-1317.

[12] Wen F, Zhao J, Zheng D, et al. The role of bainite in wear and friction behavior of austempered ductile iron[J]. Materials, 2019, 12: 767.

[13] Liu J H, Xiong P, Fu B G, et al. Effects of austempering temperature on microstructure and surface residual stress of carbidic austempered ductile iron (CADI) grinding balls[J]. China Foundry, 2018, 15: 173-181.

[14] Wei D, Lu J, Wang R. The effect on the properties of low alloyed bainite ductile iron in oil quenching and isothermal tempering temperature[C]//Proceedings of 5th International Conference on Information Engineering for Mechanics and Materials. Atlantic Press, 2015.

[15] Abdullah B, Alias S K, Jaffar A, et al. XRD evidence for phase structures of niobium alloyed austempered ductile iron[J]. Adv. Mater. Res, 2012, 457: 431-434.

[16] Saal P, Meier L, Li X, et al. In situ study of the influence of nickel on the phase transformation kinetics in austempered ductile iron[J]. Metall. Mater. Trans. A, 2016(47): 661-671.

[17] Chen X, Zhao L, Zhang W, et al. Effects of niobium alloying on microstructure, toughness and wear resistance of austempered ductile iron[J]. Mater. Sci. Eng. A, 2019(760): 186-194.

[18] Nylén T. Niobium in cast iron[C]//Proceedings of International Symposium on Niobium, 1-25.

[19] Shadrov N S, Korshunov L, Cheremnikh V. Influence of molybdenum, vanadium, and niobium on the abrasion resistance of high-chromium cast iron[J]. Met. Sci. Heat Treat., 1983, 25: 284-287.

[20] Zhai Q. Application of Nb in production of cast iron and approaches the application foreground[J]. Foundry, 1998, 10: 41-46.

[21] Alias S K, Abdullah B, Jaffar A, et al. Development of high strength ductile iron with niobium addition[J]. Adv. Mater. Res., 2012, 576: 366-369.

[22] Abdullah B, Alias S K, Jaffar A, et al. Hardness and impact toughness of niobium alloyed austempered ductile iron[J]. Adv. Mater. Res., 2012, 418: 1768-1771.

[23] Chen X, Xu J, Hu H, et al. Effects of niobium addition on microstructure and tensile behavior of as-cast ductile iron[J]. Mater. Sci. Eng. A, 2017(688): 416-428.

[24] Abdullah B, Alias S K, Jaffar A, et al. Mechanical properties and microstructure analysis of 0.5% Niobium alloyed ductile iron under austempered process in salt bath treatment[C]// Proceedings of 2010 International Conference on Mechanical and Electrical Technology, 2010: 610-614.

[25] Pimentel A S O, Guesser W L, da Silva, et al. Abrasive wear behavior of austempered ductile iron with niobium additions[J]. Wear, 2019(440): 203065.

Nb 在铝铸件中的运用

Hari Babu Nadendla[1], Edmundo Cruz[2]

（1. 伦敦布鲁内尔大学，英国阿克斯布里奇，UB8 3PH；

2. 巴西矿冶公司，巴西圣保罗，04538-133）

摘　要： 向液态铝中添加 Ti 和 B 基 Al-Ti-B 母合金是锻造铝合金晶粒细化的成熟工艺，但是在 Al-Si 铸造合金中，由于熔体中含有 Si 元素的 Ti 基孕育相，存在化学不稳定性，晶粒细化效果较差。Brunel 大学的研究表明，在铝硅熔体中添加 Nb 和 B 可有效细化铝硅铸件合金的晶粒结构。CBMM 与 Brunel 大学合作开发了 Al-Nb-B 母合金，以便该合金可有效用于铝硅铸件的晶粒细化。本文简要介绍了母合金的发展进展、各种铝硅合金的晶粒细化性能以及晶粒细化对铸件的潜在好处。

关键词： 铌；铝硅铸造合金；晶粒细化；铁杂质耐受性；汽车铸件

Hari Babu
Nadendla 先生

1　引言

铸造铝合金具有特殊的优点，如相对较低的熔化温度和足够好的表面光洁度，与其他铸造金属相比，铸造铝合金具有更多的用途。铝硅合金是最重要的铝铸造合金，其中硅是主要的合金元素，因为它们具有良好的流动性，有助于生产复杂的铸件。该合金的显微组织以初生组织为特征 α-Al 枝晶由 Al-Si 共晶结构包围。缓慢冷却的 Al-Si 铸造合金形成大型条状或针状 Si 位于连续铝基体中，而快速冷却将大型针状共晶 Si 的形状改变为纤维状 Si[1]。Sr 的加入可以显著改变 Si 共晶的形态，因此，为了改变共晶结构而添加 Al-Sr 母合金是一种常见的工业过程。铸造铝合金的晶粒细化对力学性能的改善具有重要影响[2-3]。具有小晶格的相与铝晶格的不匹配将会导致微观结构的细化，因为它们促进了非均匀形核[4]。

为了细化一次 Al 枝晶，许多研究都集中在通过不同钛硼比的 Al-xTi-yB 母合金来细化 Al-Si 铸造合金[5]，其中 Al-5Ti-1B 母合金似乎是研究最多的[6]，也是工业上使用最多的。使用基于 Al-Ti-B 三元系的母合金的基本原理是，TiB_2 和 Al_3Ti 颗粒可能分别作为非均匀形核点并溶解在熔体中[7-10]。尽管如此，不同的研究表明，当硅质量分数大于 2% 时，这些母合金的有效性相当差[11-15]。特别是，由于 Ti 和 Si 之间的反应，添加 Al-xTi-yB 中间合金似乎存在中毒效应[16]，这限制了 α-Al 晶粒的细化[17]，形成 $TiSi_2$ 等钛硅化物[18]。根据 Al-Ti 和 Al-Nb 平衡相图之间的比较发现[19]，向 Al 中添加 Nb 可导致形成有效的 Al_3Nb 相，该相可作为 Al 的形核位置。添加 Nb 和 B 的组合[20-21]液态铝合金已经证明能够细化一次 α-Al 晶粒的晶粒尺寸，并且对于细化商用亚共晶[22]、近共晶/共晶[23-24]Al-Si 合金非常有效，并且可以防止定向凝固 Al-Si 合金中柱状晶粒的形成[25]。从早期研究[26]中了解到，Al-Nb-B 母合金作为铸造 Al-Si 合金的潜在晶粒细化剂的开发，发现在实验室规模下，从 KBF₄ 中回收 B 的效果相当差。已成功开发出一种替代方法来制备 Al-Nb-B 母合金，其中将 Nb 和 Al-B 母合金引入铝熔体中以获得 Al-xNb-yB。使用这种方法生产的母合金也可以有效地细化晶粒尺寸[24,27]。然而，该方法的关键挑战是铸件中存在较大的 AlB₁₂ 夹杂物，这需要避免。布鲁内尔和 CBMM 之间的合作工作旨在回收母合金中较高的 Nb 和 B 产量，避免较大的 AlB₁₂ 夹杂物，并验证新开发的 Al-Nb-B 母合金作为铸造用铝硅合金晶粒细化的替代品。本文简要介绍了中试母合金工艺的发展以及使用工业规模生产的 Al-Nb-B 母合金所获得的结果。本文给出的结果强调，添加 Al-Nb-B 母合金大大细化了 Al-Si 合金，并改善了铸件的性能。

本工作的目的是研究在商用铝硅铸造合金中添加 Al-Nb-B 晶粒细化剂对晶粒细化效果的影响。特别是，观察到母合金的微观结构取决于生产方法。研究了 Al-Nb-B 晶粒细化剂在各种工业铸造工艺中的应用及其效果。

2 实验

2.1 Al-Nb-B 母合金的开发

在初始阶段，在布鲁内尔大学，将 Al-Nb 和 Al-B 母合金添加到液态铝中，并将熔体倒入永久性模具中，以实验室规模生产 Al-Nb-B 母合金。在使用该实验室规模的母合金成功进行晶粒细化试验后，CBMM 以华夫铸锭和棒材或卷板的形式生产了工业规模的 Al-Nb-B 母合金。采用 ICP 分析法在多个位置测量了母合金成分，典型母合金的平均成分为 Al-3.5%Nb-0.5%B。

2.2 采用永久型铸造的实验室规模晶粒细化试验

表 1 所示的合金在电阻炉中熔化，熔体温度保持在 780 ℃。母合金铸锭的横截面根据熔体体积进行切片，以在母合金铸造过程中出现偏析的情况下保持铸锭成分的均匀性。母合金被紧紧包裹在铝箔中，经过预热，添加到熔体中，然后推到熔体底部以防止氧化。然后用力搅拌熔体几秒钟，以确保母合金在熔体中完全溶解。将熔体倒入预热的钢模中。此过程称为永久性模具铸造（PMC）。在添加 Al-Nb-B 母合金大约 15 min 后进行铸造。该程序适用于增量添加率为 0.025%Nb 的所有铸件。该模具的选择基于铸件的均匀冷却速度，且该模具的冷却速度为 2 K/s，这是典型的工业低压压铸工艺。使用标准金相方法对圆柱形棒材铸件进行切片和制备。使用氯化铁溶液进行宏观侵蚀，以显示用于成像的晶粒尺寸。抛光样品随后使用贝克试剂进行阳极氧化，并使用偏振光成像拍摄显微照片。根据 ASTM E112，使用线截距法测定平均晶粒尺寸。

表 1 用于研究晶粒细化的合金 （质量分数，%）

合金	Cu	Mg	Si	Fe	Mn	Ni	Zn	Pb	Sn	Ti	Sr	Al
A357	0.08	0.45	6.76	0.22	0.12	0.01	0.08	0.01	0.01	0.11	0.02	余量
A354	1.8	0.54	9.1	0.08	0.09	0.002	0.012	<0.03	<0.01	0.13	0.02	余量
Al-10%Si-0.3%Mg	<0.01	0.32	10.00	0.13	0.44	0.01	0.04	<0.01	<0.01	0.05	<0.01	余量
AS9U3	3.0	0.26	10.9	0.85	0.03	0.006	0.02	<0.01	<0.01	0.022	<0.01	余量

2.3 砂型铸造试验

300 kg A356 和 A354 熔体以 0.1%（质量分数）的添加率添加 Al-Nb-B 母合金，并使用旋转脱气系统对熔体进行脱气，以去除溶解氢。然后将熔体倒入砂型中，以研究铸件的晶粒细化和完整性。为了测试拉伸性能，还将处理后的合金倒入 ASTM 标准拉伸棒模具中。

2.4 低压压铸（LPDC）试验

在一个工业现场，用 Al-Nb-B 母合金添加约 700 kg 的 A356 液态金属，脱气处理，然后用铸造熔体生产一系列车轮。与 Al-5Ti-B 的进行了对比研究。

2.5 高压压铸（HPDC）试验

用 Al-Nb-B 母合金添加 7 kg 的 AS9U3 液态金属，并将熔体铸造为拉伸棒，以研究力学性能。在一个工业现场，大约 3 t 的 Al-10Si-0.3Mg 合金添加了 Al-Nb-B 母合金，并用熔体铸造生产一系列铸件，以研究铸件的完整性。

3 结果与讨论

3.1 Al-Nb-B 母合金的开发

图 1（a）显示了 Al-Nb-B 中间合金铸锭的光学显微照片，显示了两种明显不同的相。扫描电子显微镜（图 1（b））也表明，它由分散在铝基体中的第二相组成。图 1（c）所示

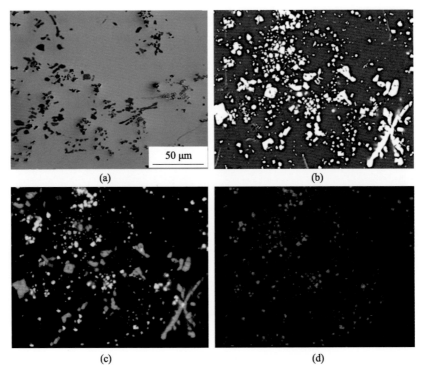

图 1　Al-3.5Nb-0.5B 母合金锭的微观结构
(a) 光学显微图；(b) SEM 图像；(c) 跨区域的 Nb；(d) 跨区域的 B

的 Nb 和 B 的化学成分显示，两种第二相均由 Nb 组成。具有枝晶形态的相被确定为 Al_3Nb，图 1（d）中所示的刻面颗粒被确定为 NbB_2。值得注意的是，观察到大多数 Al_3Nb 相包裹着 NbB_2 颗粒（图 1（c）中的对比更亮），这表明 NbB_2 是 Al_3Nb 相颗粒的潜在成核位置。

在更高级的阶段，CBMM 还开发了一种新型工业规模的 Al-Nb-B 晶粒细化剂，其形式为棒卷或切割棒，用于高效和有效地细化铝铸造合金的晶粒。如图 2 所示，铸造厂可使用 9.5 mm 的晶粒细化的切割棒或线圈。

图2　工业规模生产的铝晶粒细化剂的照片
(a) 切割棒；(b) 棒卷

如图 3 所示，棒卷和切割棒形的 Al-Nb-B 晶粒细化剂也由高纯铝基体中细小且均匀分布的 Al_3Nb 和 NbB_2 颗粒组成。它不含潜在成核相的大团簇，也不含 AlB_{12}。华夫格和线圈的关键区别在于 Al_3Nb 形貌的变化。前者为枝晶形态，后者为多面结构，与 Al-5Ti-B 晶粒细化棒中的 Al_3Ti 颗粒非常相似。

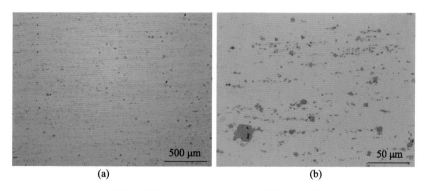

图3　切割棒/棒卷 Al-Nb-B 晶粒细化剂的光学显微照片
（低倍放大(a)和高倍放大(b)显示了宏观上均匀分布的 Al_3Nb 和 NbB_2 颗粒）

3.2　使用永久型铸造（PMC）进行实验室规模的晶粒细化试验

在铝铸件，尤其是汽车部件的铸造行业，晶粒细化是公认的和被广泛采纳的实践。为了评估工业规模生产的目合金的晶粒细化性能，进行了 PMC 铸造试验。A357 合金 PMC

样品的宏观腐蚀如图 4（a）所示。可以看出，添加 0.025% 的 Nb 可以显著细化晶粒结构，并且通过增加 Nb 含量进一步减小晶粒尺寸。超过 0.1% 的 Nb 添加率，晶粒细化的改善并不显著。图 4（b）显示了测量的晶粒尺寸与 Nb 含量的函数关系，这证实了 Al-Nb-b 母合金的晶粒细化性能。

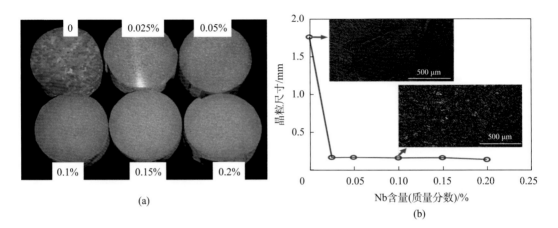

(a)

(b)

图 4　不同铌添加量对组织结构的影响

(a) PMC 测试件宏观腐蚀所得组织结构；(b) 铌添加量对晶粒尺寸的影响

（其中插图为样品阳极氧化腐蚀所得微观组织）

3.3　砂型铸造试验

为了研究 Al-Si 熔体中非均匀核的存在对冷却和晶粒细化的影响，通过在相同凝固速率下凝固熔体，测量了添加和不添加 Al-Nb-B 母合金的熔体的冷却曲线。如图 5（a）所示，在未添加 Al-Nb-B 的情况下，观察到 AS9U3 合金的过冷度为 4.5K，而对于添加率为 0.05% 或更高的 Nb，测得的过冷度约为 0 K。过冷度的降低是凝固前熔体中存在有效非均匀核的明确证据。当将由 Al_3Nb 和 NbB_2 相组成的母合金添加到 Al-Si 熔体中时，Al_3Nb 溶解在 Al-Si 熔体中，而 NbB_2 相保持不溶解。人们认为，在凝固过程中，NbB_2 相从铝中溶解的 Nb 中形核成 Al_3Nb，从而形成有效非均匀核，来形成 α-Al 晶粒。在大部分 α-Al 树枝晶中，在中心观察到 Al_3Nb 和 NbB_2 相孕育（图 5（c）），这为它们在铝合金熔体凝固过程中的强化形核作用提供了直接证据。

为了研究晶粒细化对凝固收缩特性的影响，将添加和未添加 Nb-B 孕育剂的熔体浇铸到定制的砂型中[28]。图 6（a）显示了模具的示意图。用于评估孔隙度水平的检查区域如图 6（b）所示。根据 CT 扫描图像，开发了一种合适的比较方法，用于量化铸件的完整性。在 t、u、v、w、x、y 和 z 的指定位置，根据 CT 扫描图像，孔隙度等级为 1（无）、2（轻微）、3（中等）、4（大量）和 5（严重），总体收缩等级为平均值。图 6（c）和（d）比较了未添加和添加 Al-Nb-B 母合金的铸件的 CT 扫描。可以清楚地看到，对于添加 Al_3Nb/NbB_2 的熔体生产的铸件，缩松率显著降低。未添加、添加 Al-Ti-B 和 Al-Nb-B 时的总收缩率分别为 2.29%、1.86% 和 1.43%。图 6（e）和（f）显示了铸件冒口截面的宏观侵蚀图像，显示了可忽略的孔隙度，这突出了铝铸件晶粒细化的重要性。

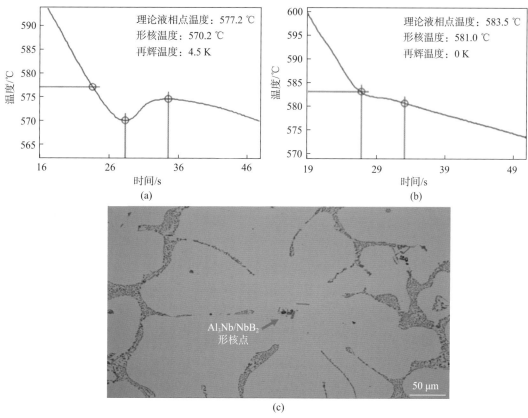

图 5　Al-Si 熔体中非均匀形核剂对冷却和晶粒细化的影响

(a) 不添加晶粒细化剂的 AS9U3 合金的冷却曲线；(b) 添加晶粒细化剂的 AS9U3 合金的冷却曲线；

(c) 位于枝晶起源处的 Al₃Nb 和 NbB₂ 颗粒

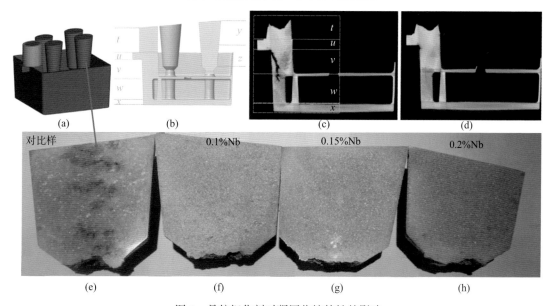

图 6　晶粒细化剂对凝固收缩特性的影响

(a) 砂型铸件示意图；(b) 铸件截面示意图；(c) 未添加细化剂铸件截面 CT 扫描图；(d) 添加了 Al-Nb-B
细化剂铸件截面 CT 扫描图；(e)~(h) 铸件同一部位不同铌添加量的宏观组织

在砂型铸造条件下，添加 Al-Nb-B 对 A354 合金的晶粒细化非常有效。图 7（a）和（b）分别显示了添加 Al-5Ti-B 和 Nb-B 的 A354 合金的晶粒结构。该合金的典型 T6 热处理工艺是在 515 ℃下保持 8 h，在 170 ℃下时效处理 4 h。添加 Al-5Ti-B 铸造的一组 3 个试样和添加 Al-Nb-B 铸造的另一组 3 个试样在 T6 条件下进行处理，相应数据如图 7（c）所示。实心水平线表示用 Al-5Ti-B 晶粒细化剂细化的该合金的屈服强度。添加 Al-Nb-B 晶粒细化剂的屈服强度高于添加 Al-5Ti-B 晶粒细化剂的屈服强度。为了研究更细晶粒结构对缩短合金处理时间的影响，将处理时间从 8 h 缩短到 4 h 和 2 h。在这两种情况下，添加 Al-Nb-B 的屈服强度均高于添加 Al-5Ti-B 的铸件，这表明通过缩短热处理时间在节能方面具有巨大潜力。在粗晶粒结构金属中，如图 7（d）中的箭头所示，Al-Cu 共晶在较大的枝晶间区域偏析，而在细晶粒结构中偏析（图 7（e）），其分散更均匀。如果合金加热到一定温度以上，则在热处理过程中，较大的富铜区域将以初期熔化的形式产生不利影响。为了研究这一点，两组样品的处理温度已提高到 525 ℃。在该温度下，添加 Al-5Ti-B 的样品，其晶粒结构较粗，观察到初期熔化。因此，拉伸棒在达到屈服点之前断裂。然而，对于添加 Al-Nb-B 的样品，获得较高的屈服强度。

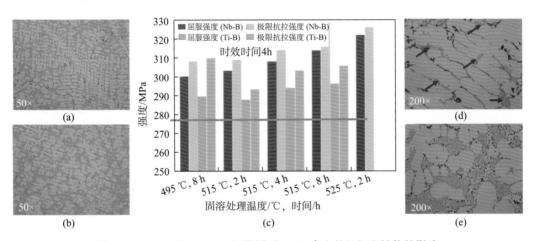

图 7　Al-5Ti-B 和 Al-Nb-B 细化剂对 A354 合金的组织和性能的影响
(a) 添加 Al-5Ti-B 的 A354 合金的光学显微图；(b) 添加 Al-NB-B 的 A354 合金的光学显微图；
(c) 两种晶粒细化剂在不同处理温度和保温时间下进行热处理的样品的屈服强度(YS)和最终抗拉强度(UTS)；
(d) 添加 Al$_5$TiB 晶粒细化剂的光学图像；(e) 添加 Al-NB-B 晶粒细化剂的光学图像

3.4　低压压铸（LPDC）试验

在不同铸造厂进行的 LPDC 试验中也观察到了添加 Al-Nb-B 的晶粒细化效果。图 8 显示了添加 Al-Ti-B 和 Al-Nb-B 母合金的车轮铸件的宏观侵蚀表面。晶粒细化在厚段和薄段中均可见，晶粒尺寸相对均匀。

3.5　高压压铸（HPDC）试验

典型高压压铸（HPDC）中的冷却速度在 10~103 K/s 之间变化，具体取决于铸件厚度（20~2 mm）。由于薄壁截面的快速冷却，导致更细的晶粒结构。高压压铸合金中添加的晶粒细化剂预计不会提供任何附加作用，因此这不是行业标准工艺。然而，对于由较薄和较厚截面组成的零件，凝固收缩是一个需要克服的挑战性问题。添加 Al-Nb-B 的晶粒细化作用仍然可以在厚截面和薄截面以及更细的共晶区和第二相中观察到。图 9（a）和（b）显

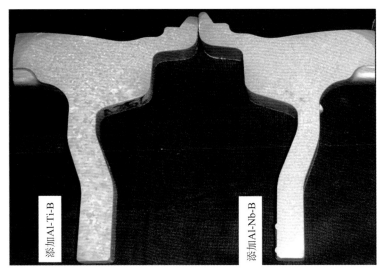

图 8　车轮切片的照片和车轮的旋转疲劳性能

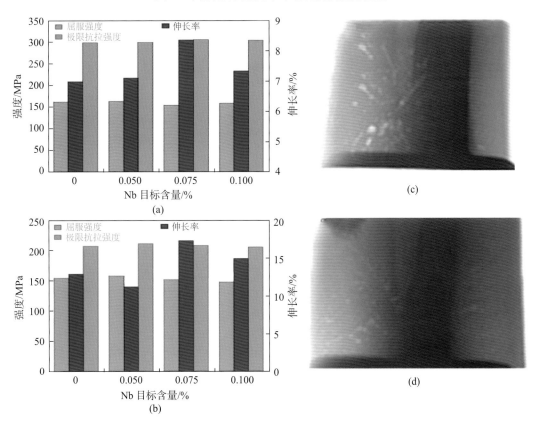

图 9　Al-Nb-B 细化剂对 Al-10Si-0.3Mg 合金性能和凝固收缩的影响
(a) 铸态拉伸性能；(b) 475 ℃热处理 1.5 h 并在 220 ℃时效 2 h 后拉伸性能；
(c) 标准工业生产零件 CT 扫描图像；(d) 添加了 Al-Nb-B 细化剂的零件 CT 扫描图像

示了铸态和热处理条件下延展性的改善。图 9（c）和（d）显示了最常观察到凝固收缩的特定截面（待凝固熔体最后部分的区域）的 CT 扫描。在这些图像中，对比区域中的白色表示孔隙度。添加 Al-Nb-B 后，孔隙率较低。因此，通过向 Al-10Si-0.3Mg 熔体中添加 0.034% 的 Nb，组件废品率从 12% 降至 2%。表 2 总结了在各种铸造工艺中应用 Al-Nb-B 母合金的潜在优势。

表 2　采用 Al-Nb-B 母合金细化剂铸件的典型特征和性能

工艺	微观组织形貌/特性	潜在优势
砂型铸造	更细的晶粒结构，降低收缩孔隙率，耐铁杂质	高完整性的零件，通过减少热处理周期来提高生产率
PMC	更细的晶粒结构，降低收缩孔隙率，耐铁杂质	完整性更高，性能更优
LPDC	更细的晶粒结构，降低收缩孔隙率，耐铁杂质	更高的完整性，更优性能的部件
HPDC	更细的晶粒结构，降低收缩孔隙率，耐铁杂质	高完整性的零件，降低了不良率

3.6　铝合金中对铁杂质的耐受性

铁在铝合金中的溶解度有限，因此，向铝中添加铁会导致形成铝-铁基金属间化合物。在 Al-Si 合金中，Al-Fe-Si 金属间化合物（称为含铁 β-颗粒）具有针状形态。由于它们是易碎的，它们的存在使合金易碎。然而，铁是有意添加到压铸合金中，以避免模具黏附问题。每种合金中可接受的铁含量取决于合金及其应用。当前的积极研究集中在提高铁的可接受水平，以便更多非纯合金可用于高价值应用。在含铁的商用铝硅合金中添加 Al-Nb-B 晶粒细化剂，不仅可以降低 α-铝枝晶，也减少了共晶池的大小，导致形成较小的 β-粒子，如图 10 所示。粒度越细，铸件的耐受性就越大。最近有报道[29]称在添加了 Al-Nb-B 母合金的 Al-Si-Fe 三元合金系统模型中 β-粒子细化效果更显著。

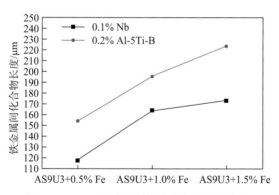

图 10　AS9U3 合金中的铁金属间化合物长度
（包括通过 PMC 工艺通过向熔体中添加 Al-Ti-B 和 Al-Nb-B 母合金得到的不同级别的铁铸件）

4　结论

CBMM 生产的工业规模 Al-Nb-B 母合金显示出均匀分布的 Al3Nb 和 NbB2 相，没有大的团簇。母合金不存在对铸件有害的 AlB12 颗粒。向 Al-Si 合金熔体中添加 Al-Nb-B 母合金可降低熔体的过冷度，这表明熔体由有效的非均匀形核位点组成。试验证实了各种最常用的商用铝硅铸造合金的晶粒细化。孕育相（NbB2 和 Al3Nb）是在 α-铝枝晶的起源处观察到的，其作为成核位点的活性提供了直接证据。在添加 Al-Nb-B 的各种工业规模工艺（砂型铸造、重力压铸、低压压铸和高压压铸）中可以清楚地观察到晶粒细化。精良铸件的主要特点是：更细的一次晶粒结构、减少的缩松、第二相的均匀分散、对铁杂质的耐受性和改进的力学性能。

由 CBMM 生产的工业级 Al-Nb-B 母合金中存在均匀分布的 Al_3Nb 和 NbB_2 没有大集群的阶段。母合金不存在 AlB_{12} 对铸造件有害的粒子。在铝硅合金熔体中加入 Al-Nb-B 母合金减少了熔体的过冷，这表明熔体由强大的非均质成核位点组成。试验证实了各种最常用的商用铝硅铸合金的晶粒细化。接种期（NbB_2 和 Al_3 在 α-Al 树突的起源处观察到，为其作为成核位点的活性提供了直接证据。在添加 Al-Nb-B 的各种工业规模工艺（砂铸、重力压铸、低压压铸和高压压铸）中，可以清楚地观察到晶粒细化效果。晶粒细化的铸件的关键特点是：更精细的初级晶粒结构，收缩孔隙率降低，第二相均匀分散，对铁杂质的耐受性强和力学性能的提高。

参考文献

[1] Polmear I J. Light alloys: metallurgy of the light metals[M]. 2nd ed. London: Edward Arnold, 1989: 144-159.

[2] McCartney D G. Grain refining of aluminium and its alloys using inoculants[J]. International Materials Reviews, 1989, 34(5): 247-260.

[3] Rooy E L. Aluminum and aluminum alloys, asm handbook, vol. 15, castings[M]. Ohio: ASM International, 1988.

[4] Turnbull D. Theory of catalysis of nucleation by surface patches[J]. Acta Metallurgica, 1953, 1(1): 8-14.

[5] Sritharan T, Li H. Influence of titanium to boron ratio on the ability to grain refine aluminium- silicon alloys[J]. Journal of Materials Processing Technology, 1997, 63(1-3): 585-589.

[6] Nafisi S, Ghomashchi R. Grain refining of conventional and semi-solid A356 Al-Si alloy[J]. Journal of Materials Processing Technology, 2006, 174(1-3): 371-383.

[7] Jones G P, Pearson J. Factors affecting the grain-refinement of aluminum using titanium and boron additives[J]. Metallurgical Transactions B, 1976, 7(2): 223-234.

[8] Lee M S, Terry B S. Effects of processing parameters on aluminide morphology in aluminium grain refining master alloys[J]. Materials Science and Technology, 1991, 7(7): 608-612.

[9] Mayes C D, McCartney D G, Tatlock G J. Influence of microstructure on grain refining performance of Al–Ti–B master alloys[J]. Materials Science and Technology, 1993, 9(2): 97-103.

[10] Hardman A, Hayes F H. Al-Ti-B grain refining alloys from Al, B_2O_3 and TiO_2[J]. Materials Science Forum, 1996, 217-222: 247-252.

[11] Sigworth G K, Guzowski M M. Grain refining of hypoeutectic Al-Si alloys[J]. AFS Transactions, 1985, 93: 907-912.

[12] Spittle J A, Sadli S. Effect of alloy variables on grain refinement of binary aluminium alloys with Al–Ti–B[J]. Materials Science and Technology, 1995, 11(6): 533-537.

[13] Spittle J A, Keeble J M, Meshhedani M A. The grain refinement of Al-Si foundry alloys[J]. Light Metals,

1997: 795-800.

[14] Mohanty P S, Gruzleski J E. Grain refinement mechanisms of hypoeutectic Al-Si alloys[J]. Acta Materialia, 1996, 44(9): 3749-3760.

[15] Sritharan T, Li H. Influence of titanium to boron ratio on the ability to grain refine aluminium- silicon alloys[J]. Journal of Materials Processing Technology, 1997, 63(1-3): 585-589.

[16] Kori S A, Auradi V, Murty B S, et al. Poisoning and fading mechanism of grain refinement in Al-7Si alloy[C]//Nie J F. Materials Forum Volume 29. Melbourne: Institute of Materials Engineering Australasia Ltd, 2005: 387-393.

[17] Johnsson M. Influence of Si and Fe on the grain refinement of aluminium[J]. International Journal of Materials Research, 1994, 85(11): 781-785.

[18] Qiu D, Taylor J A, Zhang M X, et al. A mechanism for the poisoning effect of silicon on the grain refinement of Al–Si alloys[J]. Acta Materialia, 2007, 55(4): 1447-1456.

[19] Mondolfo L F. Aluminium alloys: structure and properties[M]. Boston: Butter Worths, 1976.

[20] Nowak M, Bolzoni L, Babu N H. Grain refinement of Al-Si alloys by Nb-B inoculation. Part I : Concept development and effect on binary alloys[J]. Materials & Design, 2015, 66: 366-375.

[21] Bolzoni L, Nowak M, Babu N H. Grain refinement of Al-Si alloys by Nb-B inoculation. Part II : application to commercial alloys[J]. Materials & Design, 2015, 66: 376-383.

[22] Bolzoni L, Babu N H. Engineering the heterogeneous nuclei in Al-Si alloys for solidification control[J]. Applied Materials Today, 2016, 5: 255-259.

[23] Bolzoni L, Nowak M, Babu N H. Grain refining potency of Nb-B inoculation on Al-12Si-0.6Fe-0.5Mn alloy[J]. Journal of Alloys and Compounds, 2015, 623: 79-82.

[24] Bolzoni L, Nowak M, Babu N H. Assessment of the influence of Al-2Nb-2B master alloy on the grain refinement and properties of LM6 (A413) alloy[J]. Materials Science and Engineering: A, 2015, 628: 230-237.

[25] Bolzoni L, Xia M, Babu N H. Formation of equiaxed crystal structures in directionally solidified Al-Si alloys using Nb-based heterogeneous nuclei[J]. Scientific Reports, 2016, 6(1): 1-10.

[26] Nowak M, Yeoh W K, Bolzoni L, et al. Development of Al-Nb-B master alloys using Nb and KBF_4 Powders[J]. Materials & Design, 2015, 75: 40-46.

[27] Bolzoni L, Hari Babu N. Efficacy of borides in grain refining Al-Si alloys[J]. Metallurgical and Materials Transactions A, 2019, 50(2): 746-756.

[28] Strong J. Light-weighting gravity cast parts in the automotive industry[C]//The Royal society of Chemistry. Proceedings of Charles Hatchett Seminar on Niobium for Aluminium Cast Part in Automotive Components. London: The Royal society of Chemistry, 2016.

[29] Narducci Jr C, Brollo G L, De Siqueira R H M, et al. Effect of Nb addition on the size and morphology of the β-Fe precipitates in recycled Al-Si alloys[J]. Scientific Reports, 2021, 11(1): 1-14.

纳米晶软磁合金材料及其应用现状和发展趋势

李德仁[1]，卢志超[1]，王文军[2]

（1. 北京交通大学，中国北京，100044；

2. 中信金属股份有限公司，中国北京，100004）

摘 要： 纳米晶软磁合金具有独特的纳米晶结构和优异的综合软磁性能，其发现和发展对相关传统材料及其应用领域产生了巨大的冲击和深远的影响。从 1988 年发明纳米晶软磁合金至今已有三十多年，基础研究和应用开发均取得长足进展，纳米晶软磁合金带材已实现了规模化生产，并获得了广泛应用。本文综述了纳米晶软磁合金材料及其制备技术开发进展，以及纳米晶软磁合金的应用发展历程和现状，展望了纳米晶软磁合金的应用发展趋势。

关键词： 纳米晶；软磁合金；应用现状；发展趋势

李德仁先生

1 纳米晶软磁合金材料及其开发进展

纳米晶软磁合金是 20 世纪 80 年代末在非晶合金基础上发展起来的新型软磁材料，它的制造方法采用了先进的快速凝固技术，由钢液一步喷制厚度小于 30 μm 的非晶带材，再经过合适的热处理获得晶粒尺寸为 10~20 nm 的纳米晶结构，具有制备工艺流程短、节约能耗的显著特点；它的性能兼备了传统软磁材料的综合优点，同时具有高饱和磁感应强度、高磁导率、高电阻和低损耗的特点。因此，纳米晶软磁合金是同时具有制造过程节能和使用过程节能的双节能型新材料。近年来，纳米晶软磁合金的磁性能和制造技术得到不断的改进和提高，纳米晶软磁合金已在诸多领域得到了广泛的应用。随着大功率半导体开关器件的发展和电力电子技术向节能、高频大功率、小型化和集成化方向发展的趋势，纳米晶软磁合金将具有更广阔的发展空间。

1.1 纳米晶软磁合金材料体系概述

由于纳米晶软磁合金具有独特的纳米晶结构和优异的综合软磁性能，引起了各国研究人员的广泛兴趣，并对纳米晶软磁合金进行了系统的研究，一系列纳米晶软磁合金相继问世。目前已经得到应用或有较好应用前景的纳米晶软磁合金有 FINEMET 系列、NANOPERM 系列和 HITPERM 系列三个体系。这三个体系纳米晶软磁合金的典型成分和主要磁性能列于表 1。在这三个体系纳米晶合金中，由 Yoshizawa 等[1]发明的 FeCuMSiB（M=Nb, Mo, W, Ta 等）系 FINEMET 纳米晶软磁合金的优点是具有优异的综合软磁性能，可以在非真空条件下实现商业化生产，纳米晶化热处理温度和处理条件宽范。因此，FINEMET

系列纳米晶合金得到了广泛的应用。但是，由于该系列合金中 Fe 的含量相对较低，其最高的饱和磁感 B_s 仅为 1.4 T，综合性能较好的 Fe$_{73.5}$Cu$_1$Nb$_3$Si$_{13.5}$B$_9$（原子数分数，%）合金在最佳晶化热处理条件下的 B_s 仅为 1.24 T，有待进一步提高。由 K. Suzuki 等人[2-3]发明的 FeMB（M=Zr，Hf，Nb 等）系 NANOPERM 纳米晶软磁合金的优点是具有高饱和磁感应强度 B_s 和优异的综合软磁性能。FeMB 系列纳米晶合金的缺点是材料需要在真空条件下制备，而且含有 Zr 等贵金属，成本较高。由 M. A. Willard 等[4]发明的(FeCo)ZrBCu 系 HITPERM 纳米晶软磁合金的显著特点是可以在高温下使用，但其软磁性能与 FINEMET 系列纳米晶合金和 NANOPERM 系列纳米晶合金相比较差。同时，该系列纳米晶合金也需要在真空条件下制备。

表1　三个系列纳米晶软磁合金的主要磁性能对比

合金系列	B_s/T	H_c/A·m^{-1}	μ_e (1 kHz)	P_{loss}	T_c/℃
FINEMET 系列[1] 典型成分 Fe$_{73.5}$Cu$_1$Nb$_3$Si$_{13.5}$B$_9$（原子数分数）	1.1~1.35 1.24	0.53~1.6 0.53	5000~100000 100000	$P_{0.2/100\times10^3}$=280~950 kW/m^3 $P_{0.2/100\times10^3}$=280 kW/m^3	<770
NANOPRM 系列[2] 典型成分[3]Fe$_{90}$Zr$_7$B$_3$（原子数分数）	1.5~1.8 1.7	4.8~5.8 5.8	3000~51000 51000	$P_{1.4/50}$=0.11~0.21 W/kg $P_{1.4/50}$=0.21 W/kg	770
HITPERM 系列[4] 典型成分 Fe$_{44}$Co$_{44}$Zr$_7$B$_4$Cu$_1$（原子数分数）	1.6~2.1	约160	1800~3000	$P_{1.0/1\times10^3}$=1 kW/kg	>965

1.2　铌在纳米晶软磁合金中的作用

1988 年 Yoshizawa 等人[1]首先发现，在 Fe-Si-B 非晶合金基础上加入少量 Cu 和 M（M=Nb，No，W，Ta 等），得到 Fe-Cu-M-Si-B 系非晶合金，再经过合适温度的晶化热处理后，可获得一种性能优异的具有 b.c.c 结构的超细晶粒（$D\approx10$ nm）软磁合金，即纳米晶合金。该合金体系的典型成分为 Fe$_{73.5}$Cu$_1$Nb$_3$Si$_{13.5}$B$_9$（原子数分数，%），晶化热处理的温度范围是 520~580 ℃，最佳晶化热处理工艺为 550 ℃退火 1 h，典型磁性能为 B_s=1.24 T，H_c=0.53 A/m，μ_e(1 kHz)=100000。该成分体系纳米晶合金的发明是软磁材料的一个突破性进展，Fe-Cu-Nb-Si-B 纳米晶合金是迄今综合软磁性能最优的金属软磁材料。制备态的 Fe-Cu-Nb-Si-B 非晶合金只有在纳米晶化以后才具有优异的综合软磁性能，而在纳米晶化过程中 Nb 元素是必备的元素。

关于 Fe-Cu-Nb-Si-B 系纳米晶合金的形成机制，Hono 等人[5-6]对 Fe$_{73.5}$Cu$_1$Nb$_3$Si$_{13.5}$B$_9$（原子数分数，%）进行了深入的研究，通过高分辨电镜的直接观察，给出了图 1 所示的形成过程示意图，即在加热初期，先在非晶基体中形成富 Cu 的原子团簇，由于 Cu 富集引起在其附近各点 Fe 浓度的增高，成为 α-Fe(Si)晶化形核的核心。当 α-Fe(Si)晶粒长大时，在其外围的剩余非晶相中，由于 Nb 和 Si 含量的显著提高，导致晶化温度升高，阻止了晶粒的长大和影响磁性能的 FeB 杂相的析出，最终形成由晶粒尺寸为 10~20 nm 的纳米晶相和剩余非晶相构成的双相合金，在最佳晶化热处理条件下，α-Fe 的体积分数约占 70%，其余是剩余非晶相。进一步研究表明[7,8]，α-Fe 纳米晶粒包含 20%（原子数分数）的 Si。Mössbauer 谱[9]和选区电子衍射[10]结果表明，α-Fe 相是 DO$_3$ 结构并且镶嵌在富 Nb 和 B 的非晶基体中，非晶基体中 Nb 和 B 的含量（原子数分数）分别为 10% 和 15% 左右。这种类型的纳米晶化和少量析出的晶化不同，在 Fe 基非晶合金中少量析出 α-Fe 时，尽管析出的晶粒尺寸也很小，但仅可以降低高频损耗，而不能提高综合软磁性能。Herzer[11-12]建立了随机各向异性模型并解释了纳米晶合金具有优异的综合软磁性能机理。纳米晶合金的晶粒尺寸小于磁交换作用长度，导致平均磁晶各向异性很小，并且通过调整成分，可以使其磁致伸缩趋近于零。因此，纳米晶合金具有更加优异的综合软磁性能，其突出特点是兼备了高饱和磁感、高磁导率和低损耗。

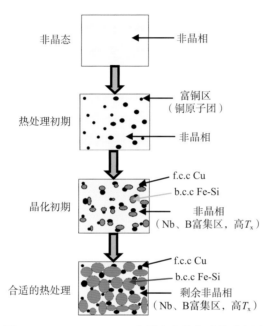

图 1　$Fe_{73.5}Cu_1Nb_3Si_{13.5}B_9$非晶合金晶化过程示意图

1.3　纳米晶软磁合金材料开发进展

尽管 FINEMET 纳米晶软磁合金具有迄今为止最优异的综合软磁性能，但是由于其含有贵重金属 Nb，饱和磁感 B_s 也有待进一步提高,近年来国内外学者和研究机构对高饱和磁感纳米晶软磁合金进行了广泛的探索和深入的研究，其中重点工作集中在高 Fe 高 Nb、高 Fe 低 Nb 或无 Nb 纳米晶软磁合金的开发。

在高 Fe 高 Nb 纳米晶软磁合金研究开发方面，合金体系开发重点集中在 FeMB（M=Zr, Hf，Nb 等）系 NANOPERM 纳米晶软磁合金。由于该系列合金高的 Fe 含量，其饱和磁感应强度可达 1.5~1.8 T，典型成分（原子数分数，%）[2,3,13]为 $Fe_{90}Zr_7B_3$、$Fe_{89}Hf_7B_4$ 和 $Fe_{84}Nb_7B_9$，但是含 Zr、Hf 元素的 FeMB 合金只有在真空条件下才能制备，不利于规模化生产。为解决高 Fe 含量 FeMB 合金在大气条件下易于生产,同时获得纳米晶结构,研究热点集中在 FeNbB 合金[14]，当 Nb 含量（原子数分数）大于 7% 时必须在真空或保护气氛下制备，当 Nb 含量（原子数分数）小于 6% 时可以在大气条件下制备。制备态 FeNbB 合金的典型成分为 $Fe_{85}Nb_6B_9$，该成分合金经过合适的热处理，可以得到纳米晶合金，其 α-Fe 晶粒尺寸分布范围为 20~80 nm、集中分布在 20~45 nm 之间，典型磁性能为 B_s=1.52 T，μ_e(1 kHz)=36000,

矫顽力 H_c=5.6 A/m。与 $Fe_{73.5}Cu_1Nb_3Si_{13.5}B_9$ 纳米晶合金相比，尽管饱和磁感有所提高，但是由于其晶粒尺寸不均匀且粗大，导致其综合软磁性能下降。在 $Fe_{85}Nb_6B_9$ 合金的基础上，添加少量 Cu 或 P，典型成分[15]为 $Fe_{84.9}Nb_6B_8P_1$，有利于纳米晶粒的均匀化，综合软磁性能有所提高，典型性能为 B_s=1.61 T，μ_e(1 kHz)= 41000，矫顽力 H_c=4.7 A/m。

在高 Fe 无 Nb 或少 Nb 纳米晶软磁合金研究开发方面，总体思路是设计高形核率合金成分，制备出非晶态合金，在纳米晶化过程中通过热处理工艺控制晶粒长大[16]。目前的研究开发主要集中在 Fe-Si-B-P-Cu 和 Fe-Si-B-Cu 体系，它们的共同特点是合金晶化初期具有很高的形核率。Fe-Si-B-P-Cu 系高饱和磁感纳米晶合金开发基于 FINEMET 系列，用 P 替代 Nb，获得了 Fe-Si-B-P-Cu (NANOMET)系列纳米晶合金[17-18]，其典型成分（原子数分数，%）为 $Fe_{85}Si_2B_8P_4Cu_1$，纳米晶化后 B_s 达到 1.85 T。但是获得纳米晶化的必要条件是必须采用闪退，即快速升温、短时保温、快速降温，至少需要 400 ℃/min 以上的升温速率才能控制形核后晶粒的快速长大[17]，而 FINEMET 系列纳米晶合金不需要[19]。由于 Fe 含量的提高，合金的非晶形成能力降低，商业化生产非晶合金的难度大，同时非晶合金晶化热处理需要通过闪退来实现，商业化生产难度更大。在 Fe-Si-B-P-Cu 合金的基础上，通过添加少量 C 或 Co，典型成分（原子数分数，%）分别[20-21]为 $(Fe_{85.7}Si_{0.5}B_{9.5}P_{3.5}Cu_{0.8})_{99}C_1$ 和 $Fe_{81.2}Co_4Si_{0.5}B_{9.5}P_4Cu_{0.8}$，可以提高该合金的非晶形成能力，但是闪退需要的升温速率仍需要达到 300 ℃/min 以上。这些合金的 B_s 可达到 1.9 T，基本与硅钢相当，但是矫顽力 H_c 均大于 5A/m，较 FINEMET 系列纳米晶合金高 1 个数量级以上。Fe-Si-B-Cu 系高饱和磁感纳米晶合金开发集中在 Fe-B-Cu 和 Fe-Si-B-Cu[22-23]。由于 Fe-B-Cu 在晶化过程中析出 Fe_3B，影响软磁性能，目前的重点集中在 Fe-Si-B-Cu 系列合金[24,26]，典型成分（原子数分数，%）为 $Fe_{80.5}Cu_{1.5}Si_4B_{14}$ 和 $Fe_{82}Cu_1Nb_1Si_4B_{12}$，这些合金纳米晶化后，$B_s$ 可达到 1.8 T。但是，该成分系列均需要闪退工艺进行晶化热处理。

综上，高饱和磁感纳米晶软磁材料开发一直是国内外关注的热点，近年来开展了大量的探索和研究工作，除了探索新的成分体系，在已有成分体系基础上，闪退方法和工艺的研究更成为高饱和磁感纳米晶软磁材料开发新的研究热点[27-28]。由于这些合金体系非晶形成能力的限制和纳米晶化热处理工艺的特殊性，即使相对成熟的 Fe-Si-B-P-Cu 和 Fe-Si-B-Cu 合金体系，目前也仅限于科研开发，尚无商业化应用。

1.4 纳米晶软磁合金制备技术进展

纳米晶合金的短流程制造工艺和使用过程中显著的节能效果，引起了产业界的广泛关注，并对纳米晶合金的制备技术进行了深入的开发，新技术、新工艺不断涌现，纳米晶带材和粉末的制备技术和工艺均取得了长足的进展。

纳米晶合金带材采用平面流铸带技术制备[29-32]，由钢液一步喷制厚度小于 30 μm 的非晶带材，再经过适当热处理获得晶粒尺寸约 10 nm 的纳米晶结构。目前，国际上规模化生产高精度纳米晶合金带材的厂家主要有日本日立金属公司、德国 VAC 公司和国内的安泰科技股份有限公司。日本和德国生产纳米晶合金带材的装备和技术的特点是采用单包真空冶炼，半连续化生产，保护气氛下压力制带，带材厚度在线检测，带材自动卷曲等，常规带材厚度为 18~22 μm、超薄带厚度可达 16~18 μm，带材韧性好、可辊剪、表面质量好，铁芯的叠片系数达到 0.80 以上。国内生产纳米晶合金带材的装备主要有两种，一种是采用靠钢液液位自重喷带，这种装备喷制的带材厚度在 30 μm 左右，带材韧性差，无法辊剪，且表面质量差，铁芯的叠片系数在 0.82~0.85 之间；另一种是采用真空冶炼，半连续化生产，保护气氛下压力制带，带材厚度在线检测、带材自动卷曲等，喷制的高精度带材厚度为 18~22 μm、超薄带厚度可达 15 μm，带材韧性好、可辊剪、表面质量好，铁芯的叠片系数达到 0.80 以上。

国内外的上述制带技术均属于非真空制带技术，主要用于制备 FINEMET 系列 Fe 基纳米晶合金带材，无法制备 NANOPERM 系列 Fe 基纳米晶合金，主要原因是 NANOPERM 系列 Fe 基纳米晶合金中含有 Zr、Hf、Ta 等易氧化元素。

现代电力电子技术的总体发展趋势是高频、大功率，纳米晶软磁合金作为关键电磁器件，为满足高频大功率的要求，必须降低带材的厚度，因为带材的涡流损耗与带材厚度直接相关[33~35]，高频条件下同时要考虑趋肤效应的影响。在纳米晶合金成分确定的条件下，衡量纳米晶带材的主要指标是带材厚度和叠片系数，我国新颁布的国家标准，对不同应用领域的纳米晶带材的厚度和叠片系数给出了明确的要求[36]，同时给出了纳米晶带材的测试方法[37,38]。

纳米晶超薄、超宽带材的制备技术不仅成为该领域的发展趋势，同时也是该领域发展的重要技术挑战。由于纳米晶带材的制备采用的是平面流铸带技术，当提升纳米晶带材的宽度时，若同时降低带材厚度，容易引起带材表面气孔的增加和带材密度的降低，即叠片系数降低，这将不利于后续的应用。因此纳米晶合金带材面临的最大技术挑战就是同时降低带材厚度和提高带材宽度。为解决纳米晶超薄、超宽带材的制备技术与工艺，必须处理好钢液与气体的界面、钢液与耐火材料的界面和钢液与冷却辊的界面。

2 纳米晶软磁合金的应用现状

2.1 纳米晶软磁合金的特性

从应用的角度，衡量软磁材料性能的主要指标包括饱和磁感应强度、矫顽力、相对磁导率、交流损耗、频率响应、磁致伸缩和温度稳定性等。

在中高频使用条件下，纳米晶软磁合金同时具有高工作磁感、低矫顽力和低损耗的特性。图 2 给出了常用软磁材料的饱和磁感和损耗对比，各种软磁材料在不同的应用领域和应用场合各具优势。硅钢的饱和磁感最高，在工频和 kHz 频率范围，硅钢由于饱和磁感最高，并且随着硅钢制造技术的不断进步、硅钢的厚度越来越薄，硅钢的应用领域和应用范围最广，一直占主导地位；非晶态合金是 20 世纪 60 年代发明、80 年代开始推广应用的新型软磁材料，非晶态软磁合金与硅钢相比，饱和磁感偏低，但是在工频和 kHz 频率范围使用，非晶态软磁合金的损耗比硅钢降低 70%以上，在配电变压器、电抗器和特种电机等应用方向具有优势；图 3 给出了中高频使用条件下，可选的软磁材料交流磁滞回线对比，在 kHz~MHz 频率范围，纳米晶软磁合金具有显著的优势，与铁氧体相比，纳米晶软磁合金同时高饱和磁感、低矫顽力和低损耗的特性；在 MHz 以上频率范围使用，目前还只有软磁铁氧体，尽管软磁铁氧体的饱和磁感偏低，但软磁铁氧体的高频损耗最低。

纳米晶软磁合金具有宽范的磁性能可调性。纳米晶软磁合金由非晶态合金通过晶化热处理得到，非晶态合金是一种非平衡亚稳态合金，该属性为后续调制合金的性能提供了广阔的空间，可通过施加不同强度的横磁、纵磁或不加磁场进行热处理，可通过施加不同张应力进行热处理[39~43]，获得不同类型的磁性能，如低剩磁型、高矩形比型、高磁导率型等。纳米晶软磁合金的相对磁导率可调范围可从 400 至 800000。通过加工，将纳米晶软磁合金制成鳞片和粉末，其制品的相对磁导率可降低到 100 以下，同时其高频损耗进一步降低[44]。

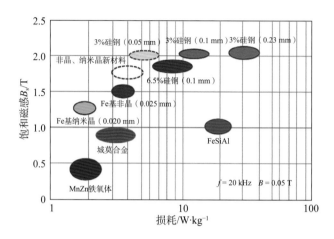

图 2　常用软磁材料的饱和磁感和交流损耗对比

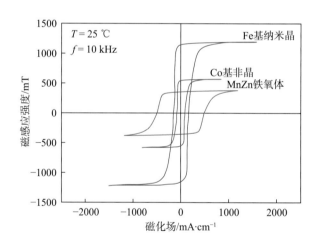

图 3　典型软磁材料的交流磁滞回线对比

　　纳米晶软磁合金具有高居里温度和高温度稳定性。纳米晶软磁合金居里温度可达 600 ℃以上，其磁导率温度稳定性在–50~150 ℃变化小于±10%。

　　纳米晶软磁合金具有近零磁致伸缩特性。Fe-Cu-Nb-Si-B 系纳米晶合金，通过调整热处理制度和热处理工艺，其磁致伸缩系数可控制在 10×10^{-6} 以内，$Fe_{73.5}Cu_1Nb_3Si_{15.5}B_7$ 合金，经过最优晶化热处理后，磁致伸缩系数接近于零。

2.2　纳米晶软磁合金的应用分类和用量

　　纳米晶软磁合金以器件的形式广泛应用于电力、电力电子、新能源、交通、医疗、消费电子和工业电源等领域。采用纳米晶软磁合金制造的器件主要包括高频变压器，滤波器和电感，电流互感器，导磁、屏蔽和吸波四大类，具体列于表2。

近年来，纳米晶合金软磁合金的用量逐年增加，图4给出了2015~2019年国内纳米晶软磁合金的用量统计。其中，2019年国内纳米晶软磁合金的用量达到1.8万吨。国外生产纳米晶软磁合金带材的厂家只有德国VAC和日本日立金属，总销量为4000~5000 t。2019年，纳米晶软磁合金的全球总体用量接近2.5万吨。

表2 纳米晶软磁合金的应用分类

应用分类	使用条件	可选材料	材料或器件形态	主要性能特点
高频变压器	频率范围：1 kHz~100 kHz	纳米晶、铁氧体	卷绕铁芯、固化铁芯、切口铁芯	高工作磁感、低损耗，损耗<40 W/kg (0.3 T, 100 kHz)
滤波器和电感	频率范围：1 kHz~30 MHz	纳米晶、铁氧体	卷绕铁芯、固化铁芯、切口铁芯	材料高饱和磁感、低损耗，器件高阻抗、小型化
电流互感器	频率范围：50 Hz/60 Hz	纳米晶、坡莫合金	卷绕铁芯、叠层铁芯	测量用准确级：0.1，保护用精度级别：0.1以上
导磁、屏蔽和吸波	频率范围：DC-30 MHz	纳米晶、坡莫合金、铁氧体	卷材、片材、粉末、鳞片	高复数磁导率，相对磁导率虚部>200 (13.56 MHz)

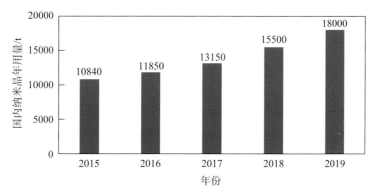

图4 2015~2019年国内纳米晶软磁合金用量统计

2.3 纳米晶软磁合金的应用现状

纳米晶软磁合金的应用发展历程是从低频、小功率应用的小型器件向高频、大功率应用的中大型器件发展的过程。经过三十多年的研究开发和应用开发，纳米晶软磁合金已经在中高频、中小功率和高频、小功率范围得到广泛的应用。

2.3.1 纳米晶软磁合金在电流互感器中的应用已全面普及

电流互感器作为电力一次系统和二次系统的关联元件，根据电磁感应原理，将数值较大的一次电流通过一定的变比转换为数值较小的二次电流，起到隔离、保护和测量作用，在电力系统中必不可少，需求量很大，产品性能和经济性要求也很高。各类电流互感器的性能和成本在很大程度上取决于其中的磁芯材料，保护用电流互感器的精度等级一般要求较低（1~3级），磁芯材料通常选用成本较低的硅钢即可满足要求，测量用电流互感器的精度等级一般要求较高（0.1~0.5级），传统上，磁芯材料主要选用坡莫合金。与坡莫合金比较，纳米晶合金突出优势是成本低，关键磁性能（磁导率及其线性，温度稳定性）基本相当，而且纳米晶合金通过调整成本和后处理工艺可以大范围优化磁特性，因此，测量用电流互感器的磁芯材料首先被纳米晶合金替代。电力系统测量用电流互感器一般可分为两大类，高压电流互感器和精密电流互感器。高压电流互感器用于 1 kV~220 kV 高压侧的电力设备中，工作在标准交流正弦波形状态下，磁芯材料一般选用高磁导率的普通纳米晶合金带材即可满足要求。早在十几年前国内已经在高压电流互感器领域全面推广使用纳米晶合金，并开始推广到国外。目前，国内有众多中小企业生产普通纳米晶合金带材和高压互感器铁芯，带材产能达数千吨，全球知名的高压电流互感器公司基本都从中国采购纳米晶合金带材或铁芯。精密电流互感器用于中低压侧的电能表中，通常分为两种不同工作状态，一是标准交流正弦波形，选用常规的高磁导率纳米晶磁芯即可满足要求；二是单向交流正弦波形或不对称的畸变波形，需要选用抗直流分量的磁芯。抗直流分量磁芯不仅要求磁导率低，而且同时要求磁滞回线的线性度好，矫顽力和剩磁很低。国内目前尚无法批量生产此类纳米晶合金材料，而是采用常规非晶和纳米晶带材的复合铁芯作为替代产品，其性能达不到国外高水平的纳米晶单铁芯同类产品。这一难题还有待于进一步技术攻关。

随着智能电网的不断发展和能源管理需求的不断提高，以及泛在电力物联网的建设，各种保护和测量用电流互感器的需求也将随之大幅增长，这为纳米晶软磁合金及其互感器应用制品的产业发展提供了难得机遇。

2.3.2 纳米晶软磁合金在各类工业电源中的应用正在拓展

工业领域的电源种类繁多，一个重要趋势是，传统的工频线性电源正在转型为高频开关电源，定频电源逐步升级为变频电源，而且变换频率越来越高，总体目标是节能节材和小型轻量。这些变化都涉及电源效能和电磁兼容问题，理论上讲，提高频率有利于提升功率密度，但开关器件和磁性器件的损耗会增加，电磁干扰会增大。在开关电源或逆变电源中，与效能密切相关的磁性器件是高频变压器，其中的铁芯材料通常选用功率软磁铁氧体，与电磁兼容密切相关的磁性器件是共模滤波电感，其中的铁芯材料通常选用高磁导率软磁铁氧体。与铁氧体相比，纳米晶合金的饱和磁感应强度（1.23~1.35 T）是铁氧体（0.4~0.5 T）的 3 倍，可以显著减小高频变压器和共模电感的体积；纳米晶合金的高频损耗也有明显优势，特别是带材越薄，高频损耗越低，越适合在高频下使用，尤其适合应用于高频变压器；纳米晶合金的频率特性更有特色，磁导率不仅在低频范围远高于铁氧体，而且高频范围衰减慢，展现出优异的全频谱阻抗特性，尤其适合应用于共模滤波电感；此外，纳米晶合金的温度稳定性十分优异，弥补了铁氧体的固有缺陷。鉴于纳米晶合金具有突出的高频软磁特性，因此在逆变焊机电源、静电除尘电源、直流加热电源、电镀电源和变频驱动电源中开始广泛使用。在国内逆变焊机行业，除了小功率逆变焊机仍然采用铁氧体高频变压器之外，其余逆变焊机基本都选用纳米晶高频变压器，这也是纳米晶合金带材在国内率先推广应用的领域之一，产品和技术趋于成熟，并领先国外。目前，迫于成本压力，多数逆变焊机企业普遍选用由普通纳米晶带材（厚度 30 μm 左右）制作的高频变压器铁芯（第一代产品），而且只有少数企业配置了共模滤波环节并选用纳米晶共模电感。从长远发展看，采用纳米晶合金薄带（厚度小于 22 μm）的第二代高频变压器和共模电感有利于进一步提升逆变焊机的效能和电磁兼容水平。在大功率高频脉冲电源或开关电源中，比如，高压静电除尘电源、蓝宝石和多晶硅直流加热电源等，国内企业已经普遍选用纳米晶合金薄带制作高频变压器铁芯。这类纳米晶高频变压器铁芯多采用卷绕形式，尺寸几乎不受限制，而铁氧体铁芯由于工艺所限，无法实现大尺寸，在满足大功率方面受到严重制约。在大功率变频驱动电源中，为避免或减轻共模电流对电机轴承的烧蚀，在变频器输出端配置纳米晶共模电感的技术方案被证明行之有效，已经被越来越多的电源企业和电机用户所接受和采用。这类共模电感通常工作在较宽频段和较大电流下，并且需要承受较大脉冲电流冲击，一般要求同时兼备低损耗和较低磁导率，纳米晶合金超薄带（厚度小于 20 μm）是优选材料。该领域的国外电源企业和电机用户更为重视机电设备长期运行的安全性和可靠性，积极采用这一方案，应用水平和推广力度领先国内，但所用纳米晶合金超薄带多数从国内骨干企业采购。

众所周知，随着整个社会电气化程度和水平的提高，电能的产生与利用都离不开电能变换，而且变换功率和频率都不断增加，伴随而来的节能和抗电磁干扰成为重大问题，纳米晶合金大有用武之地。

2.3.3 纳米晶软磁合金在新能源领域的应用凸显优势

在新能源领域中，光伏发电和风力发电属于可再生能源范畴，涉及将可再生自然资源转化为电能，以及将初始电能变换为可并网电能两个重要环节，其中电能变换中用到大量电磁器件，比如电抗器、滤波器和并网配电变压器等，其性能优劣严重影响能源利用效率、发电成本和电能质量，这对来之不易的可再生能源尤为重要。电动汽车是能源利用方式从不可再生的化石能源转化为电能，而电能可以来自可再生能源，由此归属于新能源领域。电动汽车在使用过程中两个重要环节都涉及电能变换，一是电池充电环节，将交流电变换为直流电；二是电动机驱动环节，将直流电变换为交流电（变频驱动），其中也用到大量磁性器件，包括电抗器、共模滤波器和高频变压器等，同样存在效率和电磁兼容问题。

在光伏逆变器、风电变流器、电池充电器和电机驱动器四大类电能变换装置中，共模滤波器和电抗器是必备磁性器件，而高频变压器主要用于电池充电器。如前所述，采用纳米晶软磁合金超薄带的共模电感具有滤波效果好、体积小和温升低等突出优点，已经在该领域国内外主流产品中逐步推广应用。纳米晶高频变压器在电池充电器中的应用还在起步阶段，目前小功率直流充电桩（小于 15 kW）普遍选用铁氧体变压器，大功率直流充电站基本以小功率电源作为模块组合而成。对电动汽车而言，快充是发展趋势，直流充电桩单体模块的功率将随之增大，纳米晶高频变压器在大功率下的优势更为明显，将逐步替代铁氧体。

2.3.4 纳米晶软磁合金在无线充电领域的应用方兴未艾

无线充电系统的主要构成部分是发射端和接收端，线圈和导磁材料是发射端和接收端最重要的功率器件。目前的电磁感应式无线充电标准频率普遍在 100 kHz~200 kHz，而下一代的磁共振式充电标准频率则提高到 6.78 MHz。无线充电模组对导磁材料的要求是高磁导率，因为在高频下的高磁导率还可以实现以最少的线圈匝数获得最佳的电感匹配，降低线圈的电阻、降低对外界环境的电磁辐射，同时要求磁性材料具有更低的损耗，以实现充电效率的最大化。外观上要求厚度更薄以满足手机等消费电子产品日益薄型化的发展趋势。纳米晶软磁合金由于其磁性能的广泛可调性，通过特殊的处理，可有效提高磁导率、降低损耗，采用纳米晶软磁合金薄带制造的导磁片同时满足薄型化和柔性的要求。因此，纳米晶合金是目前最优的无线充电导磁材料。

无线充电技术的应用范围从手机开始，现已逐渐发展到智能穿戴、家具行业和公共场合的主要基础设施。根据市场研究公司 HIS 的调查统计结果，2016 年新增无线充电设备 1.6 亿组、2017 年新增 3 亿组、2018 年新增 6 亿组、2024 年预计新增量将超过 20 亿组。随着无线充电技术的逐渐成熟，应用将从手机等消费电子产品扩展至医疗、汽车和工业等应用，尤其是电动汽车无线充电技术备受青睐，各大汽车公司及汽车零配件厂商高度重视，纷纷投入无线充电技术和产品的研发，旨在突破电动汽车充电瓶颈。

3 纳米晶软磁合金的应用发展趋势

全球终端能源消费结构中，电能所占比例逐年增加，预计到 2040 年将达到 60%[45]。电能在终端能源消费结构中所占比例的增加，反映了电能替代煤炭、石油、天然气等其他能源的比例逐年增加。电能是清洁、高效、便利的终端能源载体，在大力推进低碳发展，大规模开发可再生能源，积极应对气候变化的全球发展趋势下，提高电能占终端能源消费比例已成为世界各国的普遍选择。

3.1 半导体开关器件的应用发展趋势

电能在从发电厂到终端用户的传输和使用过程中，需要经过多种变换、控制及管理，功率电子技术在这一过程中起到了至关重要的作用。在功率电子器件中，半导体开关功率器件和软磁材料是实现电能变换、控制及管理的核心必要部件，其效率直接决定电能的利用效率。图 5 从开关频率和功率的维度示出了典型半导体开关器件和功率电子技术应用的领域，其发展趋势是从低频、小功率向高频、大功率发展，尤其在过去 20 年中，以 SiC 为代表的宽带隙半导体开关器件的发展取得了长足的进步，并且实现商业化应用。表 3 列出来 Si、GaAs 和 SiC(4H)半导体开关器件的主要性能参数对比[46]，SiC 半导体开关器件的最大特点是在高频大功率、高温领域应有具有明显的优势，为电力电子技术向高压大功率发展提供

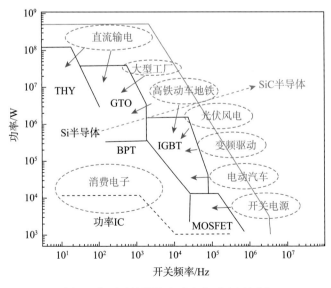

图 5　典型开关器件和功率电子应用领域

表 3   Si、GaAs 和 SiC(4H)半导体开关器件的主要性能参数对比

主要参数	Si	GaAs	SiC(4H)
带隙/eV	1.12	1.43	3.26
电子迁移率/$cm^2 \cdot (V \cdot s)^{-1}$	1350	8000	1000
击穿电场/$MV \cdot cm^{-1}$	0.3	0.4	3.0
饱和电子速度/$cm \cdot s^{-1}$	1×10^7	1×10^7	2×10^7
热导率/$W \cdot (cm \cdot K)^{-1}$	1.5	0.5	4.9

了良好机遇[47]。但是，SiC 半导体开关器件在极限使用条件下也存在一些缺点，例如：耐压最高达到 1700 V，限制了在更高电压条件下的使用；SiC 半导体开关器件本身可以在高温下使用，但是在高温环境下与之配套的其他器件也要满足高温环境使用条件。

3.2   纳米晶软磁合金的应用发展趋势

纳米晶软磁合金作为新一代软磁材料，同时具有高饱和磁感应强度、高磁导率、高电阻和低损耗。纳米晶软磁合金材料的发展方向是开发高饱和磁感纳米晶材料体系及其高效的纳米晶化技术，纳米晶软磁合金制备技术的发展方向是开发纳米晶超宽超薄带制造装备、技术与工艺。近年来发展起来的第四代纳米晶带材制造技术突破了厚度达到 15 μm 以下、宽度达到 170 mm 以上的纳米晶超宽超薄制造技术，为高频大功率应用奠定了良好的基础。

纳米晶软磁合金的应用发展趋势是高频大功率器件开发和应用。按照目前 SiC 半导体开关功率器件的进展情况，开发功率范围在几百千瓦到几兆瓦、工作频率在 10 kHz 到 100 kHz 的应用具有很高的价值和很好的前景。对应这一功率、频率范围的应用有：在输配电领域，柔性直流输配电配电侧的应用，例如电子变压器及微网应用等；在新能源领域，光伏、风电电能变换及微网应用，储能技术及应用，电动汽车无线充电等；在交通领域，高铁、动车、地铁的辅助电源及充电系统。这些高频大功率的应用可行，但是对于高压大功率应用，例如高压直流输电的网测应用、高铁动车的牵引变压器等，尚需解决一系列问题，相信随着技术的进步和交叉学科的发展，纳米晶软磁合金的应用将由高频、大功率扩展到高频、高压、大功率。

参考文献

[1]   Yoshizawa Y, Oguma S, Yamauchi K. New Fe-based soft magnetic alloys composed of ultrafine grain structure[J]. J. Appl. Phys., 1988, 64(10): 6044-6046.

[2]   Suzuki K, Kataoka N, Inoue A, et al. High saturation magnetization and soft magnetic properties of bcc Fe-Zr-B alloys with ultrafine grain structure[J]. Mater. Trans. JIM, 1990, 31(8): 743-746.

[3]   Suzuki K, Makino A, Inoue A, et al. Low core losses of nanocrystalline Fe-M-B (M=Zr, Hf, or Nb) alloys[J]. J. Appl. Phys., 1993, 74: 3316-3322.

[4]   Willard M A, Laughlin D E, Mchenry M E. Structure and magnetic properties of $(Fe_{0.5}Co_{0.5})_{88}Zr_7B_4Cu_1$ nanocrystalline alloys[J]. J. Appl. Phys., 1998, 84: 6773-6777.

[5]   Hono K, Hiraga K, Wang Q, et al. The microstructure evolution of a $Fe_{73.5}Si_{13.5}B_9Nb_3Cu_1$ nanocrystallines of magnetic material[J]. Acta Metall. Mater., 1992, 40(9): 2137-2147.

[6] Hono K, Ping D H, Ohnuma M, et al. Cu clustering and Si partitioning in the early crystallization stage of an $Fe_{73.5}Si_{13.5}B_9Nb_3Cu_1$ amorphous alloy[J]. Acta Mater., 1999, 47(3): 997-1006.

[7] Hono K, Inoue A, Sakurai T. Atom probe analysis of $Fe_{73.5}Si_{13.5}B_9Nb_3Cu_1$ nanocrystalline soft magnetic material[J]. Appl. Phys. Lett., 1991, 58: 2180-2182.

[8] Hono K, Li J L, Inoue A, et al. Atom probe study of the crystallization process of an $Fe_{73.5}Si_{13.5}B_9Nb_3Cu_1$ amorphous alloy[J]. Appl. Surf. Sci., 1993, 67: 398-406.

[9] Pundt A, Hampel G, Hesse J. Mössbauer effect studies on amorphous and nanocrystalline $Fe_{73.5}Cu_1Nb_3Si_{13.5}B_9$[J]. Z. Phys. B, 1992, 87: 65-72.

[10] Ayers J D, Harris V G, Sprague J A, et al. On the formation of nanocrystals in the soft magnetic alloy $Fe_{73.5}Cu_1Nb_3Si_{13.5}B_9$[J]. Acta Mater., 1998, 46(6): 1861-1874.

[11] Herzer G. Grain structure and magnetism of nanocrystalline ferromagnets[J]. IEEE Trans. Mag., 1989, 25(5): 3327-3329.

[12] Herzer G. Grain size dependence of coercivity and permeability in nanocrystalline ferromagnets[J]. IEEE Trans. Mag.,1990, 26(5): 1397-1402.

[13] Makino A, Suzuki K, Inoue A, et al. Magnetic properties and microstructure of nanocrystalline bcc Fe-M-B (M = Zr, Hf, Nb) alloys[J]. J. Magn. Magn. Mater., 1994, 133(1-3): 329-333.

[14] Makino A, Bitoh T, Inoue A, et al. Nb-Poor Fe-Nb-B nanocrystalline soft magnetic alloys with small amount of P and Cu prepared by melt-spinning in air[J]. Script. Mater., 2003, 48: 869-874.

[15] Makino A, Bitoh T. As-quenched and nanocrystallized structure for Nb-poor Fe-Nb-B-P-Cu soft magnetic alloys melt spun in air[J]. J. Appl. Phys., 2003, 93(10): 6522-6524.

[16] Sharma P, Zhang X, Zhang Y, et al. Competition driven nanocrystallization in high B_s and low coreloss Fe-Si-B-P-Cu soft magnetic alloys[J]. Script. Mater., 2015, 95: 3-6.

[17] Makino A. Nanocrystalline soft magnetic Fe-Si-B-P-Cu alloys with high of 1.8–1.9 T contributable to energy saving[J]. IEEE Trans. Magn., 2012, 48(4): 1331-1335.

[18] Zhang Z Q, Sharma P, Makino A. Role of Si in high B_s and low core-loss $Fe_{85.2}B_{10-x}P_4Cu_{0.8}Si_x$ nano-crystalline alloys[J]. J. Appl. Phys., 2012, 112: 103902.

[19] Kulik T, Horubala T, Matyja H. Flash annealing nanocrystallization of Fe-Si-B-based glasses[J]. Mat. Sci. Eng. A, 1992, 157(1): 107-112.

[20] Takenaka K, Setyawan A D, Sharma P, et al. Industrialization of nanocrystalline Fe-Si-B-P-Cu alloys for high magnetic flux density cores[J]. J. Magn, Magn. Mater., 2016, 401: 479-483.

[21] Setyawan A D, Takenaka K, Sharma P, et al. Magnetic properties of 120-mm wide ribbons of high B_s and low core-loss NANOMET® alloy[J]. J. Appl. Phys., 2015, 117: 17B715.

[22] Ohta M, Yoshizawa Y. Cu addition effect on soft magnetic properties in Fe-Si-B alloy system[J]. J. Appl. Phys., 2008, 103: 07E722.

[23] Ohta M, Yoshizawa Y. Magnetic properties of high-B_s Fe-Cu-Si-B nanocrystalline soft magnetic alloys[J]. J. Magn. Magn. Mater., 2008, 320: e750-753.

[24] Ohta M, Yoshizawa Y. Effect of heating rate on soft magnetic properties in nanocrystalline $Fe_{80.5}Cu_{1.5}Si_4B_{14}$ and $Fe_{82}Cu_1Nb_1Si_4B_{12}$ Alloys[J]. Appl. Phys. Express, 2009, 2(2): 023005.

[25] Ohta M, Yoshizawa Y. High B_s nanocrystalline $Fe_{84-x-y}Cu_xNb_ySi_4B_{12}$ alloys ($x = 0.0–1.4$, $y = 0.0–2.5$)[J]. J.

Magn. Magn. Mater., 2009, 321: 2220-2224.

[26] Ohta M, Yoshizawa Y, Takezawa M, et al. Effect of surface microstructure on magnetization process in $Fe_{80.5}Cu_{1.5}Si_4B_{14}$ nanocrystalline alloy[J]. IEEE Trans. Magn., 2010, 46(2): 203-206.

[27] Güneş T. Novel method for construction of high performance nanocrystalline FeCuNbSiB toroidal core[J]. J. Alloy Compd., 2019, 804: 494-502.

[28] Parsons R, Li Z, Suzuki K. Nanocrystalline soft magnetic materials with a saturation magnetization greater than 2 T[J]. J. Magn. Magn. Mater., 2019, 485:180-186.

[29] Anestiev L A. An analysis of the dependence between the ribbon dimensions and the technological parameters for the planar flow casting method[J]. Mater. Sci. Eng. A, 1991, 131(1): 115-121.

[30] Carpenter J K, Steen P H. Planar-flow spin-casting of molten metals: process behaviour[J]. J. Mater. Sci., 1992, 27: 215-225.

[31] Sung J K, Kim M C, Park C G, et al. Theoretical expectation of strip thickness in planar flow casting process[J]. Mater. Sci. Eng. A, 1994, 181/182: 1237-1242.

[32] Li D R, Zhuang J H, Liu T C, et al. The pressure loss and ribbon thickness prediction in gap controlled planar-flow casting process[J]. J. Mater. Process. Techn., 2011, 211(11): 1764-1767.

[33] Barbisio E, Fiorillo F, Ragusa C. Predicting loss in magnetic steels under arbitrary induction waveform and with minor hysteresis loops[J]. IEEE Trans., Magn., 2004, 40(4): 1810-1819.

[34] Willard M A, Francavilla T, Harris V G. Core-loss analysis of an (Fe, Co, Ni)-based nanocrystalline soft magnetic alloy[J]. J. Appl. Phys., 2005, 97(10): 10F502.

[35] Li Z, Yao K F, Li D R, et al. Core loss analysis of Finemet type nanocrystalline alloy ribbon with different thickness[J]. Prog. Nat. Sci: Mater. Int., 2017, 27: 588-592.

[36] 安泰科技股份有限公司. 非晶纳米晶合金　第 2 部分: 铁基纳米晶软磁合金带材: GB/T 19345.2—2017[S]. 北京: 中国标准出版社, 2017.

[37] 安泰科技股份有限公司. 非晶纳米晶合金测试方法　第 1 部分: 环形试样交流磁性能: GB/T 19346.1—2017[S]. 北京: 中国标准出版社, 2017.

[38] 安泰科技股份有限公司. 非晶纳米晶合金测试方法　第 2 部分: 带材叠片系数: GB/T 19346.2—2017[S]. 北京: 中国标准出版社, 2017.

[39] Kraus L, Zaveta K, Heczko O, et al. Magnetic anisotropy in as-quenched and stress-annealed amorphous and nanocrystalline $Fe_{73.5}Cu_1Nb_3Si_{13.5}B_9$ alloys[J]. J. Magn. Magn. Mater., 1992, 112(1-3): 275-277.

[40] Murillo N, González J, Blanco J M, et al. Stress induced anisotropy and temperature dependence of the magnetostriction in $Fe_{73.5}Cu_1Nb_3Si_{13.5}B_9$ amorphous alloy[J]. J. Appl. Phys., 1993, 74: 3323-3327.

[41] Herzer G. Creep induced magnetic anisotropy in nanocrystalline Fe-Cu-Nb-Si-B alloys[J]. IEEE Trans. Magn., 1994, 30(6): 4800-4802.

[42] Hofmann B, Kronmuller H. Creep induced magnetic anisotropy in nanocrystalline $Fe_{73.5}Cu_1Nb_3Si_{13.5}B_9$[J]. Nanostruct. Mater., 1995, 6: 961-964.

[43] Varga L K, Gercsi Z S, Kovacs G Y, et al. Stress-induced magnetic anisotropy in nanocrystalline alloys[J]. J. Magn. Magn. Mater., 2003, 254-255: 477-479.

[44] Wang X Y, Lu Z C, Lu C W, et al. Fe-based nanocrystalline powder cores with ultra-low core loss[J]. J. Magn. Magn. Mater.,2013, 347: 1-3.

[45] International Energy Agency (IEA), World Energy Outlook Report for 2016.

[46] Takahishi K, Yoshikawa A, Sandhu A. Wide bandgap semiconductors: fundamental properties and modern photonic and electronic devices[M]. Berlin: Springer-Verlag, 2007.

[47] Roccaforte F, Fiorenza P, Greco G, et al. Emerging trends in wide band gap semiconductors (SiC and GaN) technology for power devices[J]. Microelectronic Eng., 2018, 187-188: 66-77.

铌在锂离子电池技术中的应用：
负极、正极和固态电解质材料视角

Robson Monteiro，Luanna Parreira，Rogerio Ribas

（巴西矿冶公司，巴西阿拉莎，38103-903）

摘 要： 最新一代的先进锂离子电池材料正在使用铌来解决安全、大功率、快速充电能力、更持久耐用性以及更低成本等尚未解决的挑战。五氧化二铌（Nb_2O_5）及其衍生的铌酸盐化合物（$TiNb_2O_7$、$Nb_{16}W_5O_{55}$ 等）拥有显著改善的倍率性能、安全性和循环稳定性，是替代石墨负极的活性材料之一。通过提高稳定性、降低阻抗和减少阳离子混排，以及抑制高温降解，铌掺杂和包覆能够改善高镍、富锂和富锰正极材料的结构、电化学和热性能。铌还有助于开发具有阳离子无序岩盐结构的无钴和无镍正极，如 Fe^{3+}、V^{3+} 和 Mo^{3+} 离子在 Nb^{5+} 和 Li^+ 位上置换的 Li_3NbO_4 基材料，其容量高达 300 mA·h/g。在全固态电池的开发中，$LiNbO_3$ 保护性包覆层在电极和固态电解质界面工程中发挥着越来越大的作用，缓解了阻抗积聚以及导致惰性 SEI 层形成和电解质降解的不利化学反应。因此，本文以综述形式，对使用铌来促进这些电池材料组分的发展进行了讨论。

关键词： 铌；锂离子电池；正极材料；负极材料；固态电解质；安全；大功率；快速充放；循环稳定性

Robson Monteiro 先生

1 引言

本文将从材料角度来描述利用铌推动新一代锂离子电池材料的发展。电池技术快速推动着的人类出行电气化，为了维持其持续增长和市场需求，大量的研究和开发活动正在进行，以寻求新的电池材料化学物质。铌有望成为一种颠覆性的元素，满足更高能量密度、快速充电能力、更长的耐久性和更安全电池的各种要求。

在储能和转换材料使用的许多过渡金属元素中，铌（Nb）因其多价态（–1 ~ +5 价）而具有丰富多样的物理化学特性，因此日益受到关注。在铌氧化合物中，五氧化二铌(Nb_2O_5)是研究最多的一种，其体系非常复杂，存在许多化学计量和非化学计量相，其中一些还具有一定程度的多态和亚稳态特征[1-2]，如图1所示。这些特征产生了可调控的结构基元和电子特性，使得锂离子电池、混合电容器、多层陶瓷电容器（MLCC）和氢燃料电池装置中的无数应用成为可能，这些装置已经达到商业化规模或处于开发的后期[3-5]。

铌在锂离子电池材料的几种应用中，五氧化二铌（Nb_2O_5）作为一种锂离子插层负极材料，具有电化学活性，能够在非常高的输入和输出功率下运行，具有出色的循环耐久性和卓越的安全性。在正极材料的组成中，铌作为一种掺杂和包覆元素正获得工业应用，用于增强许多现有和正在开发的大容量正极材料的结构、电化学和热性能。通过改善固态电解质的性能和设计电极与固态电解质的界面，促进 Li^+ 离子的传输并尽量减少阻抗增加，铌在固态电池的发展中也发挥着重要作用。

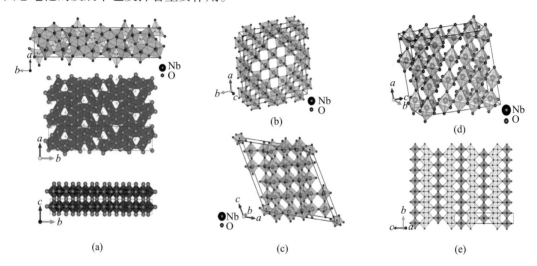

图 1　五氧化二铌（Nb_2O_5）和非化学计量比剪切结构化合物（$Nb_{12}O_{29}$）的多态结构[1]
（a）正交 T-Nb_2O_5；（b）四方 M-Nb_2O_5；（c）单斜 H-Nb_2O_5；（d）单斜 $Nb_{12}O_{29}$；（e）淡蓝 NbO_6

2　铌元素在负极（阳极）材料中的应用

因具有理论比容量高（约 372 mA·h/g）、成本低、循环寿命长的优势，石墨已成为目前使用最多的锂离子插层负极材料。然而，由于石墨工作电位较低(< 0.2 V，相对 Li/Li^+)，导致电解质的还原和锂枝晶的形成，存在严重的安全问题，限制了石墨基电池在高倍率下工作的能力[6]。任何提高石墨负极倍率性能的尝试都会加速电池退化、短路和温度失控。因此，开发具有更高可逆容量、倍率性能和循环稳定性的可替代性和更安全的负极材料至关重要。

2.1　五氧化二铌

作为锂离子插层电极材料，五氧化铌对 Li/Li^+ 的电压窗口为+2.0 ~ +1.0 V，具有很高的倍率和能量容量，$Nb_2O_5 + xLi^+ + xe^- \rightleftharpoons Li_xNb_2O_5$，其中 $x=2$ 时，容量最大。由于不会形成 SEI 层、锂镀层和枝晶生长，这种工作电压使五氧化二铌负极相对于石墨具有固有的安全裕度。Nb_2O_5 的理论能量容量约为 200 mA·h/g[7]。

不同晶型 Nb_2O_5 的容量和倍率性能与它们的体相晶体结构特性存在着内在联系。TT- 和 T-Nb_2O_5 是高容量、高倍率材料，性能优于高容量、低倍率 H-Nb_2O_5 和低容量 B-Nb_2O_5 结构[8]，如图 2 所示。多态性导致框架结构的差异，对于 T-Nb_2O_5 的特定情况，NbO_6 和 NbO_7 多面体的基本单元提供了稳定的体相结构，这种结构被称为"房-柱"式，它是一个桥氧"支柱"和 O-Nb 多面体的自支撑交替层，层间距离约为 4×10^{-10} m。这种排列创造了一个二维网络空间和低阻的锂离子扩散传输路径。

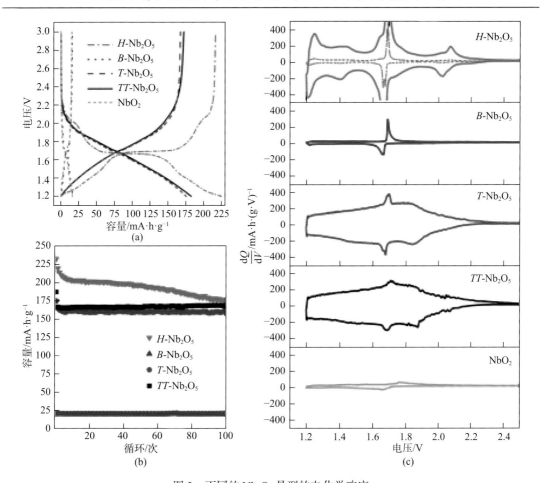

图 2 不同的 Nb_2O_5 晶型的电化学响应

（a）在 C/10 的倍率下获得的恒电流放电/充电曲线；（b）在 1 C（T，TT）或 C/10 下的循环性能测试；
（c）从放电/充电曲线得出的微分容量图

锂离子在氧化铌（T-Nb_2O_5）正交结构中的嵌入也表现出赝电容行为，这与它的高倍率性能有关[9-10]。由于电势（E）的变化与电荷（Q）呈线性关系，电荷储存机制不受固态锂离子扩散的限制。在 10C 倍率下获得了高达 130 mA·h/g 的能量容量，这代表了典型的电池材料容量，但其倍率更接近于超级电容器[11]。图 3 显示的是 40 μm 厚（1 mg/cm^2）的 T-Nb_2O_5 电极与市面上 $Li_4Ti_5O_{12}$（LTO）（一种高倍率锂离子负极材料）的电化学循环比较。在 30C 以上的倍率条件下，T-Nb_2O_5 的倍率性能明显优于 LTO，甚至在 1000C 的倍率下，厚 T-Nb_2O_5 电极的容量也高达 40 mA·h/g。这种性能意味着 T-Nb_2O_5 的晶体结构支持极快的离子传输[12]。

2.2 碱金属和过渡金属铌酸盐

除了 Nb_2O_5，还有许多铌基氧化物被考虑用作锂离子电池的负极材料，特别是碱金属和过渡金属铌酸盐[13-16]。基于 Nb^{5+}/Nb^{4+} 和 Nb^{4+}/Nb^{3+} 两对铌氧化还原电偶(1.0~1.7 V，相对 Li^+/Li)的斜方六面体 $LiNbO_3$，具有 363 mA·h/g 的理论容量，表现出良好的容量和倍率性能。在 500 次循环后，在 1.6C 倍率下的可逆容量是 250 mA·h/g，容量保持率高达 90%。在更高的 27C 倍率下，释放出的容量高达 150 mA·h/g[17]。单晶 $LiNb_3O_8$（一种具有层状结构的 $LiNbO_3$

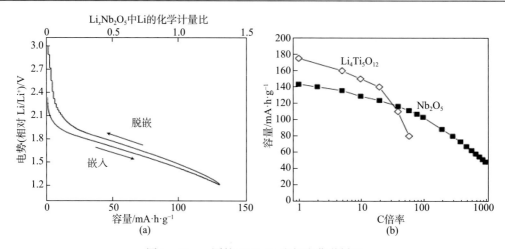

图3　40 μm 厚的 T-Nb_2O_5 电极电化学循环

（a）厚 Nb_2O_5 电极在 10C 倍率下的恒电流循环；（b） T-Nb_2O_5 与
高倍率 $Li_4Ti_5O_{12}$ 负极在不同 C 倍率下的倍率性能比较[11]

多晶变体）、钾（$KNbO_3$、KNb_5O_{13}）和钠（$NaNbO_3$）铌酸盐也已被开发为可逆的锂插层材料，容量在 160~240 mA·h/g 之间[18]。

在过渡金属（TM）铌酸盐中，Ti 和 W 的铌酸盐是最近开发且日益受到关注的高容量负极材料[19-22]。钛-铌氧化合物（TNO）通式为 $Ti_2Nb_{2x}O_{4+5x}$，因其高储锂能力和安全的锂化电势，已被用作负极材料。一些作者已经指出了它们的优点，概括如下：

（1）由于每个铌原子有两个电子转移（$Nb^{5+} \rightleftharpoons Nb^{3+}$），每个钛原子有一个电子转移（$Ti^{4+} \rightleftharpoons Ti^{3+}$），$TiNb_2O_7$（$x=2$）、$Ti_2Nb_{10}O_{29}$（$x=5$）和 $TiNb_{24}O_{62}$（$x=24$）的理论容量很高，分别为 388 mA·h/g、396 mA·h/g 和 402 mA·h/g，这比石墨（372 mA·h/g）和二氧化钛（335 mA·h/g）高得多，比市面上的 $Li_4Ti_5O_{12}$（LTO）（175 mA·h/g）高 1 倍以上（表1）；

（2）Nb^{5+}/Nb^{4+}、Nb^{4+}/Nb^{3+} 和 Ti^{4+}/Ti^{3+} 氧化还原电偶的安全工作电势在 1.0~2.0 V 之间；

表1　负极活性材料 $TiNb_2O_7$（TNO）（又名 Nb_2TiO_7（NTO））的物理化学和电化学特性
（与石墨和其他负极材料技术的比较）

负极材料	LTO	TiO_2(B)	Nb_2TiO_7(NTO)	石墨
	尖晶石	单斜	单斜	六方
晶体结构				
氧化还原电偶	Ti^{4+}/Ti^{3+}	Ti^{4+}/Ti^{3+}	Ti^{4+}/Ti^{3+} Nb^{5+}/Nb^{3+}	C_6/C_6^-
密度/g·cm⁻³	3.41	3.73	4.34	2.25
容量*/mA·h·g⁻¹	170	335	387	372
容量*/mA·h·cm⁻¹	580	1250	1680 ⟷	837
电势(相对 Li)/V	1.55	1.6	1.6	0.2

*理论容量。

（3）具有高结构稳定性的单斜剪切 ReO$_3$ 型结构；

（4）赝电容行为，其提高了比容量、倍率性能和循环稳定性。

人们报道了一种由炭包覆的微米 TiNb$_2$O$_7$（TNO）颗粒作为负极材料，容量为 49 A·h 的 LiNi$_{0.6}$Co$_{0.2}$Mn$_{0.2}$O$_2$（NMC）作为正极材料的实用全电池，证明了 TNO 负极技术在汽车行业应用的可行性[23]。TNO/NMC 电池显示出 350 W·h/L 的高体积能量密度，在 50% 的充电状态（SOC）下，以 10 kW/L 的高输入功率密度充电 10 s，并且在不到 6 min 内从 0 快速充电到 90% 的 SOC（图 4）。在 1C 倍率下完全充放电循环 7000 次后的容量保持率为 86%。在容量保持率为 80% 情况下，这种构型电池的预测循环寿命为 14000 次。

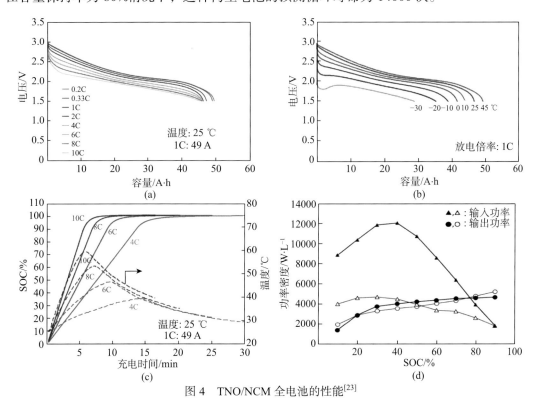

图 4　TNO/NCM 全电池的性能[23]

（a）各种放电倍率下的放电电压曲线；（b）各种温度下的放电电压曲线；（c）充电倍率对 SOC 和电池温度的影响；（d）TNO/NMC 和 LTO/NMC 电池的输入和输出功率密度

铌钨氧化物（NWO）化合物是另一类已开发的铌基负极材料，具有多电子 4d Nb^{5+} 和 5d W^{6+} 氧化还原中心，能够以非常高的倍率吸收大量 Li$^+$ 离子[24-25]。通过探索角边共享的 NbO$_6$ 和 WO$_6$ 八面体构件单元的连接组合，已披露两种 NWO 组成——Nb$_{16}$W$_5$O$_{55}$ 和 Nb$_{18}$W$_{16}$O$_{93}$（图 5），其结构基元能够带来极高的体积能量密度和倍率。Nb$_{16}$W$_5$O$_{55}$ 呈现出单斜结构，具有晶体剪切面，平均工作电压为 1.57 V。倍率性能测评显示，在 C/5、5C 和 20C 下，1.3Li$^+$/TM、1.0Li$^+$/TM 和 0.86Li$^+$/TM 可实现可逆插层，比容量分别为 225 mA·h/g（C/5）、171 mA·h/g（5C）和 148 mA·h/g（20C）。在高达 10C 和 20C 倍率下的循环稳定性显示，1000 次循环后容量保持率超过 95%。Nb$_{18}$W$_{16}$O$_{93}$ 则呈现正交结构，具有钨青铜四边形超结构，工作平均电压为 1.67 V。其表现出优异的电化学性能，20C 时的比容量为 150 mA·h/g，60C 时为 105 mA·h/g，100C 时为 70 mA·h/g（图 6）。

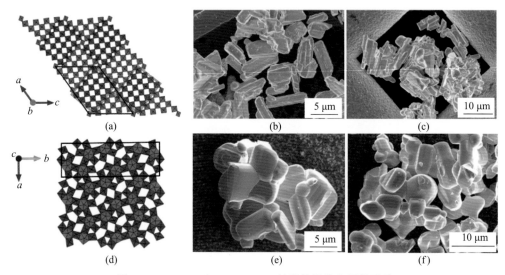

图 5　$Nb_{16}W_5O_{55}$ 和 $Nb_{18}W_{16}O_{93}$ 的晶体结构和颗粒形貌

（a）～（c）$Nb_{16}W_5O_{55}$ 由 $4\times5(Nb,W)O_6$ 八面体的块（红色矩形）构成，相邻块体形成结晶剪切面。$(Nb,W)O_4$ 四面体连接块的角。其中（a）为结构的 b 方向向下看；（b）（c）为微米级颗粒的电子图像。（d）～（f）$Nb_{18}W_{16}O_{93}$ 是四边形钨青铜（蓝色）的超晶格结构，其五边形隧道（灰色）部分被—W—O—链填充，形成五边形双锥体。其中（d）为从 c 方向向下看的视图，描绘了各种隧道；（e）（f）为电子图像。在（a）和（d）中，黑框表示单胞[24]

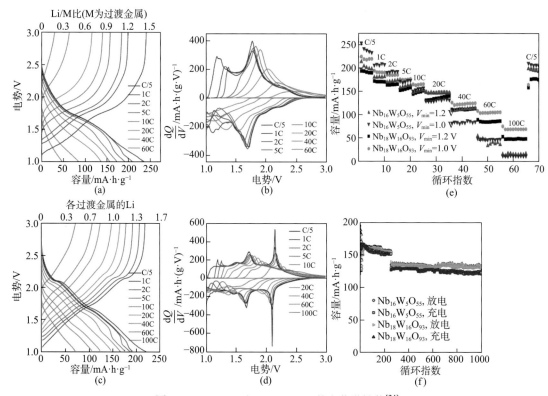

图 6　$Nb_{16}W_5O_{55}$ 和 $Nb_{18}W_{16}O_{93}$ 的电化学性能[24]

（a）～（d）体相 $Nb_{16}W_5O_{55}$（（a）（b））和 $Nb_{18}W_{16}O_{93}$（（c）（d））从 C/5 直到 100C 的恒电流放电和充电曲线以及 dQ/dV 图（Q 为容量，V 为电压）；（e）基于重量容量的倍率性能汇总；（f）在 10C 下进行 250 次循环，然后在 20C 下进行 750 次循环的高倍率循环

在对应于几个小时到几十秒放电时间的电流密度下，对活性质量负荷为 2~3 mg/cm 的大颗粒致密电极进行了测试。$Nb_{16}W_5O_{55}$ 在充电顶端进行了一个 1 h 的恒电压步骤，确保在放电时有一个可比性起点；$Nb_{18}W_{16}O_{93}$ 在所有测量中均没有这个保持步骤进行循环，并在 60C（即不到 60 s）下储存超过 100 mA·h/g。在 10C 和 20C 和恒定电流下，对两种氧化物进行了 1000 次的高倍率循环，且无恒压步骤。

T-Nb_2O_5、TNO 和 NWO 铌基负极材料的理论晶体密度分别为 4.47 g/cm^3、4.93 g/cm^3 和 5.08 g/cm^3，其体积能量密度远高于石墨，后者的理论晶体密度为 2.26 g/cm^3。TNO 的体积能量密度是迄今所有这些负极材料中最高的，达到 1910 A·h/L，其次是 NWO，达到 1143 A·h/L，T-Nb_2O_5 达到 894 A·h/L，最后是石墨，为 840 A·h/L。作为参考，LTO 是市面上的一种高倍率负极材料，理论晶体密度为 3.43 g/cm^3，而体积能量密度仅为 600 A·h/L。

随着 TNO 和 NOW 负极材料的成功开发，人们开始重新探索其他潜在的高倍率金属铌酸盐，例如 $AlNb_{11}O_{29}$（266 mA·h/g）[26]、$NiNb_2O_6$（244 mA·h/g）[27]、$Ni_2Nb_{34}O_{87}$（239 mA·h/g）[28]和 $NaNb_{13}O_{33}$（224 mA·h/g）[29]。极高的倍率、更高的体积能量密度、长循环耐久性和更高安全性能相结合，使铌基负极材料在电动汽车、重型机械、电力密集型工业以及消费设备等领域具有广阔的应用前景。

3   铌在正极（阴极）材料中的应用

掺杂和包覆是改善正极材料结构、电化学、热和安全性能的常用策略。过渡金属掺杂的好处包括：替代移动的金属离子并阻碍它们迁移到 Li 层，通过增加 TM 和氧键强度以减少循环时的氧气释放和体积膨胀。包覆反过来有助于减轻活性材料与电解质溶液的反应性、界面阻抗增长和由于正极表面上的残留锂而导致的气体逸出[30]。

作为掺杂和包覆元素，铌在不同正极材料化学配方中日益受到关注，例如 LMO、LCO、NCA、NMC 和 LMFP 配方。由于 Mn^{2+} 溶解和 Mn^{3+} 离子的 Jahn-Teller 结构形变（从立方相到四方相的结晶转变），高倍率和安全的 LMO 尖晶石型结构在循环时遭受存储容量衰减的问题。LMO 与电解质的反应性会引发 Mn^{2+} 溶解，在电解质中形成的强酸（例如 HF）导致 Mn^{2+} 离子从 LMO 结构中浸出。氧化铌和衍生化合物（例如铌酸锂（$LiNbO_3$ 和 Li_3NbO_4））对强酸有很强的抵御力，因此作为非常有效的包覆层，可以防止 Mn 溶解[31]。此外，这些铌基化合物也是优异的 Li^+ 离子导体，并且已经观察到能够降低 $LiMn_2O_4$ 正极的电荷转移电阻、表观活化能和表观扩散活化能。相比无包覆的 LMO，铌包覆的 LMO 在倍率性能和高温循环稳定性方面表现更好。

3.1   高镍正极活性材料

层状锂离子过渡金属氧化物正极材料（LNO、NCA 和 NCMs）同样受益于在其体相和表面结构中加入铌。众所周知，高镍正极循环稳定性差的原因是由于在充电过程中正极脱锂时发生了结构转变/退化。当 x% 的锂离子从 $LiNiO_2$ 正极的结构中移除时，正极会发生结构相变，从菱面体（H1）（$x < 0.25$）转变为单斜体（M）（$0.25 < x < 0.55$），再到菱面体（H2）（$0.55 < x < 0.75$），最后到菱面体（H3）（$x > 0.75$）。当 H2 转变为 H3 相时，沿晶格结构的 c 轴发生剧烈收缩。这些各向异性的收缩导致正极颗粒因应力而诱发开裂，使得电解质渗透到它们的微结构中，从而引起进一步的退化[32]。为提高结构稳定性，广泛使用镍位点的原子掺杂策略。在铝、钼、钛、锆、镁、钨、钒和钴等元素中，铌被认为是最好的掺杂元素之一，可以用来防止结构退化，从而提高 $LiNiO_2$ 正极的循环稳定性[33]。

近期研究显示，铌的掺杂和包覆明显改善了高容量和高镍（镍摩尔分数≥80%）NCA 和 NMC 正极的整体性能[34-36]。在通过一步法合成的 NMC811 正极[34,37]中，通过在 400~800 ℃的温度下烧结，实现了铌包覆和掺杂的结合，相比未掺杂和无包覆的 NMC811 正极，减少了首次容量损失，提高了倍率性能，稳定了结构，延长了循环稳定性，并且提高了容量保持率（图 7）。在烧结过程中，铌与残余的锂反应，形成无定形或结晶的 $LiNbO_3$ 和 Li_3NbO_4 包覆层，使表面不含锂，从而将产气量最小化[34]。掺入铌后，过渡金属位点被 Nb^{5+} 离子取代，特别是取代 Ni^{3+}。Ni^{3+}为电荷平衡而被进一步还原为 Ni^{2+}时，其结果提高了 Li^+/Ni^{2+}阳离子混排。相比 Ni—O（392 kJ/mol）、Mn—O（402 kJ/mol）和 Co—O（368 kJ/mol）的氧键解离能，NCM 层状结构的稳定也可能与较高的 Nb—O 键解离能（753 kJ/mol）相关。

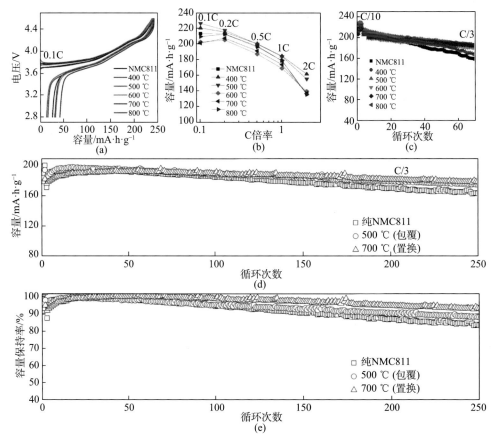

图 7　纯 NMC811 和铌改性 NMC811 在 2.8~4.6 V 电压范围内的电化学行为[37]
（a）首次充放电曲线；（b）倍率性能；（c）循环性能（前 3 个循环的倍率为 C/10）；
（d）2.8~4.4 V 循环的容量；（e）2.8~4.4 V 循环容量保持率

为进一步理解铌有效提高高镍 NCA 和 NMC 层状氧化物结构稳定性的原因，进行了深入的表征研究。结果显示，铌掺入体相晶格和/或包覆在颗粒级别的表面，强烈地改变了这些正极的颗粒形貌和微结构[35, 38]。在 NCA85（85%（摩尔分数）Ni）正极进行 1%（摩尔分数）的铌掺杂后，通过减少其尺寸和增加长宽比，影响了一次颗粒的形貌。二次团聚体的横截面显示出更小、更密集、紧密填充和辐射分布颗粒的微观结构，在晶界处发现了铌，其可以保护表面并作为结构支柱（图 8）。所有这些特性都有助于在使用石墨负极的全电池中获得更好的电化学性能。使用铌掺杂的样品（1-Nb NCA85）组装的全电池 25 ℃下循环 1000 次后的容量保持率为 90%，而未掺杂（P-NCA85）的电池只保持了其初始容量的 57.3%。在 45 ℃下循环 500 次后，1-Nb NCA85 容量保持率为 92.7%，而 P-NCA85 的容量保持率为

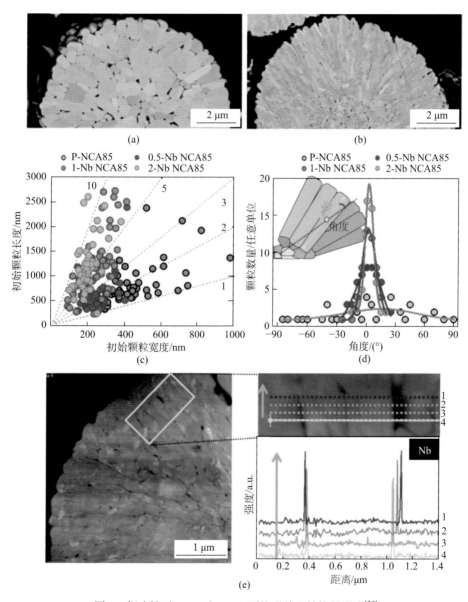

图 8　铌改性对 NMC 和 NCA 颗粒形貌和结构的影响[35]

（a）P-NCA85 正极一次颗粒横截面 SEM 图像；（b）1-Nb NCA85 正极一次颗粒横截面 SEM 图像；
（c）一次颗粒的纵横比；（d）一次颗粒的取向；（e）1-Nb NCA85 一次颗粒上铌浓度 EDS 线扫描

60.1%。在 500 次循环后，1-Nb NCA85 样品的倍率性能有所改善，直流内电阻（DCIR）也有所降低（图 9）。

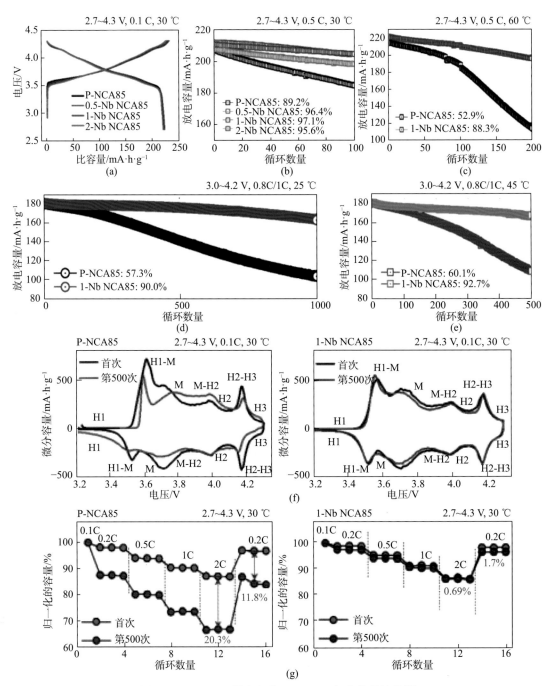

图 9　P-NCA85 和掺杂铌的 NCA85 正极电化学性能[35]

（a）首次循环的电压曲线；（b）30 ℃下搭配 Li 负极的半电池在 0.5C 时的循环性能；（c）60 ℃下搭配 Li 负极的半电池在 0.5C 时的循环性能；（d）25 ℃下搭配石墨负极的全电池在 1.0C 时的循环性能；（e）45 ℃下搭配石墨负极的全电池在 1.0C 时的循环性能；（f）P-NCA85 和 1-Nb NCA 基电池在 25 ℃时首次和第 500 次的充放电曲线；（g）P-NCA85 和 1-Nb NCA85 正极在制备状态和 500 次循环后恢复状态下的倍率性能

　　在充电状态下，Nb 掺杂的 NCA85 的结构稳定性表现得更加直观，在充放电循环中，完全脱锂的正极材料由于 H2-H3 相变引起的各向异性应变积累，更容易受到电解液的攻击，从而导致结构以微裂纹的形式退化。充电至 4.3 V 下的 1-Nb NCA85 横截面图像显示，在 1000 次循环后，铌掺杂对抑制微裂纹蔓延非常有效。掺杂铌后，颗粒的大小和形貌细化有助于保持结构完整，偏转微裂纹蔓延，消散有害应力引发的相变。反之，对于未掺杂的充电状态下的 P-NCA85，包含了横跨整个颗粒的大裂纹，并使之破碎成几个碎片（图 10）。

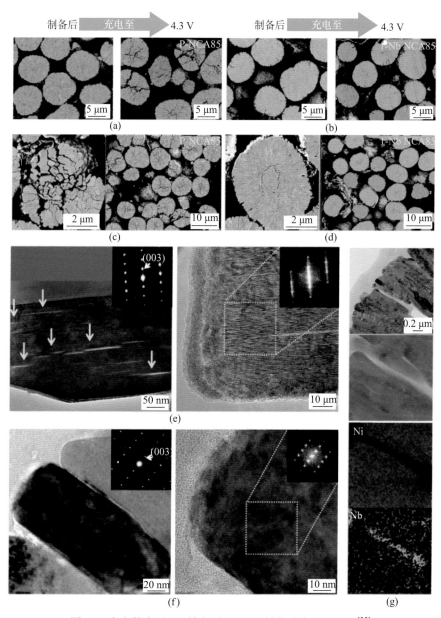

图 10　充电状态下 Nb 掺杂对 NCA85 结构稳定性的影响[35]

（a）P-NCA85 充电前后 SEM 图像；（b）1-Nb NCA85 充电前后 SEM 图像；（c）P-NCA85 在 1000 次循环后 SEM 图像；（d）1-Nb NCA85 在 1000 次循环后 SEM 图像；（e）P-NCA85 在 1000 次循环后的 TEM 图像和滤波傅里叶变换；（f）1-Nb NCA85 在 1000 次循环后的 TEM 图像和滤波傅里叶变换；（g）1-Nb NCA85 循环后镍和铌的 EDS 元素分布

这种现象与未掺杂材料在倍率性能、循环稳定性和容量衰减方面差的电化学性能直接相关[35]。对于高镍 NMC811（LiNi$_{0.8}$Co0$_{0.1}$Mn$_{0.1}$O$_2$）和 NMC85（LiNi$_{0.85}$Co$_{0.10}$Mn$_{0.05}$O$_2$）正极材料，也有关于铌掺杂如何调节一次和二次颗粒形貌和微结构的类似研究报告[38-40]。

3.2 富锂和富锰的正极活性材料

在富锂和富锰（LMR）新型高容量层状氧化物上，观察到了铌掺杂对 Li$_{1.13}$Mn$_{0.52}$Ni$_{0.26}$Co$_{0.10}$O$_2$ 正极的晶体结构、表面化学性质、循环稳定性和电化学动力学带来的积极影响[41]。第一原理密度泛函理论（DFT）计算了与过渡金属位及锂位铌掺杂有关的氧空位形成能和锂离子迁移势垒，结果显示铌优先占据锂位，形成稳定的结构并促进锂离子迁移。铌进入晶格结构，在 200 mA·h/g 的放电倍率下循环 200 次后，放电比容量和容量保持率从未掺杂样品的 117 mA·h/g 和 59.2%，分别增至 172 mA·h/g 和 78.8%。此外，还观察到对阻抗上升的抑制以及提高的锂离子扩散率和倍率性能的改善。

这些问题也可以通过在富锂锰基层状氧化物 Li$_{1.2}$Mn$_{0.54}$Ni$_{0.13}$Co$_{0.13}$O$_2$ 表面掺杂铌（Nb）和其他重离子得到解决[42]。经过验证，掺杂的离子位于靠近氧化物表面的锂层中；它们通过强大的 Nb—O 键与板层结合，并"钝化"了表面氧，增强了结构稳定性（图 11）。改性后的氧化物比容量在首次循环中达到 320 mA·h/g，在 100 次循环后仍保持了 94.5% 的容量。更为重要的是，在该过程中，平均放电电压仅下降了 136 mV。该研究结果说明了钝化表面氧对抑制体相阳离子混排的重要性，为设计高性能的富锂正极材料提供了一种有效策略。

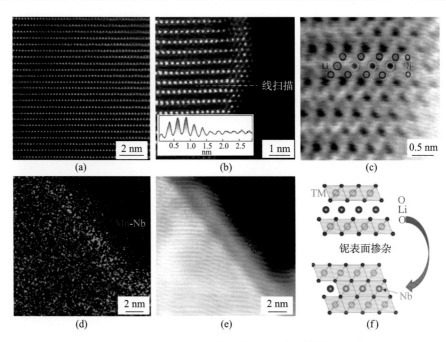

图 11　LMR-Nb 样品的 STEM 图像[42]

（a）体相的 HAADF 图像；（b）靠近表面的 HAADF 图像；（c）（b）图中表面区域的 ABF 放大图像；（d）（e）表面掺杂层所对应的 HAADF 图像的锰和铌元素分布；（f）表面掺杂过程和铌增强表面结构的示意图

3.3 阳离子无序的岩盐结构正极活性材料

另一类有希望的高容量富锂正极材料是阳离子无序岩盐结构体系（图 12）[43]。在许多潜在的成分和化学计量学比中，Li_3NbO_4基化合物由于其在 50 ℃时 300 mA·h/g 的极高可逆容量而备受关注。然而，Li_3NbO_4 被归类为阳离子有序的岩盐结构，并且由于其绝缘性（Nb^{5+} 的 $4d^0$ 构型）而在电化学上不活跃。为了诱导 Li_3NbO_4 的电子导电性，Co^{2+}、Ni^{2+}、Fe^{3+} 和 Mn^{3+} 等过渡金属可以部分替代 Nb^{5+} 和 Li^+，这些金属替代会影响铌的成簇/有序氧阵列，导致阳离子无序的岩盐相形成[44]。

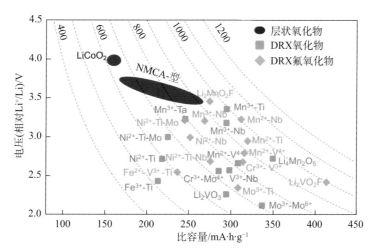

图 12　选定的铌基层状和无序岩盐正极的平均放电电压和质量容量[43]
（等高线代表质量能量密度（W·h/kg）。NMCA=NMC（Li-Ni-Mn-Co-O₂）和 NCA（Li-Ni-Co-Al-O₂））

制备的样品获得了 50~150 mA·h/g 的可逆容量，这主要是过渡金属氧化还原反应的贡献。与炭一起进行球磨，显著改善了电极性能，获得了 250~300 mA·h/g 大可逆容量，远超过渡金属的氧化还原活性极限。与他金属（钴、镍和铁）相比，锰取代的样品 $Li_{1.3}Nb_{0.3}Mn_{0.4}O_2$ 释放了最大的可逆容量，在 60 ℃的高温下，可逆容量进一步提高，达到 300 mA·h/g（图 13）[44]。

锰替代的 Li_3NbO_4 无序岩盐化合物的超额可逆容量归因于氧离子的氧化还原活性。然而，阴离子氧化还原过程受到一些问题的困扰，例如大的滞后性和充/放电过程的缓慢电极动力学。采用多电子氧化还原过渡金属，如具有无序岩盐结构的钒(V^{3+}/V^{5+})和钼(Mo^{3+}/Mo^{6+})离子的替代正极配方也处于开发中，以进一步提高正极的可逆容量和能量密度，并具有优异的锂嵌入电极动力学。据报道，结合热处理和纳米结构的 Li_3NbO_4-$LiVO_2$ ($Li_{1.25}Nb_{0.25}V_{0.5}O_2$)和 Li_3NbO_4-$LiMoO_2$($Li_{9/7}Nb_{2/7}Mo_{3/7}O_2$)二元体系分别显示出 240 mA·h/g 和 280 mA·h/g 的高可逆容量，且倍率性能也得到提高[45-46]。

4　铌在固态电池材料中的应用

全固态电池（ASSB）是锂离子电池技术的最终解决方案。其支持采用具有最高理论容量的锂金属（3860 mA·h/g）作为负极材料，因此有潜力与高容量正极活性材料适配，并在全电池层面提供最先进的能量密度。此外，由于不需要有毒和易燃的液体电解质，安全性也得到提高。然而，仍然存在一些挑战，例如选择具有高锂离子导电性的稳定固态电解质（SSE）和必要的界面工程，利用保护性的氧化物包覆层减少由 SSE 与正极或锂金属负极化学反应分解而引发的阻抗积累，从而促进 SSE 的稳定性和电池的长循环稳定性[47]。

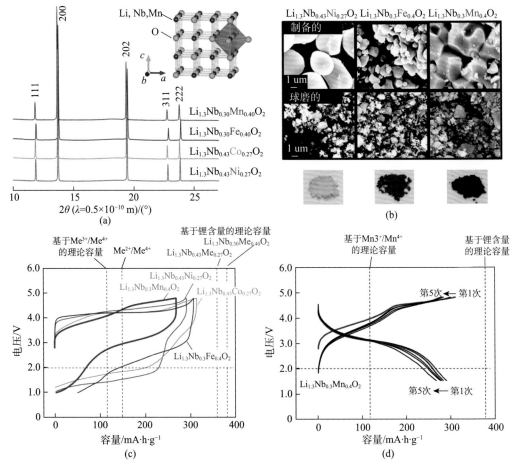

图 13　基于 Li_3NbO_4 的电极材料

（a）SXRD 谱图（插图为晶体结构示意图）[44]；（b）通过 SEM 观察到的颗粒形貌，使用 20%（质量分数）的炭制备和球磨的样品，以及不同颜色的样品粉末图片；（c）室温下，球磨样品在 1.0~4.8 V 电压范围内以 10 mA/g 的倍率在锂电池中的电极性能；（d）60 ℃下，$Li_{1.3}Nb_{0.3}Mn_{0.4}O_2$ 在 1.5~4.8 V 电压范围内以 10 mA/g 的倍率获得的电极性能

已有建议将铌酸锂（$LiNbO_3$）作为与硫化物基超离子导体固态电解质相接触的正极活性材料的有效保护涂层[48-50]。$LiNbO_3$ 是一种良好的离子导体和电子绝缘体，也可作为固态电解质使用。由于+5 价 Nb 无法被进一步氧化，因此其电化学稳定，而且 Nb—O 共价键的强度（753 kJ/mol）是已知金属-氧化物键中最强的。它的 Li^+ 离子扩散率在室温下约为 10^{-14} cm^2/s，比 $LiAlO_2$ 和 Li_2ZrO_3 替代包覆层化合物高出 100 倍以上。

据报道，包覆 $LiNbO_3$ 的 LCO、NCA 和 NMC 正极活性材料可以改善硫化物基固态电解质电池的电化学性能[50]。研究发现，无涂层的 LGPS（$Li_{10}GeP_2S_{12}$）和 LPSCl（Li_6PS_5Cl）界面不稳定性产生了与正极活性材料（CAMs）发生化学反应和电解质自身电化学分解的界面产物。在 NCA 正极和 LPSCl 电解质的特定情况下，自发的化学反应产生了界面化合物，例如 Ni_3S_4、$LiCl$、Li_3PO_4 和氧化的 LPSCl，它们导致一个绝缘的 SEI 层的形成。应用 $LiNbO_3$ 保护层可以防止 NCA 和 LPSCl 之间的化学反应，但仍然可以观察到电解质的电化学分解。然而，在首次循环中形成的自钝化层最大程度地减少了电解质的进一步分解，扩大了 LPSCl 的工作电压，并延长了 ASSB 的循环性能。

Ragone 图表明，相比其他锂离子电池技术和超级电容器，包覆 $LiNbO_3$ 的 LCO 在 LGPS、LPS（$Li_{9.6}P_3S_{12}$）和 LSiPSCl（$Li_{9.54}Si_{1.74}P_{1.44}S_{11.7}Cl_{0.3}$）中显示出更高的比功率（图 14）[51]。容量-倍率曲线位于右上方区域（$E > 100$ W·h/kg，$P > 10$ kW/kg），这在传统体系（锂离子电池和超级电容器）或先进电池（LiO_2、Li-S 和多价阳离子系统）中都未曾实现过。此外，全固态电池在高能量配置下，即在高活性材料含量或超厚电极下都表现出良好的倍率性能。作为 SSE 保护层的 $LiNbO_3$ 界面工程允许在功率和能量密度的极端条件下利用 ASSB，并具有安全性和长循环稳定性，可用于实际应用。

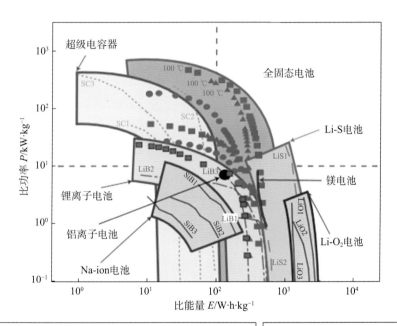

图 14　Ragone 图[51]

（本研究中制备的电池和以前报道的电池及电容器的 Ragone 图。红色虚线表示比能量 $E = 102$ W·h/kg 和比功率 $P = 10$ kW/kg。由液态电解质供电的设备显示出比能量和功率之间的反比关系。所制备的全固态电池同时实现了高能量和高功率（$E > 102$ W·h/kg，$P > 10$ kW/kg），传统装置难以实现如此高的能量和功率）

5 结语

铌正在成为下一代先进锂离子电池材料化学中的一种重要元素。新型负极需要支持极高的倍率、更高的体积能量密度、长循环耐久性和更安全的性能，这些都使得铌基负极材料在高功率和快速充电移动应用中大有前途。在铌的帮助下，通过掺杂来稳定体相晶格，并通过在颗粒层面的包覆层而尽量减少表面副反应和电解液分解，高容量和循环稳定的正极活性材料，例如高镍 NCA 和 NMC 变体、富锂和富锰配方以及阳离子无序的岩盐结构正在成为现实。最后，借助铌的界面工程，使用硫化物基固态电解质和锂金属电极，能够获得最先进的全固态电池，将最终发挥出锂离子电池技术的全部潜力。

参考文献

[1] Nico C, Monteiro T, Graça M P F. Niobium oxides and niobates physical properties: Review and prospects[J]. Progress in Materials Science, 2016, 80: 1-37.

[2] Rani R A, Zoolfakar A S, O'Mullane A P, et al. Thin films and nanostructures of niobium pentoxide: fundamental properties, synthesis methods and applications[J]. Journal of Materials Chemistry A, 2014, 2(38): 15683-15703.

[3] Yan L, Rui X, Chen G, et al. Recent advances in nanostructured Nb-based oxides for electrochemical energy storage[J]. Nanoscale, 2016, 8(16): 8443-8465.

[4] Yang G, Zhao X, Liao F, et al. Recent progress and applications of niobium-based nanomaterials and their composites for supercapacitors and hybrid ion capacitors[J]. Sustainable Energy & Fuels, 2021, 5(12): 3039-3083.

[5] Ghoshal S, Jia Q, Bates M K, et al. Tuning Nb-Pt interactions to facilitate fuel cell electrocatalysis[J]. ACS Catalysis, 2017, 7(8): 4936-4946.

[6] Liu X, Yin L, Ren D, et al. In situ observation of thermal-driven degradation and safety concerns of lithiated graphite anode[J]. Nature Communications, 2021, 12(1): 1-11.

[7] Ding H, Song Z, Zhang H, et al. Niobium-based oxide anodes toward fast and safe energy storage: A review[J]. Materials Today Nano, 2020, 11: 100082.

[8] Griffith K J, Forse A C, Griffin J M, et al. High-rate intercalation without nanostructuring in metastable Nb_2O_5 bronze phases[J]. Journal of the American Chemical Society, 2016, 138(28): 8888-8899.

[9] Simon P, Gogotsi Y, Dunn B. Where do batteries end and supercapacitors begin?[J]. Science, 2014, 343(6176): 1210-1211.

[10] Fleischmann S, Mitchell J B, Wang R, et al. Pseudocapacitance: from fundamental understanding to high power energy storage materials[J]. Chemical Reviews, 2020, 120(14): 6738-6782.

[11] Augustyn V, Come J, Lowe M A, et al. High-rate electrochemical energy storage through Li^+ intercalation pseudocapacitance[J]. Nature materials, 2013, 12(6): 518-522.

[12] Chen D, Wang J H, Chou T F, et al. Unraveling the nature of anomalously fast energy storage in $T-Nb_2O_5$[J]. Journal of the American Chemical Society, 2017, 139(20): 7071-7081.

[13] Pralong V, Reddy M A, Caignaert V, et al. A new form of LiNbO₃ with a lamellar structure showing reversible lithium intercalation[J]. Chemistry of Materials, 2011, 23(7): 1915-1922.

[14] Han J T, Liu D Q, Song S H, et al. Lithium ion intercalation performance of niobium oxides: KNb₅O₁₃ and K₆Nb₁₀.₈O₃₀[J]. Chemistry of Materials, 2009, 21(20): 4753-4755.

[15] Lu Y, Goodenough J B, Dathar G K P, et al. Behavior of Li guest in KNb₅O₁₃ host with one-dimensional tunnels and multiple interstitial sites[J]. Chemistry of Materials, 2011, 23(13): 3210-3216.

[16] Griffith K J, Harada Y, Egusa S, et al. Titanium niobium oxide: from discovery to application in fast-charging Lithium-Ion batteries[J]. Chemistry of Materials, 2021, 33(1): 4-18.

[17] Son J T. Novel electrode material for Li ion battery based on polycrystalline LiNbO₃[J]. Electrochemistry Communications, 2004, 6(10): 990-994.

[18] Jian Z, Lu X, Fang Z, et al. LiNb₃O₈ as a novel anode material for lithium-ion batteries[J]. Electrochemistry Communications, 2011, 13(10): 1127-1130.

[19] Han J T, Huang Y H, Goodenough J B. New anode framework for rechargeable lithium batteries[J]. Chemistry of Materials, 2011, 23(8): 2027-2029.

[20] Griffith K J, Seymour I D, Hope M A, et al. Ionic and electronic conduction in TiNb₂O₇[J]. Journal of the American Chemical Society, 2019, 141(42): 16706-16725.

[21] Griffith K J, Senyshyn A, Grey C P. Structural stability from crystallographic shear in TiO₂-Nb₂O₅ phases: Cation ordering and lithiation behavior of TiNb₂₄O₆₂ [J]. Inorganic Chemistry, 2017, 56(7): 4002-4010.

[22] Kim Y, Jacquet Q, Griffith K J, et al. High rate lithium ion battery with niobium tungsten oxide anode[J]. Journal of the Electrochemical Society, 2021, 168(1): 010525.

[23] Takami N, Ise K, Harada Y, et al. High-energy, fast-charging, long-life lithium-ion batteries using TiNb₂O₇ anodes for automotive applications[J]. Journal of Power Sources, 2018, 396: 429-436.

[24] Griffith K J, Wiaderek K M, Cibin G, et al. Niobium tungsten oxides for high-rate lithium-ion energy storage[J]. Nature, 2018, 559(7715): 556-563.

[25] Griffith K J, Grey C P. Superionic lithium intercalation through 2×2 nm² columns in the crystallographic shear phase Nb₁₈W₈O₆₉ [J]. Chemistry of Materials, 2020, 32(9): 3860-3868.

[26] Fu Q, Li R, Zhu X, et al. Design, synthesis and lithium-ion storage capability of Al₀.₅Nb₂₄.₅O₆₂[J]. Journal of Materials Chemistry A, 2019, 7(34): 19862-19871.

[27] Xia R, Zhao K, Kuo L Y, et al. Nickel niobate anodes for high rate lithium-ion batteries[J]. Advanced Energy Materials, 2022, 12(1): 2102972.

[28] Lv C, Lin C, Zhao X S. Rational design and synthesis of nickel niobium oxide with high-rate capability and cycling stability in a wide temperature range[J]. Advanced Energy Materials, 2022, 12(3): 2102550.

[29] CBMM Internal Report, 2022.

[30] Choi J U, Voronina N, Sun Y K, et al. Recent progress and perspective of advanced high-energy Co-less Ni-rich cathodes for Li-ion batteries: yesterday, today, and tomorrow[J]. Advanced Energy Materials, 2020, 10(42): 2002027.

[31] Ji H, Ben L, Wang S, et al. Effects of the Nb₂O₅-modulated surface on the electrochemical properties of spinel LiMn₂O₄ cathodes[J]. ACS Applied Energy Materials, 2021, 4(8): 8350-8359.

[32] Bianchini M, Roca-Ayats M, Hartmann P, et al. There and back again—the journey of LiNiO$_2$ as a cathode active material[J]. Angewandte Chemie International Edition, 2019, 58(31): 10434-10458.

[33] Yoshida T, Hongo K, Maezono R. First-principles study of structural transitions in LiNiO$_2$ and high-throughput screening for long life battery[J]. The Journal of Physical Chemistry C, 2019, 123(23): 14126-14131.

[34] Xin F, Zhou H, Chen X, et al. Li-Nb-O coating/substitution enhances the electrochemical performance of the LiNi$_{0.8}$Mn$_{0.1}$Co$_{0.1}$O$_2$ (NMC811) cathode[J]. ACS Applied Materials & Interfaces, 2019, 11(38): 34889-34894.

[35] Kim U H, Park J H, Aishova A, et al. Microstructure engineered Ni-Rich layered cathode for electric vehicle batteries[J]. Advanced Energy Materials, 2021, 11(25): 2100884.

[36] Tian F, Zhang Y, Liu Z, et al. Investigation of structure and cycling performance of Nb^{5+} doped high-nickel ternary cathode materials[J]. Solid State Ionics, 2021, 359: 115520.

[37] Xin F, Zhou H, Zong Y, et al. What is the role of Nb in nickel-rich layered oxide cathodes for lithium-ion batteries?[J]. ACS Energy Letters, 2021, 6(4): 1377-1382.

[38] Tian F, Ben L, Yu H, et al. Understanding high-temperature cycling-induced crack evolution and associated atomic-scale structure in a Ni-rich LiNi$_{0.8}$Mn$_{0.1}$Co$_{0.1}$O$_2$ layered cathode material[J]. Nano Energy, 2022, 98: 107222.

[39] Levartovsky Y, Chakraborty A, Kunnikuruvan S, et al. Enhancement of structural, electrochemical, and thermal properties of high-energy density Ni-rich LiNi$_{0.85}$Co$_{0.1}$Mn$_{0.05}$O$_2$ cathode materials for Li-ion batteries by niobium doping[J]. ACS Applied Materials & Interfaces, 2021, 13(29): 34145-34156.

[40] Sun C, Chen W, Gao P, et al. Investigation of structure and cycling performance of Nb-doped nickel-rich single-crystal ternary cathode materials[J]. Ionics, 2022, 28(2): 747-757.

[41] Zubair M, Li G, Wang B, et al. Electrochemical kinetics and cycle stability improvement with Nb doping for lithium-rich layered oxides[J]. ACS Applied Energy Materials, 2019, 2(1): 503-512.

[42] Liu S, Liu Z, Shen X, et al. Surface doping to enhance structural integrity and performance of Li-rich layered oxide[J]. Advanced Energy Materials, 2018, 8(31): 1802105.

[43] Clément R J, Lun Z, Ceder G. Cation-disordered rocksalt transition metal oxides and oxyfluorides for high energy lithium-ion cathodes[J]. Energy & Environmental Science, 2020, 13(2): 345-373.

[44] Yabuuchi N, Takeuchi M, Nakayama M, et al. High-capacity electrode materials for rechargeable lithium batteries: Li$_3$NbO$_4$-based system with cation-disordered rocksalt structure[J]. Proceedings of the National Academy of Sciences, 2015, 112(25): 7650-7655.

[45] Nakajima M, Yabuuchi N. Lithium-excess cation-disordered rocksalt-type oxide with nanoscale phase segregation: Li$_{1.25}$Nb$_{0.25}$V$_{0.5}$O$_2$ [J]. Chemistry of Materials, 2017, 29(16): 6927-6935.

[46] Hoshino S, Glushenkov A M, Ichikawa S, et al. Reversible three-electron redox reaction of Mo^{3+}/Mo^{6+} for rechargeable lithium batteries[J]. ACS Energy Letters, 2017, 2(4): 733-738.

[47] Chen C, Jiang M, Zhou T, et al. Interface aspects in all-solid-state Li-based batteries reviewed[J]. Advanced Energy Materials, 2021, 11(13): 2003939.

[48] Famprikis T, Canepa P, Dawson J A, et al. Fundamentals of inorganic solid-state electrolytes for batteries[J].

Nature Materials, 2019, 18(12): 1278-1291.

[49] Walther F, Strauss F, Wu X, et al. The working principle of a $Li_2CO_3/LiNbO_3$ coating on NCM for thiophosphate-based all-solid-state batteries[J]. Chemistry of Materials, 2021, 33(6): 2110-2125.

[50] Banerjee A, Tang H, Wang X, et al. Revealing nanoscale solid-solid interfacial phenomena for long-life and high-energy all-solid-state batteries[J]. ACS Applied Materials & Interfaces, 2019, 11(46): 43138-43145.

[51] Kato Y, Hori S, Saito T, et al. High-power all-solid-state batteries using sulfide superionic conductors[J]. Nature Energy, 2016, 1(4): 1-7.

附　　录

附录1　中国－巴西铌科学与技术合作四十年国际研讨会暨庆祝大会精彩时刻

2019年12月2~3日由中信集团、巴西矿冶公司、中国钢研科技集团和中国金属学会联合主办的"中国－巴西铌科学与技术合作四十年国际研讨会暨庆祝大会"在北京望京凯悦酒店成功召开。

中国－巴西铌科学与技术合作四十年国际研讨会暨庆祝大会主席台

左起：郭爱民、张晓刚、Eduardo Ribeiro、翁宇庆、Pascoal Bordignon、徐佐、干勇、付俊岩、沈成孝、孙玉峰、赵沛、杜挽生

中信集团副总经理徐佐先生大会致辞

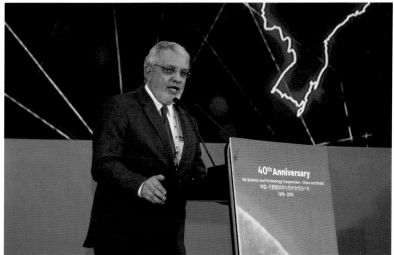

CBMM 董　事 Joao Fernando 先生大会致辞

中国金属学会理事长干勇院士大会致辞

CBMM 总 裁 Eduardo Ribeiro 先生大会致辞

中信金属集团总经理、中信微合金化技术中心主任孙玉峰先生宣布荣获终生成就奖名单

中信微合金化技术中心名誉主任翁宇庆院士宣布荣获创新团队奖名单

中信金属原董事长、中信微合金化技术中心名誉主任付俊岩先生宣布荣获杰出贡献奖和铌钢先锋奖名单

中国金属学会常务副理
事长赵沛先生大会致辞

钢铁研究总院副院长
杜挽生先生大会致辞

CBMM 副总裁 Ricardo
Lima 先生做全球铌科学
与技术最新进展报告

中信金属股份副总经理、中信微合金化技术中心常务副主任郭爱民博士
做中国铌科学与技术四十年发展报告

庆祝大会期间嘉宾交流

前排左起：Pascoal Bordignon、沈成孝、付俊岩、翁宇庆、干勇、赵沛
后排左起：刘宴龙、张晓刚、孙玉峰、Eduardo Ribeiro、Joao Fernando、
Ricardo Lima、徐佐、赵民革、王康、吴献文、毛新平、杜挽生

CBMM 向钢铁研究总院赠送友好合作 40 年纪念匾

CBMM 向中信集团赠送恭贺中信集团成立 40 年纪念匾

CBMM 向中信金属股份有限公司赠送友好合作 30 年纪念匾

美国科罗拉多矿业大学
John Speer 教授做大会报告

美国科罗拉多矿业大学
David Maltock 院士做
大会报告

英国 Micro-Met 公司 Phil
Kirkwood 总裁做大会报告

精彩的报告、宏大的会场

精彩的报告、讨论和主持

附录 2 "铌科学技术发展奖—终生成就奖"获奖名单和颁奖仪式

附表 1 "铌科学技术发展奖—终生成就奖"获奖名单

序号	姓 名	单 位	职务职称
1	Jose Camargo	巴西矿冶公司	原总裁
2	干 勇	中国金属学会	理事长、院士
3	翁宇庆	钢铁研究总院	名誉院长、院士
4	付俊岩	中信金属股份有限公司	原董事长
5	章洪涛	钢铁研究总院	教授
6	沈成孝	中国宝武钢铁集团有限公司—宝钢	原副董事长、总经理
7	李 成	中国特钢企业协会不锈钢分会	名誉会长
8	郭惠久	鞍山钢铁集团有限公司	原总工程师
9	贺信莱	北京科技大学	教授
10	刘建功	中国宝武钢铁集团有限公司—武钢	原总工程师
11	王祖滨	钢铁研究总院	教授
12	Pascoal Bordignon	巴西矿冶公司	原中国区市场经理
13	秘增信	中国中信集团有限公司	原副总经理
14	吴溪淳	中国钢铁工业协会	原会长
15	东 涛	钢铁研究总院	教授

CBMM 总裁 Eduardo Ribeiro 先生为 CBMM 原总裁 Jose Camargo 先生颁奖，CBMM 原技术总监 Marcos Stuart 先生代表 Jose Camargo 先生领奖

CBMM 总裁 Eduardo Ribeiro 先生为中国金属学会理事长干勇院士颁奖

中信集团副总经理徐佐先生为钢铁研究总院名誉院长、中信微合金化技术中心名誉主任翁宇庆院士颁奖

中信集团副总经理徐佐先生为中信金属原董事长、中信微合金化技术中心名誉主任付俊岩先生颁奖

CBMM 总裁 Eduardo Ribeiro 先生为钢铁研究总院章洪涛教授颁奖

CBMM 总裁 Eduardo Ribeiro 先生为宝钢集团原副董事长兼总经理沈成孝先生颁奖

中信集团副总经理徐佐先生为中国特钢企业协会不锈钢分会名誉会长李成先生颁奖

中信集团副总经理徐佐先生为鞍钢原总工程师郭惠久先生颁奖

CBMM 总裁 Eduardo Ribeiro 先生为北京科技大学贺信莱教授颁奖

CBMM 总裁 Eduardo Ribeiro 先生为武钢原总工程师刘建功先生颁奖

中信集团副总经理徐佐先生为钢铁研究总院王祖滨教授颁奖

中信集团副总经理徐佐先生为 CBMM 中国区原市场经理 Pascoal Bordignon 先生颁奖

"铌科学技术发展展奖—终生成就奖"获奖者和主席台嘉宾合影

左起：张晓刚、郭惠久、刘建功、Pascoal Bordignon、沈成孝、付俊岩、徐佐、于勇、Eduardo Ribeiro、翁宇庆、辛洪涛、李成、贺信荣、王祖滨、Marcos Stuart、孙玉峰、赵沛、杜挽生

附录 3 "铌科学技术发展奖—创新团队奖"获奖名单和颁奖仪式

附表 2 "铌科学技术发展奖—创新团队奖"获奖名单

序　号	获奖单位
1	钢铁研究总院－中信－CBMM 合金钢与低合金钢联合实验室
2	北京科技大学－中信－CBMM 铌钢联合实验室
3	上海大学－中信－CBMM 含铌铸造合金联合实验室
4	轧制技术及连轧自动化国家重点实验室
5	省部共建耐火材料与冶金国家重点实验室
6	宝钢股份中央研究院
7	武钢有限技术中心
8	鞍钢集团钢铁研究院
9	山西太钢不锈钢股份有限公司技术中心
10	首钢技术研究院
11	河北省汽车用先进钢铁材料重点实验室
12	高端钢铁材料江苏省重点实验室
13	湖南华菱湘潭钢铁有限公司技术中心
14	江阴兴澄特种钢铁有限公司研究院
15	安阳市汽车结构轻量化工程技术研究中心
16	昆明钢铁控股有限公司张卫强创新工作室
17	中国石油集团石油管工程技术研究院
18	汽车轻量化技术创新战略联盟
19	中铁大桥勘测设计院集团有限公司
20	国家非晶微晶合金工程技术研究中心

荣获创新团队奖单位上台领奖

荣获创新团队奖单位上台领奖

荣获创新团队奖单位集体合影

附录4 "铌科学技术发展奖—杰出贡献奖"获奖名单和颁奖仪式

附表3 "铌科学技术发展奖—杰出贡献奖"获奖名单（按单位－姓名拼音排序）

序号	姓 名	单 位	职务职称
1	任子平	鞍山钢铁集团有限公司	研究院院长
2	张万山	鞍山钢铁集团有限公司	监事
3	陆匠心	宝山钢铁股份有限公司	原研究院院长
4	王 利	宝山钢铁股份有限公司	首席
5	吴 军	宝山钢铁股份有限公司	总经理助理、研究院院长
6	郑 磊	宝山钢铁股份有限公司	首席
7	刘雅政	北京科技大学	教授
8	尚成嘉	北京科技大学	教授
9	谢锡善	北京科技大学	教授
10	张 跃	北京科技大学	院士、教授
11	王国栋	东北大学	院士、教授
12	褚东宁	东风汽车集团有限公司	总工
13	康 明	东风汽车集团有限公司	所长
14	许 斌	河钢集团邯钢公司	总经理
15	邓建军	河钢集团舞钢公司	董事长
16	周立新	湖北新冶钢有限公司	副总经理
17	曹志强	湖南华菱钢铁集团有限责任公司	总经理
18	汤 伟	湖南华菱湘潭钢铁集团有限责任公司	副总经理
19	王登峰	吉林大学	教授
20	李国忠	江阴兴澄特种钢铁有限公司	总经理
21	黄一新	南京钢铁股份有限公司	董事长
22	姚永宽	南京钢铁股份有限公司	副总经理
23	孙卫华	山东钢铁集团有限公司	副总经理
24	翟启杰	上海大学	教授
25	王全礼	首钢集团	副总工
26	金永春	首钢技术研究院	原院长

序号	姓　名	单　位	职务职称
27	范光伟	太原钢铁（集团）有限公司	技术中心副主任
28	高建兵	太原钢铁（集团）有限公司	总经理
29	李建民	太原钢铁（集团）有限公司	总工
30	南　海	太原钢铁（集团）有限公司	技术中心主任
31	吴开明	武汉科技大学	教授
32	王青峰	燕山大学	教授
33	江来珠	青拓集团有限公司	研究院院长
34	李书瑞	中国宝武武钢集团有限公司	研究院副院长
35	毛新平	中国宝武武钢集团有限公司	院士、教授
36	柏建仁	中国第一汽车集团有限公司	原副总工
37	曹　正	中国第一汽车集团有限公司	原总工
38	刘　毅	中国钢结构协会	副会长
39	姜尚清	中国钢铁工业协会	副主任
40	刘清友	中国钢研科技集团公司	教授、副所长
41	刘正东	中国钢研科技集团公司	院士、副总工
42	田志凌	中国钢研科技集团公司	副总经理
43	雍岐龙	中国钢研科技集团公司	教授
44	李文秀	中国金属学会	原副理事长
45	王新江	中国金属学会	副理事长、秘书长
46	赵　沛	中国金属学会	常务副理事长
47	张　宁	中国汽车工程学会	副秘书长
48	马鸣图	中国汽车工程研究院股份有限公司	教授
49	王晓香	中石油渤海石油装备制造有限公司	原总工
50	霍春勇	中石油集团石油管工程技术研究院	副院长
51	隋永莉	中石油天然气管道科学研究院有限公司	副总工
52	毕宗岳	中石油宝鸡石油钢管有限公司	原研究院院长
53	刘复兴	中国特钢企业协会不锈钢分会	常务副会长
54	易伦雄	中铁大桥勘测设计院集团有限公司	副总工
55	吴耀华	中冶建筑研究总院有限公司	副总工

荣获杰出贡献奖的专家学者上台领奖

左起：中国金属学会常务副理事长赵沛先生、北京科技大学毛新平院士、
北京科技大学张跃院士、钢铁研究总院刘正东院士

荣获杰出贡献奖的专家学者上台领奖

左起：马鸣图、雍岐龙、谢锡善、李文秀、姚永宽、陆匠心、刘毅、
王晓香、尚成嘉、刘清友、许斌（陈子刚代）

荣获杰出贡献奖的专家学者上台领奖

左起：张宁、康明、霍春勇、王全礼（顾林豪代）、郑磊、姜尚清、褚东宁、
汤伟、曹正、王利、孙卫华、毕宗岳

荣获杰出贡献奖的专家学者上台领奖

左起：张万山、江来珠、南海、刘雅政、王登峰、吴耀华、李书瑞、
范光伟、王青峰、隋永莉、易伦雄、吴开明

荣获杰出贡献奖获奖者合影

附录5 "铌科学技术发展奖—铌钢先锋奖" 获奖名单和颁奖仪式

附表4 "铌科学技术发展奖—铌钢先锋奖" 获奖名单（按单位－姓名拼音排序）

序号	姓　名	单　位	职务职称
1	侯华兴	鞍山钢铁集团有限公司	首席
2	刘仁东	鞍山钢铁集团有限公司	首席
3	王　华	鞍山钢铁集团有限公司	研究院副院长
4	李　勇	安阳钢铁集团公司	技术中心副主任
5	何建中	包钢集团	技术中心副主任
6	王智文	北京汽车集团有限公司	技术副总监
7	黄　健	本钢集团有限公司	研究院院长
8	杨　洁	汽车轻量化技术创新战略联盟	主任
9	余海峰	宝山钢铁股份有限公司	不锈钢技术中心主任
10	龚　涛	中国宝武武钢集团有限公司	首席
11	邹德辉	中国宝武武钢集团有限公司	首席
12	杨忠民	钢铁研究总院	教授
13	聂文金	江苏沙钢集团	总工室常务副主任
14	张卫强	昆明钢铁控股有限公司	技术中心副主任
15	刘永刚	马钢（集团）控股有限公司	首席
16	朱　涛	马钢（集团）控股有限公司	技术中心副主任
17	刘振宇	东北大学	教授
18	王中学	山东钢铁集团有限公司	技术中心主任
19	朱国森	首钢技术研究院	常务副院长
20	王育田	太原钢铁（集团）有限公司	技术中心副主任

荣获"铌钢科学技术发展奖—铌钢先锋奖"获奖者合影

左起：李勇、朱涛、刘振宇（唐帅宇代）、王育田、何建中、杨洁（曲兴代）、王华、王智文、龚涛（刘文斌代）、王中学、
杨忠民、刘永刚、侯华兴、聂文金（李坤代）、余海峰、邹德辉、朱国森

附录 6 中国－巴西铌科学与技术合作四十年国际研讨会暨庆祝大会代表合影

中国－巴西铌科学与技术合作四十年 (1979–2019) 国际研讨会暨庆祝大会代表合影（2019 年 12 月 2~3 日，北京）